A CULTURAL HISTORY OF THE SEA
IN ANTIQUITY

古　代
海洋文化史

海洋文化史·第1卷

Margaret Cohen

［美］玛格丽特·科恩　主编

Marie-Claire Beaulieu

［美］玛丽-克莱尔·波琉　编

金　海　译

上海人民出版社

海洋文化史

主编：玛格丽特·科恩（Margaret Cohen）

第一卷

古代海洋文化史

编者：玛丽-克莱尔·波琉（Marie-Claire Beaulieu）

第二卷

中世纪海洋文化史

编者：伊丽莎白·兰伯恩（Elizabeth Lambourn）

第三卷

近代早期海洋文化史

编者：史蒂夫·门茨（Steve Mentz）

第四卷

启蒙时代海洋文化史

编者：乔纳森·兰姆（Jonathan Lamb）

第五卷

帝国时代海洋文化史

编者：玛格丽特·科恩（Margaret Cohen）

第六卷

全球时代海洋文化史

编者：法兰兹斯卡·托玛（Franziska Torma）

目　录
CONTENTS

插图目录

缩写表

A. *Suppl.*	埃斯库罗斯,《祈援人》
[Aeschylus] *Ag.*; *Eum.*	埃斯库罗斯,《阿伽门农》《欧墨尼得斯》
Acts	《使徒行传》
Aelian, *On Animals*	埃利安,《论动物的本性》
Alc.	阿耳齐弗隆,《渔民信》
Ant. Lib., *Met.*	安东尼努斯·利贝拉里斯,《变形记》
Anth. Pal.	《巴拉丁选集》
Ap. Rhod.	阿波罗尼厄斯·罗狄乌斯,《阿尔戈船英雄记》
Apollod.	阿波罗多罗斯,《书库》
Apollod. *Epit.*	阿波罗多罗斯,《缩影》
Apollonius, *Arg.*	阿波罗尼厄斯·罗狄乌斯,《阿尔戈船英雄记》
App., *B C iv.*	阿庇安,《内战》
Apul., *Met.*	阿普列乌斯,《变形记》
Arat., *Phaen.*	阿拉托斯,《物象》
Arist., *Met.*	亚里士多德,《气象学》
Arr., *Per.*	阿里安,《航海记》
Artem., *Onir.*	阿特米多罗斯,《梦的解释》
Athenaeus	阿特纳奥斯,《餐桌上的健谈者》
Avienus	阿维努斯,《海岸》
Bacchyl.	巴库利德斯,《颂歌》

Becker, *Anecd.*	伊曼纽尔·贝克尔，《希腊轶事》(柏林，1814)
Caes., *BG*	恺撒，《高卢战争》
Call. *HDelos*	卡利马科斯，《提洛岛赞美诗》
Cassiod., *Var.*	卡西奥多鲁斯，《杂信集》
Cassius Dio	卡修斯·迪奥，《罗马史》
Cic. *de nat. deor.*	西塞罗，《论神性》
Cic., *Fam.*	西塞罗，《家书》
CIL	《拉丁铭文集》
D.C.	卡修斯·迪奥，《罗马史》
D.H.	哈利卡纳索斯的狄奥尼修斯，《罗马古事记》
De Principis Instructione	威尔士的杰拉尔德，《论王子的教育》
Dio Chrys., *Or.*	迪奥·克利索斯当，《演说集》
Diod. Sic.	狄奥多罗斯·西库卢斯，《历史丛书》
D.L.	第欧根尼·拉尔修斯，《著名哲学家的生平与观点》
Dion. Hal.	哈利卡纳索斯的狄奥尼修斯，《罗马古事记》
Eur., *Andr.*; *Cyc.*; *Hel.*; *Her.*; *Hipp.*; *Hec.*; *IA.*; *Ion*; *Phoen.*; *Thes.*	欧里庇得斯，《安德洛玛克》、《独眼巨人》、《海伦》、《赫拉克勒斯》、《希波吕托斯》、《赫卡柏》、《伊菲格涅娅在奥利斯》、《伊翁》、《腓尼基妇女》、《忒修斯》(残篇)
Eust., *Od.*	尤斯塔西乌斯，《奥德赛评注》
FrGrHist	菲利克斯·雅各比，《希腊历史学家残篇》(柏林，1923)
Frontin., *Aq.*	弗伦蒂努斯，《罗马的水渠》
Hdt.	希罗多德，《历史》
Hes., *Cat.*	赫西奥德，《妇女目录》
Hes., *Op.*	赫西奥德，《工作与时日》
Hes., *Theog.*	赫西奥德，《神谱》
Hes., Frg.	赫西奥德，残篇
h. Hel.	《荷马赫利俄斯颂诗》

h. Merc.	《荷马赫尔墨斯颂诗》
h. Sel.	《荷马塞勒涅颂诗》
h. Ap.	《荷马阿波罗颂诗》
h. Dem.	《荷马德墨忒尔颂诗》
h. Dion.	《荷马狄俄尼索斯颂诗》
h. Diosc.	《荷马狄俄斯库里颂诗》
Himer., *Or.*	希墨罗斯,《演说集》
Hist. Aug. Gall.	《罗马皇帝传·加里恩努斯》
Hom., *Il.*; *Od.*	荷马,《伊利亚特》《奥德赛》
Hor., *Ars P.*; *Epod.*	贺拉斯,《诗篇》《长短句集》
Hyg., *Fab.*	希吉努斯,《寓言集》
IG	《希腊铭文集》
Joseph., *Vit.*	约瑟夫斯,《自传》
Juv.	朱文诺,《讽刺诗集》
LIMC.	《古典神话图像词典》
Livy	李维,《建城以来史》
Lucan	卢坎,《法沙利亚》
Luc. *VH, Ddeor.*	琉善,《真实的历史,诸神的对话》
[Lucian] *DMar.*	琉善,《真实的历史,海神的对话》
Lyc. *Alex.*	吕哥弗隆,《亚历山德拉》
Lyc. *Al. Schol.*	吕哥弗隆,《亚历山德拉注解》
Mart., *Epigr.*	马夏尔,《铭词集》
Mela	庞波纽斯·梅拉,《地理学》
Mimn.	弥涅墨斯,《挽歌》
NA	埃利安,《论动物的本性》
Navigatio	《修道院院长圣布伦丹之航行》
Ora	阿维努斯,《海岸》
Orph. Arg.	《俄尔浦卡的阿尔戈船英雄记》

Ov., *Am.*; *Fasti*; *ex Ponto*; *Ibis.*; *Met.*; *Trist.*	奥维德,《恋歌》《岁时记》《黑海书简》《伊比斯》《变形记》《哀怨集》
P. Oxy., *P. Teb.*	《泰布图尼斯纸草文集》《俄克喜林库斯纸草文集》
Paus.	保萨尼亚斯,《希腊描述》
Pers., *Sat.*	珀修斯,《讽刺诗集》
Phaedr., *Fab.*	菲德拉斯,《寓言集》
Pherec.	菲勒赛德斯
Philostr., *Her.*	斐洛斯特拉图斯,《论英雄》
Phot	阜丢斯,《词典》
Pind., *Nem.*; *Ol.*; *Pyth.*	平德尔,《复仇女神颂》《奥林匹亚颂歌》《皮提亚颂》
Isthm., *HZeus*; *Paeans*	《伊斯特摩斯颂·宙斯赞美诗》《赞歌》
Pl., *Cri.*; *Phaed.*; *Phdr.*; *Ti.*; *Resp.*	柏拉图,《柯里西亚斯篇》《斐多篇》《菲德拉斯篇》《蒂迈欧篇》《理想国》
Plb.	波利比乌斯,《历史》
Plin. *NH*	老普林尼,《自然历史》
Plut., *Mor.*; *Vit. Thes.*; *Sert.*; *De Is. et Os.*	普鲁塔克,《道德论集》《忒修斯》《塞脱流斯》《伊西斯和奥西里斯》
PMG	丹尼斯·佩奇,《希腊抒情诗》(牛津,1962)
Praep. evang.	尤西比乌斯,《福音的准备》
Procop., *Vand.*	普罗科匹厄斯,《汪达尔战争》
ps. -Arist. *Mir. ausc.*	伪亚里士多德,《奇闻妙事》
Pseud. Scyl.	伪司库拉克斯,《航海记》
Ptol., *Geog.*	托勒密,《地理学》
Q.S.	昆图斯·斯麦奈,《续荷马史诗》
Pet. *Satyricon*	佩特罗尼乌斯,《萨蒂里孔》
Schol. Ap. Rhod.	阿波罗尼厄斯·罗狄乌斯的《阿尔戈船英雄记》注解
Schol. *Od.*	《奥德赛》注解
Sen., *HF*; *Oed.*	小塞内加,《愤怒的大力神》《俄狄浦斯》

Sen., *Quaest. Nat.*	老塞内加，《自然问题》
Serv., *ad Aen.*	塞尔维乌斯，《对维吉尔的埃涅阿斯纪的评论》
SIG	《希腊铭文补编》
Solin.	索利努斯，《世界奇观》
Soph., *Aj.*; *Phil*; *Trach.*	索福克勒斯，《阿贾克斯》《菲罗克忒忒斯》《特拉克斯的女人们》
Stesich.	斯特西克鲁斯，《颂歌》
Stob.	斯托拜乌斯，《希腊诗选》
Str.	斯特拉博，《地理学》
Suet., *Aug.*; *Iul.*; *Tib.*	苏埃托纽斯，《奥古斯都传》《恺撒传》《提庇留传》
Tac., *Ann.*	塔西佗，《编年史》
TEGP	丹尼尔·格雷厄姆，《早期希腊哲学文本》（2010）
Theoc., *Id.*	狄俄克里特斯，《田园诗集》
Theophr.	泰奥弗拉斯托斯，《植物史》
Thuc.	修昔底德，《伯罗奔尼撒战争》
Tzetz., *ad Lyc. Al.*	约翰内斯·茨泽斯，《对吕哥弗隆的〈亚历山德拉〉的评论》
Val. Max.	瓦莱里乌斯·马克西姆斯，《难忘的事迹和语录》
Vell.	维勒尤斯·帕特库鲁斯，《罗马史》
Verg., *Aen.;* *G.*	维吉尔，《埃涅阿斯纪》《农事诗》
Xen., *An.*	色诺芬，《远征记》

中文版推荐序

　　《海洋文化史》丛书六卷的出版是一项重大的学术成果，该套丛书的中译本亦是如此。

　　人们通常认为中国的文明是陆地文明而非海洋文明，用"黄土地"来比喻中国就体现了这一观点，而 15 世纪的郑和下西洋则被视为一个例外。事实上，海洋在中国历史上一直是一个不可或缺的元素。几千年来，中国人为了寻求商机、获得政治避难或出于其他原因而远涉重洋，他们在东南亚的主要贸易口岸建立了社区，世界各地的商人纷纷通过海路来到中国进行贸易。宋朝时的泉州可能是世界上全球化程度最高的城市，当时这里到处都是来自南亚、东南亚和阿拉伯的商人。为了让世人感受到这种密切的互动和交流，一些学者建议把中国南部的海洋区域称为"亚洲地中海"。

　　有人可能会说，在中国历史上，海洋虽然在经济方面很重要，但这并不意味着其在更广泛的文化方面也很重要，显然这是个错误的观点。纵观全球科技史，海洋在造船和制图技术的发展中起着至关重要的作用；而纵观全球宗教史，我们都知道，元朝之后的伊斯兰教、明朝及以后的中国民间宗教，在很大程度上都是经由海洋在东南亚进行传播的。所以，即便我们把文化史定义到更小的范畴，海洋在中国文化史上也从未被边缘化，而是如同在欧洲一样，是信息、传说和隐喻的丰富来源，早在秦始皇时期，中国就有了徐福寻找长生不老药的故事。

　　因此，虽然我十分赞赏英文版编者和撰稿者的工作，但我对这个项目的感受仍颇为复杂。丛书的标题稍有误导性：实际上，标题不应该是海洋文化史，因为丛书的前几卷描述的是欧洲海洋文化史，而后几卷则是西方海洋文化史，丛书的欧洲中心主义是一个最引人注目的方面。尽管丛书的编者认可了这一缺点，但遗憾的是，后续内容并未见到更多的改进。

　　本套丛书虽存在这一问题，但必须承认，从狭义上讲，它是关于海洋文化史最好的英文著作之一，也将是中国读者的宝贵参考工具，或许还能成为进一步推动中国海洋史研究的引擎。需强调的是，这并非是说中国的海洋研究缺乏丰富悠久的传统，由此，不得不提起我的一位老朋友兼老师王连茂，多年来他一直担任泉州海外交通史博物馆馆长，在中国航海史的学术研究方面做了大量的工作。如今，王老师已经退休，他的工作由新馆长丁毓玲继续，而他们也只是国内外无数从中国人的角度为海洋文化史作出贡献的学者中的两位。

本套丛书所展示的文化史方法或许会给海洋文化史领域带来富有见地的思想，这也是本套丛书的一大优点。丛书中的文章并没有遵循严格的时间顺序，而是从知识、实践、表现等八个不同的主题来审视海洋文化史，这八大主题都经过仔细考量、跨越古今，契合丛书的全部六卷。书中的每种观点都有一个中国故事的类比。事实上，在阅读这些书籍时，我常想如果将每个主题都用中国例子的重要证据来阐述，那这些观点又会有何不同？这些观点的内容十分广泛，中国的历史学家们可以考虑引用，而无需担心被指责成将国外类别和术语无知地引入不同的历史背景。因此，我希望本套丛书的出版能够对中国的海洋文化史领域产生积极的影响。

上文中，我提到了在全球海洋文化史研究中本套丛书忽视了中国的影响，当然，世界其他地区被忽视的问题也同样可能出现。从积极的一面来说，本套丛书或许能让世界各地从事海洋文化史研究的学者之间进行更多的对话和交流。最终，这些对话可能促成真正的世界海洋文化史的诞生。丛书的第六卷告诉我们，如今我们生活在人类世（Anthropocene）时代，人类的行为正给我们的持续生存造成威胁。在这种背景下，深入了解导致持续忽视环境的所有不同文化遗产，以及最终可能会让我们改变自身行为并为我们所面临的问题找到综合解决方案的所有文化资源，则成为我们非常重要的一个目标。

应同事金海博士（本丛书第一、三、六卷的译者）之邀，我为该书作序，但恐难达到他的预期，希望此序不会使他或中文版的出版商感到不妥，无论如何，希望我的序言能够如同英语谚语所说，"to call a spade a spade"（抛砖引玉）。

宋怡明（Michael Szonyi）
哈佛大学费正清中国研究中心主任
哈佛大学东方语言与文明系教授

主编序

过去三十年间，海洋研究已经成为人文学科中一个领先的跨学科领域。海洋研究的重要性在于它能够说明完全跨文化、越千年的全球化。在其逐渐成形的过程中，海洋研究合并和修订了通常在国家历史框架内的涉及海洋运输、海洋战争和全球探索的早期学术成就。海洋研究领域有着各种类型的文献，主要展示海洋运输和海洋资源如何将分开的陆地连接成水基区域，重现两个从未接触过的社会在海滩的相遇如何带来棘手的统治结构，并揭示从外太空拍摄的我们这个蓝色星球的单张照片的影响。今天，海洋研究的目的在于讲述那些在海上旅行的人物的故事，包括专业人士、冒险家、乘客、被迫迁移者，以及动物。

此外，这一新领域还认为，海洋是个充满想象的地方，尤其是海洋对许多人而言十分遥远，但同时对于生命的维持又非常重要，这种矛盾对立使得海洋更具想象空间。据说，诺贝尔奖得主、诗人德里克·沃尔科特（Derek Walcott）写过一句令人难忘的名言："海洋是历史。"① 同时，对海洋的想象并不是纯粹的幻想，而是根据所处的海洋环境以及人类海洋实践而形成的想象，引导人文主义者去接触物质世界的现实。现代海洋学和海洋生物学在 19 世纪形成时，将海洋确立为非人类的自然领域，但此前，两者是结合了对环境的好奇以及对权力和财富的追求的混合性实践知识。伴随两种学科的分离，海洋一次又一次地向我们表明，我们必须认识到海洋为人类而生、与人类共存及其本身的存在。

21 世纪，第二次全球化、后殖民冲突和气候变化等使得海洋在世界发展中的重要性越来越明显，让我们不能忽视海洋的社会和文化现实。用《全球时代》（*The Global Age*）编者弗兰兹斯卡·托尔玛（Franziska Torma）的话说，这种发展"迫使我们一并'思考科学和人文'，因为科学提供了数据，而人文将它们'转化'为社会和学术解释，这就开启

---

① 这是沃尔科特一首诗的标题，https://poets.org/poem/sea-history（2020 年 10 月 23 日访问）。

了对海洋从古代到现在的历史视角"①。无论是利用航海考古学来重现沉没的城市和船舶，还是利用气候变化对沿海社区影响的科学研究，海洋研究在这种令人感到迫切但又棘手的交叉的人文学科领域中都处于领先地位。

在编辑"海洋文化史"的过程中，我有幸与制定 21 世纪海洋研究议程的各卷编者合作。总体而言，他们的专业知识涵盖了全球各大洋，特别是地中海、印度洋、大西洋和太平洋的知识，也包括科学和环境历史方面的知识。我们的跨大西洋大学机构启动了研究项目，但我们首先就表示，我们承认以西方为导向的观点的地位并反对它。此外，读者还会看到，西方的抽象观点本身在受到水上活动和航海实践的压力时会不攻自破。因此，海上旅行涉及跨越数千公里的遥远接触区域，我们不能将其简单地视为西方的取向，即便西欧可能是一个出发点。这些接触区域中的社会极其复杂，会改变区域中的人，而区域中物理环境的重要性又带来了更多的思考。此外，由于船上生活的艰苦以及帝国航线的海船上都有的多元文化习惯等因素，海上生活的需求使那些在船上工作的人失去归属感，可能形成一种与陆上社会脱离的文化。

为让世人更多地了解海上相遇的历史，我们将丛书的主题进行了定义。布鲁姆斯伯里（Bloomsbury）出版社的文化史丛书的一个特点就是为每本书都设计了贯穿古今的八个章节标题。这些标题涉及从广泛人类学意义上对文化的理解，即指定组织社会结构的不同实践领域。就海洋而言，重要方面包括但不限于战争、技术、海上贸易、科学知识以及神话和想象。我们以一种使撰稿者能够呈现民主历史的方式定义我们的主题。例如，我们将海上的"战争与帝国"的历史定义为"冲突"，以说明海上暴力斗争的多种范围，包括国家支持的海军、非国家行为者以及船上生活的暴力等场景，从船上哗变到旅客待遇和奴隶贩运等不一而足。此外，我们将"科学与技术"的主题重新定义为"知识"，以便有机会阐述严格科学界限之外的知识。这种知识包括古典哲学思辨以及西方范式之外的海洋知识和实践等。

我们在组织章节时，也考虑到了由陆上事件形成的传统西方历史分期。同时，读者会在丛书各章节中看到有关这种历史分期是否会由于前面提到的以陆地为重点的海洋视角的压力而最终在陆上停止的问题。因此，埃及航海以及与其地中海盆地其他文化的接触的历史贯穿了这一特殊文化的陆上分期，传统上是根据该文化的统治王朝来分期，即从希腊史前到古典时期再到罗马时代，大约是从公元前 2000 年到公元 1 世纪。在现代，以单一技

---

① 弗兰兹斯卡·托玛，对作者的评论，2020 年 5 月的电子邮件。

术为例，1769 年到 1989 年只是航海史上的一个时期，但这个时期贯穿了三卷书。1769 年，英国工程师约翰·哈里森（John Harrison）完善了一种可以在长时间航行中保持准确时间的计时器。这种计时器能够比较船舶在航行期间的正午和在任意定义的起点处（按传统习惯，被定为格林威治子午线）的正午，使得导航员最终可以在航行时确定船的经度，这一发展大大提升了海上安全性，即使这种计时器的使用在数十年之后才扩展到海军圈之外。直到 20 世纪第三个 25 年全球定位系统（GPS）的发明为止，天体导航一直是确定船舶位置的最佳方法，后来到 1989 年，美国国防部发射了一个 GPS 卫星系统，人们只需触摸几个按钮就可以摆脱天体导航所需的费力计算。

海上分期特殊性的另一个方面是海洋作为一种物理环境的时间尺度。千万年以来，海洋历史都是按照地质变迁的速度发展，但在"人类世"的时代，我们正在了解人类对地球领域的影响。长期以来，地球一直被认为有着用之不竭的资源和人类无法企及的巨大力量。这种人类的影响可能我们每个人在有生之年都可以见到，例如，自 1979 年以来，极地冰盖的融化已经使之在卫星可视化景象中大幅减少 ①。这种影响反过来又影响着社会，影响着依赖于天气模式的北极土著居民和世界各地的农民，但天气模式已经因为全球变暖而遭到破坏。但冰盖的融化导致了穿越北极的新航线的开辟，进一步扰乱了海洋的人类和地质时间尺度，可能给北极带来更多的人类足迹。

极地冰川融化的全球性后果说明了如何从海洋视角（无论是将海洋作为一种环境还是作为人类活动的场所）重新界定地理分析的陆地单元。丛书各章节揭示了国家划定的边界对海洋文化的重要性可能不如由自然特征定义的流动空间，并说明了从陆基历史的角度来看，非中心的岛屿或海岸如何在一个国家的海洋抱负中发挥巨大的形成性作用。而且，海上运输导致了一些在同一旗帜下立即联合、但领土互不相连、具有独特和特别难解的行政特征的国家的产生。但在词汇层面上的另一个挑战是，当我们试图用陆地上的语言来表达海洋现象时，我们所采用的形象化描述会妨碍理解，难以令人满意。当今有关这方面的一个很好的例子是太平洋上巨大的污染"垃圾带"（garbage patch）。"带"（patch）这个形象限制了污染的范围，并没有捕捉到塑料在海水中的微观扩散。

海洋浩瀚无边，对海洋的研究使人们认识到，任何研究均需为零散研究并有具体定

① 辛迪·斯塔尔（Cindy Starr），"Annual Arctic Sea Ice Minimum 1979—2015, with graph," NASA Scientific Visualization Studio, 2016 年 3 月 10 日发布，https://svs.gsfc.nasa.gov/4786（2020 年 10 月 23 日访问）。

xviii

003

位。丛书的撰稿者包括具有既定和新兴观点的作者，他们所撰写的章节是围绕我们中心主题的原创研究，而不是二手文献的摘要。丛书编辑鼓励撰稿者以他们认为最能展示其主题原创性并最适合其专业知识的方式来阐明自己的见解。有些撰稿者采用了调查叙述的方式。另一些撰稿者则把一个典型的或异常的单独事件作为画布。但还有一些撰稿者围绕海洋环境的尺度提出问题。

这种灵活性也很重要，因为我们丛书标题中的"海洋"并非只是一个事物。相反，根据参与海洋研究的人员以及目的的不同，海洋元素的文化构建和想象方式有着很大的区别。这一范围在各章节的丰富形象的描述中也很明显，这是文化史丛书的另一个特点。因此，读者将看到，在古代，人类从未直接描述海洋，而只是在壁画和花瓶上，用鱼、船或神话海洋生物的绘画来暗示海洋。相比之下，将海洋展现为一个令人敬畏的剧场的宏伟海景吸引了启蒙和浪漫时代的众多观众。有一个跨越几个世纪的常用工具，即实用图表，这种图表用各种方法，根据不同的认识和环境，来寻找和标记跨越开放水域的路径，这一切都是为了一个共同的目标——安全。我希望读者在梳理本丛书中收集的各种主题和方法时，能够更好地理解人与海洋之间持久而普遍的联系，并认识到海洋研究的新的和未来的发展方向，从而将在浩瀚的、很多情况下无人涉足的水域的航行与新兴学术领域作个比较。

玛格丽特·科恩（Margaret Cohen）

引　言

真实和想象的海洋与古代遗产

玛丽-克莱尔·波琉（Marie-Claire Beaulieu）

《奥德赛》第 11 卷写道，奥德修斯（Odysseus）一行下海，坐船向西航行去拜访冥府先知泰瑞西斯（Tiresias）。这条神话中的河流位于咸水海和人类的土地之外，环绕着世界。下海去拜访魂灵王国是奥德修斯获悉回伊萨卡（Ithaca）之路的唯一途径。

奇怪的是，奥德修斯航行到海洋最深处才来到海底世界。而在希腊人的世界观中，奥德修斯所处的地平线是地、海、天相交的地方。欧里庇得斯（Euripides）（《希波吕托斯》[Hippolytus]，742–750）称海洋为 "σεμνὸν τέρμονα οὐρανοῦ"（天空的神圣边界）。他说，赫拉克勒斯（Heracles）之柱（直布罗陀）之外的地区是禁止水手进入的：它是众神的领土（西格尔[Segal]，1965；内塞拉特[Nesselrath]，2005）。这里是宙斯（Zeus）的宫殿之所在，也是赫斯帕里得斯（Hesperides）守护不朽果实的地方。根据赫西奥德（Hesiod）的说法，这里也是地狱最深处的塔耳塔洛斯（Tartarus）深渊所在地：

ἔνθα δὲ γῆς δνοφερῆς καὶ Ταρτάρου ἠερόεντος

πόντου τ᾽ ἀτρυγέτοιο καὶ οὐρανοῦ ἀστερόεντος

ἐξείης πάντων πηγαὶ καὶ πείρατ᾽ ἔασιν

（这里依次是黑暗大地、迷雾地狱、贫瘠大海和璀璨星空的源头和尽头。）

（《神谱》[Theogony]，736–738）

因此，海洋是不同存在层面，即尘世、冥界和众神世界（奥林匹斯山）之间的一个接触点。赫西奥德解释称，所有这些层面都通过水文网络相连。大洋（the Ocean）是所有河流之父，其中最主要的是冥界的河流斯堤克斯（Styx）(《神谱》，

337—370）。

这样，大洋就以一种物理的方式联通了世界的不同部分。但大洋也以一种精神方式联通世界。赫西基奥斯（Hesychius）在评论《神谱》第 292 行时写道，大洋是"包裹死者灵魂的空气"。根据这种观点，大洋是通往来世的道路。事实上，《神谱》第 292 行描述了赫拉克勒斯在最终获得永生的经历中的"穿越大洋之路"（διαβὰς πόρον Ὠκεανοῖο）。

大洋不仅被认为是一条道路。单词"pontos"（海）源自原始印欧语（Proto-Indo-European, PIE）词根 *pent-，意指从一个海岸到另一个海岸的通道，尤其是难以跨越的通道（尚特兰［Chantraine］，1968：s. v.，"蓬托斯"［Pontus］）①。这个词的印度-伊朗同源词，例如梵语 pántāḥ，表示一条布满障碍的道路。同一个 PIE 词根还衍生出希腊语 πατεῖν（行走）、拉丁语 pons（桥）和英语 path（路径），这些词都与跨越一段距离或障碍（如 pons）有关（豪斯后德［Householder］和纳吉［Nagy］，1972：767—768）②。因此，大海通常被比喻为一条路径或道路，如 ὑγρὰ κέλευθα（水路）（见 Od. 3.71）、ἰχθυόεντα κέλευθα（充满鱼的道路）（见 Od. 3.177）、ἠερόεντα κέλευθα（迷雾之道）（见 Od. 20.64）、εὐρώεντα κέλευθα（潮湿的道路）（见 Od. 24.10）、πόρους ἁλός（海洋之路）（见 Od. 12.259），和 θαλάσσης εὐρυπόροιο（宽阔的大海）（见 Il. 15.381）。在《奥德赛》第 9 章 260 节中，奥德修斯讲述了他在海上航行的经历：παντοίοις ἀνέμοισιν ὑπὲρ μέγα λαῖτμα θαλάσσης, οἴκαδε ἱέμενοι, ἄλλην ὁδὸν ἄλλα κέλευθα ἤλθομεν，即"我们被各种各样的风（吹过）巨大的海洋深渊，我们希望回家，于是我们走了这条路，又走了那条路"。就这样，海洋成了一个连接器，是世界各地和各国人民之间的一个连接点；同样，在神话理想化的大洋中，大洋是与精神世界、魂灵和众神居所相连接的点。

大海作为物质现实和精神现实的模糊性体现在它的荷马式比喻中。大海带有奇怪的加词 pontos atrugetos（贫瘠的海），也被悖论地称为 pontos ichtuoentos（充满鱼的海）（例如 Od. 14.135—136）。"贫瘠的海"让人想到咸水的无果和完全不育，

---

① 另请参见沃特金斯（Watkins），1985，词条：*pent-。
② 参见萨克斯（Sacks），1989：45—47 的摘要。

而"充满鱼的海"似乎让人想到营养。但也许两者并不那么对立。虽然古人——尤其是社会富裕阶层——都吃鱼，这点不可否认，但这种表达实际上可能会让人联想到海洋的黑暗一面，即吞食遇难水手尸体的鱼，就像著名的皮特库萨岛盛酒器（krater）上所描绘的那样（参见瓦莱丽·托永［Valérie Toillon］在本书中所述，图 7.2；米雷拉·罗梅罗·雷西奥［Mirella Romero Recio］在本书中所述的关于海上死亡的宗教含义；以及塞克斯［Sacks］，1989；萨沃尔迪［Savoldi］，1996）。

经进一步考察，我们发现"贫瘠的海"也表明了古代思想中海洋的模糊性。古人普遍用水举行净化仪式（吉努维斯［Ginouvès］，1962；帕克［Parker］，1983）。他们制定了使用地下水源（通常是泉水或井水）而不是地表径流举行仪式的具体规则。然而，在某些情况下，净化仪式可能需要盐水，例如公元前4世纪首席执行官们规定使用盐水来净化最近去世的人的房子（*IG* XII. 5 593 = *LSCG* 97, A. 14–17。参见帕克，1983：38；波琉，2018）。这种净化在欧里庇得斯的戏剧《赫卡柏》（*Hecuba*）609–614 中得到了体现，剧中，女王用盐水为她的女儿波利克西娜（Polyxena）进行葬礼，强调年轻女子在成为冥府新娘时永远不育，这是对婚前死亡的女性的常见悲剧比喻（雷姆［Rehm］，1994）。事实上，盐水是一种非常强大的净化剂，它可以在尘世之外发挥作用，净化神灵。每年的普林特里亚（Plynteria）节庆期间，雅典人都会在港口的盐水中清洗雅典娜雕像，而赞美诗讲的则是像月亮和星星这样的天体在海水中每天都在变更亮度（*Il.* 18.483–489；*Od.* 23.347；Mimn. 11.4 ［西］2；*h. Sel.* 7–8；*h. Merc.* 68–69；*h. Hel.* 15–16；Stesich. 8, 1–3 ［*PMG*］；Hes., *Op.* 566）。大英博物馆收藏的一个盛酒器展示了这一场景，星星化身为年轻男子，在夜幕退去、白昼来临的目光下潜入大洋（图 0.1）。

本书将探讨古希腊和古罗马人以海洋为导向的生活方式的现实，与宗教和艺术实践所表达的这种生活方式的世界观之间的紧张关系。事实上，古人的生活方式主要依赖于地中海，早在公元前 2000 年，地中海就将希腊世界与其邻国联系在了一起，罗马人后来称其为 *mare nostrum*，意为"我们的海"。因此，地中海是古代生活各方面发展的载体，传播思想、信仰和知识，以及商品和战争手段。古典文学领域的许多广泛研究都与地中海的联通作用有关，在本书主题广泛的参考书目中可以看到这一点。

　　但古代世界的联系远远超出地中海的范围。近东、北欧、印度、西非，甚至中国都曾在古代旅行路线上出现。随着与遥远大陆联系的建立和消失，古代的航海文化和实践不断发展以满足不同的需求。有趣的是，关于遥远地方的新知识似乎只会让世界变得更大，因为古人不断想象着越来越远处的土地来展现他们的想象力（参见雷蒙德·舒尔茨［Raimund Schulz］和艾瑞斯·苏利马尼［Iris Sulimani］在本书中所述）。航海知识和实践就这样与想象力携手并进，既塑造了古代世界观，也被古代世界观塑造。

　　本书各章节讲述了古代海洋的多层含义，在现代人看来，这往往是矛盾的。其中一个明显的矛盾就是海（the sea，通常指地中海）和洋（the Ocean，神话中的概

图 0.1　陶器，红绘萼形盛酒器（Calyx-Krater）（用于混合酒和水的碗）：太阳和星星。© 大英博物馆受托人。

念）的区别。人们可能会认为，几个世纪以来不断发展的科学观察和不断增加的海洋旅行可能已经消除了对大洋的神秘思考。然而，乔治亚·L. 厄比（Georgia L. Irby）关于海洋知识的论文解释说，对大洋的调查和科学观察影响了制图学和地理学，但只是有限的影响。事实上，这些学科主要关注的是从一个地方航行到另一个地方的实用性，但大洋是一个连接着世界的宇宙概念。从古风时代末期到罗马时代的思想家们都在努力研究世界的形状及其构成的理论，其中大洋作为一种组织原则发挥了主要作用。正如厄比所证明的那样，通过这种方式，海洋探险和对潮汐、洋流和其他海洋现象的观察，助长而不是削弱了对神秘大洋本质的推测。

5

由于大洋，乃至大海，作为神话和宗教思想的载体，扮演着如此重要的角色，我们可能会想知道，在这种背景下，人们是如何与神进行沟通的。米雷拉·罗梅罗·雷西奥基于水手的普遍恐惧（主要是海难）研究了海上的宗教习俗。在这个特定的崇拜者群体中，出现了与神交流的特殊形式，他们寻求从海洋的无尽危险中获得保护。水手们担心一旦发生海难，他们的尸体会在海上丢失，因此无法举行丧葬仪式，无法进入来世。也许不出意料的是，水手们创造了他们自己的礼拜场所，通常在露天、靠近海岸、从海上可以看到的海角和岬角上。他们的祭品通常包括他们的贸易工具，如锚和许愿船。罗梅罗·雷西奥仔细研究了这些圣地和祭品以及对激发这种崇拜的宗教习俗的详细描述，得出的结论表明，在古地中海地区，海员宗教具有重要的跨文化共性。

水手们的恐惧由频繁的沉船事件引发，矛盾的是，沉船事件在今天却是快速发展的水下考古领域的福音。从这些沉船中，萨拉扎·弗里德曼（Zaraza Friedman）收集了来往于地中海的各类商船的信息。通过进一步从马赛克、涂鸦、壁画和文学资料中获得的证据，她生动地描绘了古代世界繁荣的商业活动，特别关注了从希腊化时代到拜占庭时代早期的时间段，阐明了纵横地中海的复杂贸易网络。这些商人运输的货物种类很有趣，常常令人惊讶，包括优质食品、丝绸和贵重金属，以及橄榄油等产品。如何安排货物也很重要，因为装载不平衡可能导致船只失事。

但海难并非总是偶然发生，同时海上冲突也很常见。这些冲突的起因是商业利益和政治利益，两者相互交错、难以区分。此外，海盗和私人行为也相当普遍。为此，约里特·温杰斯（Jorit Wintjes）采取了与大多数研究古代海战的学者不同的方式，并未基于国家行为者和非国家行为者之间的区别来组织文章。事实上，国家可以动用重要的国家资源来对付非国家行为者，比如公元前 67 年庞培（Pompey）对奇里乞亚（Cilician）海盗的战役。此外，这种区别正在迅速消失，因为人们认识到存在着大量的灰色地带，比如直到 1856 年《巴黎宣言》之前国家海军仍在使用私掠船，在古代也是如此。与之相反，温杰斯建议对古代海战过程进行彻底的回顾，同时关注该主题的理论边界以及来源施加的限制：虽然被认为是国家行为的战争可能有相当多的记录，但很少有可靠的痕迹表明私人行为者参与了这种战争，而这两者却是紧密相连的。因此，温杰斯研究了从公元前 3 世纪末左右埃及和阿卡德战争期间到公元 6 世纪初的海上冲突历史。他概述了海军特别是两栖作战的发展，尤其关注海战的设计和技术。

除了航海的技术和实用性，海洋拓扑学在古代经验中也占据重要地位。由于航海经常涉及在广阔大海中孤立的一小块陆地的许多岛屿上登陆，古人认为岛屿是重要航行事件发生的关键位置，例如男人和女人的成年仪式，以及顿悟之类的宗教体验。事实上，岛屿的形成过程往往被描述为漂浮的陆地块的逐渐固定，表明了希腊世界观所认为的岛屿易变性和遥远性。为此，正如加布里埃拉·库萨鲁（Gabriela Cursaru）所述，岛屿通常是流放者和贱民的家园，或者是合法性受到质疑的儿童在恢复权利之前长大的地方，例如珀尔修斯（Perseus）。同样，大陆上的海岸被视为**介于两者之间**的空间，是无边的、移动的海洋和固定的、有规律的有人居住的陆地之间的中介。因此，古代文学中对海岸和岛屿的描绘突出了古代所认为的海洋的概念，即海洋是可感知的世界和虚幻世界的一个连接点。

与这个岛屿概念相对应的是，从公元前 2000 年开始，"跳岛游"（island-hopping）成为一种在海上长距离移动的常见方式。随着时间的推移，人们设计了更多大胆的路线，探索不断深入，将地中海与遥远的西方、东方和南部海洋的文明联系在一起。舒尔茨讨论了古代的旅行网络。他指出，探险和旅行通常是出于商业或扩张目的。但探险也对文化产生了强大的影响，因为它推动了世界各地的思想、技术、商品和人民。舒尔茨总结了他关于公元第一个千年之初一场计划中的从西班牙横渡大西洋的航行的有趣问题的文章，并讨论了这个古代的最后梦想从未实现的原因。

由于海洋丰富的象征意义以及它在古人生活中占据的重要位置，人们会期待古代艺术中存在同样丰富的海景图像。但托永关于对海洋的表现的章节却阐述了相当令人惊讶的观察，即虽然古人靠海生活，主要靠海谋生，但他们的艺术实际上从未描绘过海景。他们大多以转喻方式表现海洋，以鱼类和其他海洋动物为海洋空间的代表。通常将这些海洋表现作为促进国家权力和财富的政治象征。此外，将海洋视为通往遥远世界门户的概念产生了许多表现形式，包括经常扮演末世符号角色的怪物和神话生物。

大海是古人投射其世界观和大部分想象力的场所。作为一个无边无界的空间，大海很容易呈现出任何梦想或乌托邦的色彩，与任何大陆都没有接触的岛屿则是天堂世界的支撑。艾瑞斯·苏利马尼在本书最后一章指出，大海是古人建造一个更美好人类世界的所在地，它摆脱了凡人生存的艰辛。苏利马尼解释说，这些想象世界被描绘在地中海或大洋中四个基点的岛屿上。在这些乌托邦异世界发展的同时，现实世界有着相反的变化，尤其是罗马内战的发生。知识分子将他们对和平社会的渴望投射到详细阐述了神圣岛屿神话的遥远地方。但这些岛屿并不是纯粹的想象，而是被视作真实的岛屿，人们曾到过这些岛屿，这就再次强调了神话中的海洋概念与其古代现实之间的不断重叠。

古代遗产：布伦丹的故事

就这一古代关于海洋的概念，或许可以更清楚地在后来的几个世纪里看到，它融合了丰富的古典遗产、欧洲本土文化和新兴基督教。即使在这种新的背景下，海洋的强大象征主义及其伴随的神话也传达了与古代差不多的信息，即海洋是一种物质现实，引导着人类无法企及的精神现实。

在广受欢迎的《修道院院长圣布伦丹（Saint Brendan）之航行》（*Navigatio Sancti Brendani Abbatis*）中，海洋扮演着非常重要的角色。该作品的来源很复杂，融合了诸如《奥德赛》等古典作品与爱尔兰民间传说和基督教修道理想的强烈影响。这个故事源于历史上 5 世纪爱尔兰克朗弗特（Clonfert）的一位修道院院长——布伦丹的生活。布伦丹和他的一群修道士在北大西洋上进行了一次旅行，到达了大西洋上的许多岛屿。这些航行在各种中世纪早期的文献中得到了证实（巴伦［Barron］和伯吉斯［Burgess］，2002：15–16）。但圣布伦丹的故事很快成为整个欧洲的传奇，布伦丹和修道士们出发去寻找 *Terra Repromissionis Sanctorum*（圣人的应许之地），途中遇到了许多怪物、神话人物和《圣经》景点。

这个故事最初在 10 世纪用文化中立的拉丁方言写成，但可能受到爱尔兰语言的影响（同上：15）。当时的故事已经包含了爱尔兰民间传说、《圣经》情节和古典遗产的许多方面。许多人注意到布伦丹的旅程与爱尔兰传说"航海故事"（*immrama*）和"冒险故事"（*echtrae*）之间的相似之处（特蕾西［Tracy］，1996；埃格勒［Egeler］，2017：25–64）。"航海故事"以基督教观点为背景（布伦丹的故事属于这一类型），而"冒险故事"则是正宗爱尔兰故事。但这两类故事都以穿越无数岛屿的航行为特色，主角在经历了许多冒险之后进入了另一个世界。在冒险故事中，英雄通常会遇到魔法师和仙女。而航海故事中的英雄们也遇到了超自然或巨大的生物，通常这是为了考验他们的基督教信仰。

到 15 世纪，《修道院院长圣布伦丹之航行》的文本和叙述被改编成几乎所有的欧洲语言。甚至有人说哥伦布在横渡大西洋时也带了一本，这又一次给真正的海上航行披上了神话之旅的色彩。

和哥伦布一样，许多人仍然相信布伦丹航行到了美洲。这种信念促使蒂姆·塞维林（Tim Severin）和他的船员重建布伦丹的船，于 1976 年从爱尔兰出发，途经不列颠群岛、法罗群岛和冰岛，然后前往格陵兰岛，最后于 1977 年到达纽芬兰。布伦丹的船是传统的爱尔兰敞篷船，被称为"Curragh"，有一个木制框架，上面铺着动物皮（塞维林，1978）。这艘船在《修道院院长圣布伦丹之航行》中有一些详细的描述（《修道院院长圣布伦丹之航行》，4）[1]，塞维林用布伦丹时代可用的材料和技术忠实地复制了这艘船。穿越海洋十分困难，因此就像布伦丹最初的《修道院

---

① 除非另有说明，否则本篇中拉丁文版《修道院院长圣布伦丹之航行》的文字是引自塞尔默（Selmer）的版本。

院长圣布伦丹之航行》一样，创造了一个引人入胜的冒险故事。这次冒险也证明，在5世纪，早在哥伦布甚至维京人之前，这样的旅行就可以用皮艇完成了。

除了航海史和技术方面的理由，为什么还要煞费苦心重建一次传奇航行？绘制神话旅程的地理图示并不是什么新鲜事，事实上早在古代，旅行者们就找出了奥德修斯在历险中所停留的地点，并指出了赫拉克勒斯经过之后地貌的变化，比如直布罗陀的岩石，当时被称为赫拉克勒斯之柱（Diod. Sic. 4.18，参见波科克［Pocock］，1962；艾伦［Allen］，1976）。罗勒（Roller）观察到，确实，"所有偏远的地方都与（赫拉克勒斯）相连"（2006：xv）。在布伦丹的事例中，人们为重构他的旅程做了许多工作，同时出现了许多截然不同的版本。塞维林主张穿过北大西洋的"踏脚石"路线，其他人则走一条南方路线去往马德拉岛（Madeira）、马尾藻海（the Sargasso Sea）、亚速尔群岛（the Azores），甚至到达牙买加，或者卡罗来纳海岸！（参见克雷斯顿［Creston］，1957：230–240）布伦丹故事的一些版本似乎证明了这条向南的路线是正确的，这些版本让他"就在阿特拉斯（Atlas）山下"寻找通常位于北非的天堂（巴布科克［Babcock］，1919）。大西洋中部的信风和洋流也使这条向南的航线更加可信，因为信风和洋流对小船有很大帮助。如何调和这些不同的观点？这种地理上的不确定性能否表明这次航行的精神本质？或许这次旅行无法用地理术语来描绘，因为它发生在精神领域。

从10世纪最早的拉丁文版本开始，所有版本的《修道院院长圣布伦丹之航行》都解释说布伦丹和他的修道士们是出于精神原因而开始了他们的航行。修道士们接待了巴林德（Barrind）（又名巴林德斯［Barinthus］），他是一位修道院院长，他的儿子梅尔诺克（Mernoc）领导着一个岛屿上的修道士社区。巴林德告诉布伦丹和他的修道士们，在一次去看梅尔诺克时，他被儿子带到附近的一个岛上，那里长满了水果和青草，遍地都是宝石。在岛的中央流淌着一条河，当他们试图过河时，一个年轻人出现了，他禁止他们再往前走。年轻人告诉他，那个岛是圣人的应许之地，那里没有黑夜，因为有基督的光照耀着。在这个故事的激励下，布伦丹渴望看到圣人的应许之地。不久之后，他和14个修道士便从爱尔兰出发（《修道院院长圣布伦丹之航行》，1–2）。

因此，这次航行有一个末世论的目的：看看人类生命无法企及的东西，即来世。在古代，大海也是一面通向未来的镜子：不是我们有生之年的未来，而是我们有生之年结束后的来世。被墨涅拉俄斯（Menelaus）俘获的海神普罗透斯（Proteus）（Od. 4.333–570；德蒂安［Détienne］，1996［1967］：53–67）揭示了迷失的英雄所要求知晓的回到斯巴达的道路。更重要的是，普罗透斯告诉墨涅拉俄斯，在他死后，他将生活在福岛（the Islands of the Blessed），那里没有会扰乱居民完美和平与盛宴的劳作、疾病或冲突（参见本书中苏里马尼所述）。同样，另一位海神涅柔斯（Nereus）向赫拉克勒斯透露了赫斯帕里得斯岛的位置，宁芙（Nymphs）在那里守护着不朽的苹果（Apollod. 2.114）。这些被希腊人称为 Halios Geron（海的老人）的神灵体现了海洋作为生命和来世之间通道的功能。他们可以看到不死之物。布伦丹也是如此：在旅程开始时，布伦丹预言了两个修道士的命运（《修道院院长圣布伦丹之航行》，5），预测他们将背叛团体，这一预言最终在航行过程中成真。布伦丹不仅预言了这两个奸诈修道士的肉体末日，也预言了他们的精神末日。他说"Vobis［Deus］preparabit tetterrimum iudicium"（上帝会给你们一个最可怕的审判）。这样，这次航行可以被看作信徒通过生活考验的精神旅程，对于那些保持真实的人来说，它的终点是天堂（伯纳德［Bernard］，2007；伊内罗［Iannello］，2010）。

在该故事的某些版本中，例如 14 世纪晚期荷兰语版本和 15 世纪早期德语版本，布伦丹的旅程是出于迫切的精神需求。在这些版本中，布伦丹曾经找到一本书，书中详细描述了上帝创造的奇迹，比如陆地上空的两个天堂、海洋中的巨大岛屿、背上有一片森林的鱼（巴伦和伯吉斯，2002：107）。由于不相信书中所言，布伦丹烧毁了那本书，招致了上帝的愤怒。作为忏悔，上帝命令布伦丹去航海，去看奇迹，去写一本讲述他所看到一切的新书。布伦丹的信仰本身也岌岌可危，这当然会威胁到他在来世的最终命运。因此，在故事的结尾，一旦布伦丹尽职尽责完成了他的使命，天使便宣布布伦丹已经准备好去天堂，圣人立即死亡。

布伦丹旅途的精神本质在故事的各个版本中都很明显。当布伦丹和他的修道士们航行时，他们遇到了许多怪物和奇迹，例如一个养着巨大绵羊的岛屿（《修道院院长圣布伦丹之航行》，9，绵羊岛，常被认为是设得兰群岛或法罗群岛），或一个

10

海水如水晶般清澈的地方，修道士们可以看到底部所有的鱼和怪物（《修道院院长圣布伦丹之航行》，21）。除了有趣的故事情节（这无疑是故事的目的之一），大多数情节都带有道德或宗教教训。在"清澈碧海"一节中，修道士们非常害怕鱼，要求布伦丹用安静的语调做弥撒。但布伦丹却以最大的声音做弥撒，并对他的修道士们说，基督是万物之主，也是鱼的主。在整个仪式过程中，鱼确实围绕着他，然后在大海中散开，并未伤害修道士。

荷兰语和德语的版本称，布伦丹和修道士们在另一个地方遇到了美人鱼：

> 当这一切终于结束时，他们又开始了他们的旅程，但又遇到了很大的困难，因为他们看见有一只野兽朝他们靠近，野兽有着人的躯干和脸，但腰部以下是鱼。它叫塞壬，是一种非常可爱的生物，有着美丽的人形，唱歌十分动听，声音非常甜美，谁听到都会忍不住睡着，不知道自己在做什么。当这个海怪走近他们的时候，水手们都睡着了，让船随风而去：修道士们也因为它的声音而完全忘记了自己，不知道自己身在何处。

（同上：141）

这一情节让人想起《奥德赛》的一个著名情节，而与奥德修斯的同伴不同，修道士们成了塞壬歌声的牺牲品。至于布伦丹，至少在荷兰语的版本中，他祈求上帝让他免受怪物的伤害，这也许让人想起奥德修斯在经过塞壬的岛屿时所采取的预防措施。事实上，布伦丹和奥德修斯都一直保持头脑清醒，这样就能在听到塞壬的歌声时不受伤害。但所有的修道士都陷入沉睡，船漂流到一个恶魔居住的岛屿，布伦丹必须避开这个岛屿。

这个情节，或者类似的情节，可以在建于 12 世纪的克朗弗特大教堂中得到说明，该教堂基于 6 世纪由布伦丹建造的教堂遗迹而建成。圣坛拱门展示了一条美人鱼（图 0.2），手里拿着一把梳子和一面镜子。有趣的是，美人鱼的情节似乎在文本中不带有任何道德教训。但美人鱼是布伦丹和修道士们遇到的唯一女性形象，因此可能代表他们对女性的否认。克朗弗特大教堂美人鱼的梳子和镜子作为与女性美和

11

图 0.2　克朗弗特大教堂的美人鱼。©维基共享资源（公共领域）。

性相关的物品，可能暗示了这一点。

12　　其他章节中，布伦丹和他的修道士们直面《圣经》故事，以及最好和最坏的宗教体验。他们离开克朗弗特大教堂后的第一次冒险是到一个有着神奇城堡的岛屿，城堡里满是珠宝和盔甲等珍贵物品。虽然城堡里似乎无人居住，但布伦丹和他的修道士们还是得到了神奇的食物，他们在城堡里过夜。所有人都睡着后，布伦丹目睹了伪装成"埃塞俄比亚男孩"的魔鬼,魔鬼引诱一个修道士从房子里偷走珍贵的缰绳。该修道士实际上就是在出发时就被布伦丹预言了死亡的那个修道士。布伦丹为他祈祷并驱逐魔鬼,那个修道士死后升天,他的尸体就地埋葬(《修道院院长圣布伦丹之航行》,6–7)。

修道士们再次登船起航,在这段痛苦的插曲后不久,他们就到了一个没有草的石岛上。他们在岛上安顿下来,开始生火做饭,但这时山开始摇晃。困惑的修道士们向布伦丹询问,布伦丹告诉他们这个岛就是"雅斯科尼乌斯"(Jasconius),是大洋中最大的鱼,修道士们立即离开了此地(《修道院院长圣布伦丹之航行》,10)。这个故事使人模糊地记起约拿(Jonah)与鲸鱼的相遇,似乎标志着修道士们进入了一个《圣经》传说成真的世界,他们的信仰将受到考验,就像约拿的信仰一样。尽管如此,此后修士们每年都会回到雅斯科尼乌斯,在鲸鱼背上庆祝复活节(《修道院院长圣布伦丹之航行》,15),这也许是为了表示他们十分平静地看待在海洋上的精神使命。

《圣经》中有无数比较和对比了不同信仰经历的情节,在《修道院院长圣布伦丹之航行》中广为流传,一次又一次地得到强调;大洋是修道士们精神体验和与上帝接触的场所。在鸟的天堂中,天使的灵魂被允许在神圣的日子和星期日以白鸟的形式出现,唱着对上帝的赞美诗(《修道院院长圣布伦丹之航行》,11)。在另一个岛上,布伦丹和他的修道士们在虔诚的艾尔贝(Ailbe)社区度过了一段时间,那里的修道士们以神奇的食物为生,而且不会衰老(《修道院院长圣布伦丹之航行》,12),这是对古老福岛的有趣回忆,也可能是希柏里尔人(Hyperboreans)的完美生活(参见罗姆[Romm],1992)。但在离那里不远的地方,布伦丹和他的修道士们遇到了冒着浓烟和灰烬的铁匠岛(Island of Smiths)(《修道院院长圣布伦丹之航行》,23)。布伦丹警告他的修道士们不要去这个地方,因为那里是地狱(火热的熔炉在中世纪是地狱的常见隐喻)。但这个情节并没有以《圣经》的方式结束:在一个让人联想到《奥德赛》中独眼巨人一节的场景中,修道士们被一个咄咄逼人的铁匠赶走,铁匠向他们扔了一团矿渣,几乎倾覆了他们的船。

他们在这一精神旅程中最后遇见的是两个截然不同的人物,即犹大(Judas)和 13

隐士保罗（Paul the Hermit）。修道士们发现为了钱出卖了基督的叛徒犹大坐在大洋中央的一块岩石上，身上只盖了一小块斗篷。犹大解释说，这是他休息的地方，他被允许在星期日和神圣的日子到这里来。当恶魔来把他带回地狱时，布伦丹说情并得到了一个承诺，犹大可以在第二天早上到来时再回地狱（《修道院院长圣布伦丹之航行》，25）。至于隐士保罗，他在乘坐自动驾驶的船离开圣帕特里克修道院后，来到了大洋中的一块岩石上，在那里他靠着一只水獭提供的食物生活了三十年。之后，他依靠岛上神奇的井水生活了六十年。他告诉布伦丹，他实际上已经140岁了，除了身上长出的白发，什么也没有穿。保罗在采访结束时告诉布伦丹，在与雅斯科尼乌斯一起度过复活节后，他将找到他的探索目标，即圣人的应许之地（《修道院院长圣布伦丹之航行》，26）。这一节让人想起了古代的海的老人，保罗预言了布伦丹的成功，这也导致了圣人的死亡。

在善与恶的不同极端和世界的奇妙多样性之间的航行将布伦丹和他的修道士们带到了他们追求的终点，即有形世界和无形世界之间的真正屏障。这道屏障以浓雾的形式出现，之后修道士们在明亮的灯光下靠岸（《修道院院长圣布伦丹之航行》，28）。这个隐喻显而易见：在衰亡和死亡的黑暗之后是来世的光明（波琉，2015）。住在附近一个岛上的管家为他们提供食物和饮料，他们在管家的带领下踏上了这块土地，那里盛产美味的水果，不需要农耕，到处都是珠宝，有柔和的海风吹拂，就像古代天堂般的福岛。他们在岛上探索时，发现它被一条河一分为二。但当他们试图渡过这条河时，来了一个年轻人，他宣布布伦丹的死期还未到。然而，由于这次最初的海上航行最终为他们提供的强烈来世愿景，布伦丹和他的修道士们回到了克朗弗特，他们在那里传播了这个故事，而布伦丹在回来后不久就去世了。

在大多数版本中，整个航行持续了七年，考虑到故事的《圣经》色彩，这是一个非常重要的数字。"七"代表神灵工作的完美和完成，例如《创世记》的故事。有趣的是，在讲述了布伦丹烧毁《创造之书》（Book of Creation）的荷兰语版《修道院院长圣布伦丹之航行》中，这段旅程持续了九年。在《圣经》和古典文学中，"九"代表一个带来变化的完整周期。例如，耶稣死于当天的第九个小时，而在《伊利亚特》中，特洛伊之围持续了九年。因此，这两个版本的《修道院院长圣布伦丹之航行》都标志着布伦丹和他的修道士们已经完成了他们的精神功绩。

光明与黑暗：布伦丹故事中的古典神话

布伦丹的故事充满了古典神话，尤其是《奥德赛》——其情节围绕着奥德修斯从生与死之间经过，然后回到伊萨卡。这种转变表现为光明和黑暗，在整部《奥德赛》中交替出现（马里纳托斯［Marinatos］，2010）。故事开始时，奥德修斯被认为已经死亡，他的儿子忒勒马科斯（Telemachus）去探听消息，说他的父亲已经 ἄïστος ἄπυστος（闻所未闻，也看不见）（*Od.* 1.241–243）。而事实上，奥德修斯可以说是在看不见的神圣世界中旅行，他在这里遇到了喀耳刻（Circe）和卡吕普索（Calypso）等女神，以及可怕的独眼巨人波吕斐摩斯（Polyphemus）。但奥德修斯放弃了卡利普索给予他的不朽生命，选择回家。为此，他必须真正拜访冥府，以便向死去的先知泰瑞西斯询问回家的路。奥德修斯在喀耳刻的建议下找到了先知泰瑞西斯，航行到大洋，经过笼罩在 ἠέρι καὶ νεφέλη κεκαλυμμένοι（云雾）中的辛梅里安人（Cimmerians）的国家（*Od.* 11.14–19）。就像海的老人一样，泰瑞西斯预言奥德修斯返回伊萨卡后将面临考验，但更重要的是，他谈到了奥德修斯的死："死亡会在远离大海的地方降临到你身上，这是你在富足晚年的疲惫不堪时的一种温和的死亡；你的人在你身边会很开心。我说得没错。"（*Od.* 134–137）泰瑞西斯用来描述他的预言真实性的词是涅墨耳提斯（*nemertes*），这是海的老人预言的特征（德蒂安，1996［1967］，53–67），说明从这位神明传来的知识是**绝对**真理。

事实上，在奥德修斯旅程的终点，他设法**走出了**迷雾：他进入伊萨卡港后，离开了迷雾，进入了灿烂的太阳（比尔［Bierl］，2004）。他的家伊萨卡岛在整部《奥德赛》中被称为"遥远的伊萨卡"（*Od.* 2.167，9.21，13.325 等）。顺便说一句，奥德修斯通过港口到达他的家，港口是另一位拥有"海的老人"名号的天神福尔西斯（Phorcys）的圣地（*Od.* 13.96）。奥德修斯就像他的后辈布伦丹一样，获得了存在于海洋之外的知识，并获得了更高层次的意识（斯卡皮［Scarpi］，1988；杜尚［Duchêne］，1992；莫罗［Moreau］，1994）。

许多人将吉尔伽美什（Gilgamesh）视为奥德修斯追寻来世的先驱（伯吉斯，

1999）。在许多冒险中，这位英雄——公元前三千年的乌鲁克（Uruk）国王，试图获得永生。为了做到这一点，他在黑暗中旅行了12天，然后经过死亡之水去见大洪水中唯一的幸存者——被众神授予了永生的不死者乌塔那匹兹姆（Utnapishtim）。但吉尔伽美什却在乌塔那匹兹姆提出的两种永生方法上都没有成功。第一，他没有遵守不眠的规定，连续睡了七天。第二，他得到了一株能恢复活力的植物，但被一条蛇吃掉了。吉尔伽美什在见识了外面的世界后，必须空手回家。

15　　　也许布伦丹的故事的最引人注目的古代先驱是赫拉克勒斯。像布伦丹和他的修道士们一样，这位英雄必须在一系列任务中与自己的恶魔战斗，以跨过死亡，赢得超越死亡黑暗的天堂。赫拉克勒斯艰难地完成了不可能完成的任务，以挽回因天后赫拉（Hera）发疯而被杀害的妻子和孩子。在一次穿越希腊的文明之旅中，他打败了尼米亚狮子和勒纳亚九头蛇等各种各样的怪物，清除了希腊的野兽和强盗。但最后四项历练则属于另外一种类型。赫拉克勒斯必须航行到大洋，他将在大洋中最终获得永生。这些历练包括牵回巨人革律翁（Geryon）的牛群、摘取赫斯帕里得斯的金苹果、活捉哈得斯的三头犬刻耳柏洛斯（Cerberus）以及与衰老之神革剌斯（Geras）见面。为完成这些任务，赫拉克勒斯必须离开凡尘，越过白天和黑夜的边界，越过大洋。他通过借用或窃取太阳神赫利俄斯（Helios）的太阳杯完成了这一非凡旅程；太阳神赫利俄斯每天都在世界各地旅行，从而形成了宇宙从光明到黑暗的过渡。

　　　在奥德修斯、吉尔伽美什和布伦丹的故事中普遍存在的光明与黑暗的意象在这里再次出现。生与死的界限，是明与暗、昼与夜的通道，这条通道又通向冥界，通向奥林匹斯山（法拉利-平尼［Ferrari-Pinney］和里奇韦［Ridgway］，1981；查萨隆［Chazalon］，1995）。大都会艺术博物馆中的一个黑绘油瓶（lekythos）恰好展示了赫拉克勒斯旅程中的这一刻。当赫拉克勒斯准备从哈迪斯那里活捉刻耳柏洛斯时，黎明和黑夜朦胧的身影穿过赫利俄斯头顶的道路（图0.3）。

16　　　赫拉克勒斯最后几项任务的更多细节表明，他正在跨越光明与黑暗，或生与死的界限。三体牛郎革律翁的岛被称为厄律忒亚岛（Erytheia），即"红岛"或日落岛，被认为位于赫拉克勒斯之柱的外面，在大西洋的入口处，但也靠近神话的大

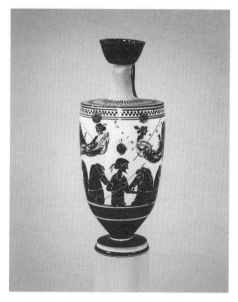

图 0.3　赫拉克勒斯烤祭肉。雅典白底黑绘油瓶，约公元前 500 年。© 纽约大都会艺术博物馆，41.162.29（公共领域）。

洋。革律翁的狗奥特里斯（Orthrys）是刻耳柏洛斯的兄弟，也是三体。他们与另一个神话人物赫克忒（Hecate）女神有相同的不寻常特征，赫克忒是夜神和巫师的守护神，统治着鬼魂游荡的十字路口，经常造访冥界。

在用革律翁的牛群进行祭祀后，他继续从厄律忒亚岛出行，狄奥多罗斯（Diodorus）认为这是赫拉克勒斯不朽的象征（Diod. Sic. 4.23.2，参见约丹–安妮金 [Jourdain-Annequin]，1989：520–537），赫拉克勒斯到达黄昏宁芙赫斯帕里得斯（Hesperides）之岛（hespera 在希腊语中的意思是"夜晚"）。在岛上，他得到了不朽的金苹果。然而，这个复杂的神话并没有让赫拉克勒斯立即登上奥林匹斯山，而是需要比战胜死亡做得更多。接下来的任务是从冥府抓来刻耳柏洛斯，并最终碾碎衰老之神革剌斯 [1]。这两个任务展示了英雄从阴间归来，这标志着他不受死亡的影响，以及战胜任何凡人都无法逃脱的衰老。在征服了人类最可怕的恐惧和最不可

---

[1]　赫拉克勒斯的这一经历只能在陶瓶画中得到证明：LIMC，词条，革剌斯（夏皮罗 [Shapiro]）。关于衰老之神革剌斯和海的老人的比较，参见德蒂安，1996 [1967]：59。

避免的命运之后，赫拉克勒斯最终登上了奥林匹斯山，在那里他与天后赫拉和解，并娶了她的女儿青春女神赫柏（Hebe），这再次强调了英雄已经克服死亡的局限性（霍尔特 [Holt]，1992；劳伦斯 [Laurens]，1996；维尼亚奇克 [Winiarczyk]，2000）。

在地图上标注布伦丹

就像在希腊的地理上留下了印记的赫拉克勒斯和奥德修斯一样，布伦丹的故事也在真实的地方展开。早在蒂姆·塞维林着手重新描绘布伦丹乘坐皮艇横渡大西洋的过程之前，中世纪的地图绘制者就在他们的地图中加入了圣人的应许之地，把它们与古老的福岛（拉丁语中称为 *Insulae Fortunatae*，即"幸运岛"）合并为一处。赫里福德地图（Hereford map）（约 1300 年）描绘了西大洋中的六个福岛，在其附近有一个传说："*Fortunatae insulee sex sunt insule Sancti Brendani.*"（"六个幸运岛是圣布伦丹岛。"）（韦斯特里姆 [Westrem]，2001：389，第 987 期）。相似地，同时代的埃布斯托夫地图（Ebstorf Map）上写道："*Insula Perdita. Hanc invenit Scs. Brandanus, a qua cum navigasset, a nullo hominum postea est inventa.*"（"迷失岛。圣布伦丹发现了它，布伦丹离开之后，再没有人找到它。"）（库格勒 [Kugler]，2007：地图 59/10）①

尽管这些岛屿具有明显的神话性质，但在"发现"时代，水手们试图在加那利群岛，即一些古代权威人士所定位的"福岛"（参见本书中苏利马尼所述）找到它们。从 1312 年开始，人们对加那利群岛进行探险。加那利群岛以幸运岛之一加那利亚岛（Canaria）的古代名字命名，意即犬之岛。加那利群岛并没有出现《修道院院长圣布伦丹之航行》中所描述的那种美丽、郁郁葱葱、满是宝石的岛屿的迹象，于是水手们把目光转向了更远的地方。16 世纪，葡萄牙领航员佩德罗·维洛（Pedro

---

① 另见奥顿的奥诺雷（Honoré of Autun）的《世界宝鉴》（*Imago Mundi*）I. 35；《卢西达留斯》（*Lucidarius*），1.61；蒂尔伯里的杰维斯（Gervase of Tillbury），《皇帝的闲暇》（*Otia Imperialia*），2.11；哈雷（Harley）和伍德沃德（Woodward），1987：378，410 中安吉里诺·杜尔塞特（Angelino Dulcert）的地图（fl. 1339）。

Vello）声称他在圣布伦丹岛登陆（维埃拉［Viera］和克拉维霍［Clavijo］，1991［1772］：45–46）。然而，一场飓风中断了他对这个岛的探险，他不得不迅速扬帆而去。后来，维洛试图再次找到圣布伦丹岛，却再也没能成功，这显然证实了埃布斯托夫地图上的传说。同样，当一个方济各会修士以为他从加那利群岛特内里费岛（Tenerife）上的望远镜中看到了圣布伦丹岛时，一片乌云遮住了地平线，从此再也看不到这个岛了（同上）。这个情节令人想起笼罩在圣人的应许之地四周的浓雾，布伦丹被允许在他的精神之旅结束后在大西洋航行。

结论

在古代，海洋作为物质和精神现实的叠加意义已经跨越了几个世纪，并与不断演变的文化、社会信仰和习俗融合在一起。在这一点上，布伦丹的故事与天堂般的阿瓦隆岛（Avalon）有着惊人的相似之处，在威尔士语中，阿瓦隆岛的意思是"水果之岛"。早在 12 世纪，这座岛就被认定为格拉斯顿伯里（Glastonbury）"岛"（图0.4），当时格拉斯顿伯里是一座低矮的小山，周围是一片广阔的沼泽地，如今已经干涸。据威尔士的杰拉尔德（Gerald of Wales）称（*De Principis Instructione* 1.20，fo.107r），住在修道院的修道士们声称在那里发现了亚瑟王（Arthur）和吉尼维尔（Guinevere）的尸骨，从而将一个基督教崇拜之地与古老的凯尔特故事联系到一起。在《梅林传》（*Vita Merlini*）908–940 中，最初鼓励布伦丹和他的修道士们航行到圣人的应许之地的巴林德（或称巴林德斯）[1]，带亚瑟找到了阿瓦隆，此前在卡姆兰（Camlann）灾难性的战役中，亚瑟和他的敌人莫德雷德（Mordred）双方死伤惨重。亚瑟在阿瓦隆康复，据说有一天他会回来夺回他的王国。

同样，最初由柏拉图在《蒂迈欧篇》（*Timaeus*）和《柯里西亚斯篇》（*Critias*）中描述的失落的亚特兰蒂斯世界是一个位于赫拉克勒斯之柱之外、大洋中岛屿上的强大社会，但最终被傲慢征服，被众神淹没。几个世纪以来，亚特兰蒂斯激发了不断变化的哲学的、乌托邦的和深奥的信仰，许多爱好者在全球范围内寻找这片失落

---

① 布伦丹的故事不断激发人们重新诠释。最新的请参阅霍兰德（Holland）对叙事的诗意重构，霍兰德，2014。

图 0.4　格拉斯顿伯里山景色，2014 年。© 维基共享资源（公共领域）。

大陆的物理痕迹 [1]。在 20 世纪，亚特兰蒂斯经历了新的转变，在托尔金（Tolkien）的传奇故事中扮演了重要角色，即努曼诺尔帝国（Númenor）的失落世界，这个帝国是一个曾经接近众神的国家，但由于对死亡的日益痴迷而衰落，最终被大海吞没。

　　人类可以在物质世界最遥远的地方达到更高层次的现实，这一概念仍然是一个积极的动力，即使不是对于探索，对于创造和对人类意义的仔细思考也是如此。斯坦利·库布里克（Stanley Kubrick）在 1968 年的杰作《2001：太空漫游》（*2001: A Space Odyssey*）中展示了人类与机器在人类世界的最后边界，即太空中的较量。这个故事用《奥德赛》式语言得到表述，有趣的是，它以回到一个完全超越正常世界、超越线性距离和时间限制的现实结束。

---

① 参阅科恩斯（Kohns）和西德里（Sideri），2009 中收录的文本。

第一章

知　识

希腊罗马古代的海洋知识："海洋学"和水物理学

乔治亚·L. 厄比（Georgia L. Irby）[1]

---

[1] 本章中前苏格拉底时代作品的翻译来自格雷厄姆（Graham），2010（*TEGP*）；斯特拉博作品的翻译来自罗勒（Roller），2014。其他所有翻译都来自作者。

简介

《亚历山大罗曼史》(*The Alexander Romance*)(亚历山大去世六个世纪后编撰)讲述了这位伟大的将领乘坐一艘球形玻璃潜水器进入深海以寻找海底物品的不足为信的故事。据称,他到达了大约154米(500英尺)的深度(道顿[Dowden],1989: 708–709;奥尔森[Oleson],2008: 129)。无论这个故事多么离奇,它确实表达了人们对地中海世界——即大海——的主要地理特征的强烈好奇;大海通过商业和贸易、军事防御、渔业渗透到文化、文学和社会中,并成为冒险故事和旅行欲望的舞台。航海和水文隐喻散布在各类文学作品中[①]。已知至少有两篇题为《大洋》(*On Ocean*)的水文论文,分别由马西利亚的皮西亚斯(Pytheas of Massilia)(公元前320—前305年)和阿帕米亚的波赛东尼奥(Poseidonius of Apamea)(公元前110—前51年)撰写。遗憾的是,两部作品都只剩下了一些神秘的残篇。皮西亚斯声称自己已经到达了"天涯海角"(Ultima Thule),一个位于大西洋北部的遥远冰冷之地。他是知识分子的弃儿,他的作品被怀有敌意、乐于(不公平地)披露皮西亚斯(Pytheas)(眼中的)谎言的后继者修订。

此外,皮西亚斯的观察与亚里士多德派(Aristotelian)对自然世界的解释并不一致。相比之下,波赛东尼奥则备受推崇。像许多希腊-罗马学者一样,波赛东尼奥的水文论文涉及面很广,不仅包括水文学(包括潮汐现象),还包括地球的气候带、有人居住的世界的大小和范围、天体现象、陆地地理、人种学和历史,这些都

20

[①] 最著名的是伯里克利的"国家之船"(柏拉图,《理想国》[*Republic*],488a–d;修昔底德;另见阿尔凯厄斯[Alcaeus],f6,f208,坎贝尔[Campbell]),还有"正义之礁"(埃斯库罗斯[Aeschylus],《欧墨尼得斯》,564);(恼人的)大海(索福克勒斯,《俄狄浦斯在科洛纳斯》[*Oedipus at Colonus*],1746)。

以斯多葛学派（Stoic）的观点为基础。

　　水文学知识与源于哲学偏见的地理学、天文学和气象学紧密结合。摇摆不定的海岸线长期以来一直是学术对话的一部分。从荷马（Homer）开始①，地理学家尽职尽责地记录海岸线的长度和定居点与重要水道的接近程度。但古代的命名法比较模糊。地中海是"海"还是"湖"？里海通常被认为有一个通往北海的出口，因此被认为是"海"，尽管它符合分类为"湖"的标准：有蛇可以生活的淡水（波利克里特斯［Polyclitus］，斯特拉博［Strabo］，11.7.4）②。蓬托斯（Pontus，黑海）非常大，它还含有湖泊（希罗多德［Herodotus］，4.85-86）。此外，希腊语中使用的几个词可以被广泛地理解为广阔水域。Ōkeanos（开放海域：所有其他水体的原始来源）通常被认为是构成世界的水域（即大西洋）。与pateō（走路）同源，patos（小径上被踩踏或拍打的东西）、pons（桥）、pontus（开放海域）是指作为通道的水域③。Pelagos（公海，开放海域）可以指特定的海域④。Thalassa/thalatta（海、盐水）可能与hals（盐）同源，可能是从一个前希腊语（pre-Greek）单词演变而来，在希腊语材料中通常用来指地中海⑤。

---

① 斯特拉博将荷马称为"地理学之父"（1.1.11）。

② 在公元前3世纪80年代，帕特洛克勒斯（Patrocles）错误地假设里海与大洋相连，这个错误一直延续下去：埃拉托斯提尼，f110；Pliny, NH 6.58。只有希罗多德（1.202.4）和亚里士多德（《气象学》，2.1 354a4）承认里海是内海。

③ 波琉，2016: 25: pontus 是指一条难以穿越的道路，正如梵文中的 Pántāḥ（有障碍的道路）。的确，诗人提到了"海洋之路"：例如，伊阿宋看到埃厄忒斯（Aeëtes）的宫廷碑上写着"为四处旅行的人展示了湿地和干地的所有道路和路径"（阿波罗尼厄斯，《阿尔戈船英雄记》，4.279-281）；在猛烈的风暴中，才华横溢的舵手帕利努斯（Palinurus）在波浪中无法记住路径（维吉尔［Vergil］，《埃涅阿斯纪》，3.201-202）。

④ 例如，爱琴海（πέλαγος Αἰγαῖον: 埃斯库罗斯，《阿伽门农》，659）；撒丁岛人（τὸ Σαρδόνιον καλεόμενον πέλαγος: 希罗多德，1.166）；亚得里亚海和第勒尼安海（ἐκ τοῦ Ἀδρίου καὶ ἐς ἑτέρου πελάγους ὃ καλεῖται Τυρσηνόν: 包萨尼亚，5.25.3）；黑海（ἐν δ' Εὐξείνῳ πελάγει: 平德尔，《复仇女神颂》，4.49）。

⑤ 地中海被简单地称为 ἡ θάλασσα 即海（例如，Il. 2.294, Od. 5.413）；ἡ μεγάλη θάλασσα 即大海（阿里安，《印度记》，2.7）；ἡ ἡμέτερα θάλασσα 即我们的海（柏拉图，《斐多篇》，113a；Aelian, On Animals, 12.25；斯特拉博，1.2.29）；这片海即 ἥδε ἡ θάλασσα（希罗多德，1.1，185, 4.39）；τῆς νῦν ἑλληνικῆς θαλάσσης 即希腊海（希罗多德，5.54，修昔底德，1.5；普鲁塔克，《西门》［Cimon］，13）；ἡ θάλαττα ἡ καθ'ἡμᾶς 即我们周围的海（波利比乌斯，1.3.9）；ἡ παρ' ἡμῖν θάλασσα 即我们附近的海（柏拉图，《斐多篇》，113a；斯特拉博，2.5.18）；咸水的深海（πέλαγός τε θαλάσσης: 阿波罗尼厄斯，《阿尔戈船英雄记》，4.608）。罗马人把这片水域称为 mare nostrum（我们的海）。直到公元6世纪，"地中海"（Mediterranean）一词才开始被普遍使用，如塞维利亚的伊西多尔（Isidore of Seville），《词源》（Etymologiarum sive Originum），9.1.8 中的记录。这代表了一种范式转移，因为重点从海洋（mare）转移到陆地（terrae）。

尽管失去了两份重要的原始资料，但还是可以从一个甚至在第一位理性的希腊思想家泰勒斯（Thales）之前就开始的长期学术传统中梳理出希腊-罗马的对海洋的知识、理解和解释。人们对自然世界，尤其是地中海和其他大型水域的好奇心非常强烈。我们将探索希腊和罗马的海洋概念演变轨迹，——从荷马所述的周围河流到亚里士多德、小塞内加等人所表达的统一水文学哲学。有价值的资料包括地理作家（埃拉托斯提尼［Eratosthenes］、普林尼［Pliny］、斯特拉博）的著作、旅行者记述、*periploi*（"海岸指南"）和诗人（荷马、埃斯库罗斯、维吉尔等）的记录。

荷马和赫西奥德

我们从认为大洋提供了世界的物理框架的荷马和赫西奥德开始[1]。在阿斯克拉的赫西奥德（Hesiod of Askra）的《神谱》（约公元前 750—前 650 年）中，随着物质从原始混沌中依次散出，世界开始成形：盖亚（Gaia，大地），坚实的基础；塔尔塔洛斯（地狱），创世的原始边缘；厄洛斯（Eros），爱的宇宙法则，它使男性和女性结合在一起，从而促进后代的繁衍。有序宇宙的物理组成部分随后与盖亚分离，形成了 Ouranos（乌拉诺斯，天空）、群山和 Pontus（蓬托斯，开放海域）。最后，盖亚和乌拉诺斯的性结合产生了第一代完全人格化的神，泰坦神（the Titans），包括俄刻阿诺斯（Okeanos）(《神谱》，133）和忒堤斯（Tethys）(《神谱》，136），分别是盐水神和淡水神。这些兄弟姐妹有着强大的生育能力，他们育有 6000 个后代——3000 个女儿和 3000 个儿子，这样每一处水体都有自己的守护神（《神谱》，346–370）[2]。他们的孩子中有涅柔斯（Nereus）（"海的老人"）和他的配偶多丽丝（Doris），他们一起生育了惊人的 50 个宁芙（赫西奥德列举了 51 个宁芙的名字：《神谱》，233–264）。

因此，大洋是生成性原则，也是界性原则。大洋是深流（《神谱》，265）、深旋

21

---

① 见波琉，2016：5, 34 中有关海洋是人与神、生者与死者之间的概念边界的描述。

② 《神谱》与胡里安／赫梯、美索不达米亚和犹太宇宙论神话之间的相似之处已经在其他地方详细讨论过（例如，纳达夫［Naddaf］，1986；索尔姆森［Solmsen］，1982；蒙迪［Mondi］，1990）。

（赫西奥德，《工作与时日》，171）和光荣（《神谱》，215），是环绕着人类世界、将世俗与神分开的"完全的"或"完美的"河流（《神谱》，242）。在大洋的另一边是赫斯帕里得斯（《神谱》，215）、古格雷亚人（Graeae）的故居（《神谱》，274）、极乐平原（*Od.* 4.563），还有英雄们死后会去的极乐岛（the Isles of the Blest）（《工作与时日》，170–173），以及传说中的岛屿天堂亚特兰蒂斯，在那里，有权有势的富人兴旺发达，直到他们陷入傲慢，他们的岛屿在海中淹没（柏拉图，《蒂迈欧篇》，24e–25d；《柯里西亚斯篇》，108e–121c）。在海底，人们可以找到宙斯的独眼巨人盟友的住所（《神谱》，816）和波塞冬的宫殿（Bacchylides 17）。海洋也是物理世界去拟人化的边界，正如荷马在描述阿喀琉斯之盾时首次设想的那样，他将宇宙描述为一条环绕着由和平之城和战争之城组成的可居住世界（*oikoumenē*）的河流（*Il.* 18.607）（图 1.1）。这种模式在一个大致同时代的新巴比伦泥板上被重复，泥板描绘了一张圆形的"新帝国"地图，"比特河"（Bitter River）就在它周围流淌。人类世界以重要的地形细节，如山脉、运河、沼泽和城市来区分。在比特河的另一边，七个放射状的三角形代表岛屿：旭日之岛、遮云蔽日的岛和鸟儿飞不到的岛（罗赫贝格［Rochberg］，2012；拉弗劳布［Raaflaub］和塔尔伯特［Talbert］，2009：147）。在希腊神话中，比特河另一边的这些岛屿可能代表众神的住所。

前苏格拉底时代的哲学家

米利都的泰勒斯（Thales of Miletus）（约公元前 600—前 545 年）可能是第一个以理性方式考虑物理世界的希腊思想家，他在不参考众神的情况下解释自然现象。水似乎是他的物质一元论的基础，他的理论认为单一元素是所有物质的来源。古代资料对泰勒斯是否真的写过东西存在分歧，有三种天文学作品据称出自他手（《夏至》[*On the Solstice*]、《春分》[*On the Equinox*]、《航海星指南》[*Nautical Star Guide*]），而我们只从二手和三手的报告中了解到他的理论。根据我们的资料，泰勒斯提出大地（earth）是一个像船一样停在水面上的柱状圆盘（*TEGP* 18–20），而水是物质世界的源头（本源，*archē*）（*TEGP* 15–17），似乎是因为营养都来自潮湿的东西。在泰勒斯的理论中，水的无所不在解释了地震（震动地球的地下波浪）和

图 1.1　安吉洛·蒙蒂塞利（Angelo Monticelli）绘制的阿喀琉斯之盾。© 历史收藏 / 阿拉米图片社（Alamy Stock Photo）。

充足的河水供应。凝结和干燥的过程解释了世界的组成和溶解（开始和结束于水），以及风暴和恒星运动。我们不知道泰勒斯是否有关于大洋起源或自然的理论。

　　水文学（对水的研究）与地理学、制图学甚至地质学是分不开的。从 15 世纪到 17 世纪，人们对海洋的认识和理解不断增加，这是欧洲探索时代的经济目标（寻找与远东贸易的替代航道）所附带的结果。同样，在古代地中海，关于物质世界的知识在殖民和国际贸易的高峰时期得到了发展。泰勒斯的家乡米利都在公元前494 年被波斯人摧毁之前，是爱琴海东部一个富裕的港口城市和贸易中心，地理位置优越，可以接触近东（包括美索不达米亚和埃及）的知识和文化成就（艺术、宗教、科学、文学）。正是在米利都这个活跃的商业和殖民活动中心，泰勒斯的学生米利都的阿纳克西曼德（Anaximander of Miletus）绘制了希腊第一幅关于有人居住的世界（*oikoumenē*）的地图（约公元前580—前545年）(*TEGP* 6–8)，可能还附有地理解说（《大地环线》[*Circuit of the Earth*]）。这张地图很快被另一位米利都人、有着丰富旅行经验的赫卡泰厄斯（Hecataeus）(约公元前520—前490年）改进[①]。这些早期的地图遵循荷马式的范例：*oikoumenē* 被一片圆形的、环绕四周的大洋所包围（希罗多德，4.36）(图 1.2)。

就像本杰明·富兰克林为了收集绘制墨西哥湾流的数据而采访水手一样，人们

24

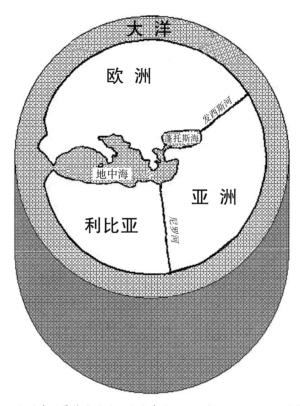

图 1.2　阿纳克西曼德地图的理论重建图示。© 乔治亚·L. 厄比（作者）。

[①] 阿纳克西曼德的地图可能是为了回应殖民地创始人的实际关注。这位哲学家被认为可能在黑海建立了一个殖民地：哈恩（Hahn），2001：202–203。

想象阿纳克西曼德在港口询问海员和游客关于遥远的地方、天气模式，以及陆地和水域的间隙的信息。埃拉托斯提尼（斯特拉博，2.5.24）、喜帕恰斯（Hipparchus）（斯特拉博，2.1.11）和斯特拉博（斯特拉博，2.5.8，2.5.24）都依赖于水手报告。对阿纳克西曼德而言，大洋不仅仅是世界的物理框架，他似乎还开发了一个新的水文理论。阿纳克西曼德认为，物质从"无界"（*apeiron*）中衍生出来，后者是由可感知物体产生的所有相反性质的混合物（*TEGP* 9–20）。虽然阿纳克西曼德否定了作为物质世界的物质来源的泰勒斯的本源——水（*TEGP* 10–11，也许是因为太具体了），但他保留了他导师的理论，认为大地原本是完全潮湿的，只是"风以及太阳和月亮的转动"慢慢使其干枯，最终变成了干燥的土地，也就是说，在他的天体围绕大地公转的以大地为中心的宇宙中，太阳的热量和风使得大地变得干燥。根据阿纳克西曼德的说法，原始的水分沉淀在大地的空洞中，形成了海（塔拉萨，*thalassa*），海继续蒸发，直到"最终会有一天完全干燥"（*TEGP* 34–36）。阿纳克西曼德还借鉴了他的老师关于水分和营养的理论。如果这不是一个恰当的进化论，它至少是动物生命的发展论：随着水和陆地的变暖，动物在潮湿的环境中产生，并被树皮、贝壳或鱼体内的胚胎囊（就人类而言）保护，直到它们能够登陆（*TEGP* 37–39）。

　　进一步发展了米利都学派思想的是在土耳其西海岸靠近艾菲索斯（Ephesus）的克罗丰的克塞诺芬尼（Xenophanes of Colophon）（公元前540？—前478？年）。克塞诺芬尼像赫卡泰厄斯一样到处旅行，而且，与大多数哲学家不同的是，他用诗歌写作，也许是为了以巡回游吟诗人的身份谋生。克塞诺芬尼提出了许多米利都人也问过的问题，采用了类似的解释，但使用了诗歌的媒介来质问人类知识的惯例和假设。克塞诺芬尼否定了物质一元论，提出了将两种元素，即水和土，作为所有物质的生成材料："所有产生和生长的东西都是土和水。"（*TEGP* 51）因此，水是克塞诺芬尼宇宙学和物理学的重要组成部分。此外，作为水（河流、雨水）和天气（云、风）的来源，大海（塔拉萨，*thalassa*）是克塞诺芬尼自然哲学成为一统的关键（*TEGP* 54–55）。米利都人的理论认为，雨的蒸发和凝结过程如下：淡水从海水中分离出来，以薄雾的形式聚拢到云中，然后凝结成雨点；当云团呼出风时，雨点又返回地面。

克塞诺芬尼的水文学不仅仅和宇宙起源有关。克塞诺芬尼可能是第一个发展大洋理论的希腊思想家。他的文本残篇显示，他质疑了海洋的性质，解释说海水是咸的，"因为许多混合物流入其中"（*TEGP* 59）。此外，克塞诺芬尼在化石证据的基础上发展了泰勒斯关于陆地干燥和湿润循环的理论。他在山上发现了贝壳，在锡拉库扎（Syracuse）的采石场发现了鱼和海藻的印痕，在帕罗斯（Paros）的岩石上发现了珊瑚的痕迹，在马耳他岛发现了"所有的海洋生物"的痕迹（*TEGP* 59）。这个过程也是土和海洋混合的地质过程，反映了陆地和海洋之间复杂的相互作用，从而定义了具有延展性的海岸线。最后，克塞诺芬尼揭示了海洋和天体之间的联系：太阳和月亮由"白炽云"（*TEGP* 60–61，67）组成，它们像雨云一样由蒸发形成，但表现方式不同（穆雷拉托斯［Mourelatos］，2008）。

虽然艾菲索斯的赫拉克利特（Heraclitus of Ephesus）（约公元前 510—前 490 年）可能没有发展出一个水文学或"大洋学"的统一理论，但身为"有科学兴趣的人文主义者"（格雷厄姆，2010：136）的他切入了水的本质的核心，用水来隐喻认识论和人类现实的短暂性。赫拉克利特把"现存的事物比作河流的流动"。他断言"踏入河流的人身上流过的是同样但不同复不同（*hetera kai hetera*）的河水"，这句格言著名而隐晦地被解释为"人不能两次踏入同一条河流……因为流过的水不同"，或更明显地解释为"所有事物都像河流一样运动"（*TEGP* 62–63，参见 65–67）。这就是说，虽然河流的外观、大小和特性可能保持不变，但它的水不断被新的水（即不同复不同）取代，而河流本身仍在持续流动[1]。

更具体而言，根据赫拉克利特的自然哲学，世界由在一种有争议的平衡中结合在一起的两种对立的力量共同控制，世界由土和海（塔拉萨，*thalassa*）组成："火的变化：第一个大海（塔拉萨），大海的一半是土，一半是火焰喷发（*prēstēr*）。"（*TEGP* 51）根据卡恩（Kahn）的说法，这个残篇可能"有意**暗示**世界形成或转变的某些过程"（卡恩，1979：139–144）。*Prēstēr* 经常被翻译为"龙卷风"或"水龙

---

① 只有一处修订表明一个人"不能两次踏入同一条河流"（*TEGP* 63）。

卷",它以闪电风暴或"来自天堂的火焰"的形式出现,与风暴和风联系在一起①。卡恩得出的结论是,短语"一半是土,一半是火焰喷发"是指海产生后起作用的二元力量。通过干燥,这两种力量将海转化为土和蒸汽,产生的蒸汽反过来滋养天上的火。"火焰喷发"则似乎是土和海之间改变的催化剂。赫拉克利特确实注意到了土和海之间正好相反的关系:"(土)液化为海,并按其成为土之前的比例得到测量"(DK22B31b)。因此,赫拉克利特认识到土和水之间的比例是恒定的。水(海)是物质世界的基本元素之一,它没有转化为土(如物质一元论所述),而是保留了"强烈的非同一性"(格雷厄姆,2010:189)。赫拉克利特除将海洋视为世界的物理组成部分的评论外,还观察到了海洋本质中的二元张力:"海是最纯净、污染最严重的水:对鱼而言,它可饮用且健康,而对人而言,它不可饮用且有害。"(*TEGP* 79)②

西西里岛南部的自然哲学家和"宗教大师"(格雷厄姆,2010:327)阿克拉加斯的恩培多克勒斯(Empedocles of Acragas)(公元前460—前430年)是第一个阐明连贯的四元素(根,*rhizomata*)理论的人,其中每一个元素都与一个神灵有关:宙斯是火,赫拉可能是空气,阿伊多诺斯(Aidoneus)(哈迪斯)是土,Nēstis("凡人之泉")是水(*TEGP* 26)。和克塞诺芬尼一样,恩培多克勒斯也用诗来写作。他的兴趣和他的理论一样广泛,他的诗歌《论自然》(*On Nature*)和《论净化》(*On Purification*)的大量残篇流传至今。尽管如此,仍然有重大差距。和他的先辈一样,恩培多克勒斯认为大海(水)是完整宇宙的一个组成部分,在大地的发展和框架中扮演着重要的角色,它的 *oikoumenē*(可居住的世界)是全混合和全分离之间的元素(根)循环(*TEGP* 41)。但有两个有趣的残篇表明,恩培多克勒斯和克塞诺芬尼一样,对海洋的性质提出了疑问(例如,海水为什么是咸的)。他以人类汗液为类比,提出了一个聪明的假设:海水被太阳加热时会变咸,就好像地球在出汗,"海水是大地的汗水"(*TEGP* 99–100)。恩培多克勒斯还认为海水正在膨胀并侵蚀陆

---

① 亚里士多德,《气象学》,3.1 371a15–17;普林尼,*NH* 2.133。参见卡恩(1979:141–142)对于赫西奥德、希罗多德、阿里斯托芬(Aristophanes)、色诺芬和亚里士多德的证据的分析。

② 在恩培多克勒斯笔下,鱼类是"受水滋养的"(*TEGP* 41)。

地（TEGP 101）。虽然恩培多克勒斯发展了一套关于陆地特征（包括悬崖和峭壁：TEGP 96）形成的地质理论，但残篇无法保存他的水文学的更多细节。他是否质询过潮汐的原因、我们的海的深度、其表面的性质，或海底地形？

原子理论（将可感知的世界和世界的变化解释为不可切割的原子和虚空之组合的理论）创始人——阿布德拉的德谟克利特（Democritus of Abdera）（公元前 440—前 380 年）是一个博学的人，拥有 70 篇关于天文学、地理学和地质学等广泛主题的作品。现存残篇和见证集表明其地质学理论发展得很完善（TEGP 78-88），但他的水文学文献保存得很差。与泰勒斯的观点一样，他认为地震似乎是由于风或地下通道中累积水量的不恰当造成的地面水分布不均匀（TEGP 78-79）。德谟克利特关于海洋正在消退并最终会消失的假设遭到了亚里士多德的嘲笑（《气象学》[Meteorology]，2.1 353b=TEGP 88）。

目前还不清楚德谟克利特是否像阿纳克西曼德那样，感知到了脱水和水合作用的循环，或者他是否相信海洋的目的论衰老[①]。

柏拉图和亚里士多德

与前苏格拉底时代的思想家们一样，对于柏拉图来说，关于海洋的知识在很大程度上还是理论性的。柏拉图的水文学被描绘成下冥界（katabasis）或堕入地狱。在一场探讨灵魂本质并讲述了苏格拉底的最后一天的对话——《斐多篇》（Phaedo）（109b–113d）中，柏拉图笔下的苏格拉底对海洋的性质及其与地球的关系发表了看法。苏格拉底只评论了我们的海，这片水域在东边的发西斯河（流入黑海）和西边的赫拉克勒斯石柱之间。人类只居住在侵入沿海洞穴（hollow）的大海的一小部分。但这些洞穴只是真实大地的印象派版本：

> 我们没有注意到我们住在洞穴中，我们认为我们生活在它之上。就像住在

---

① 伊壁鸠鲁派（Epicureans）采纳了德谟克利特的原子理论，相信大地会衰老、土地会枯竭和农业会最终失败：卢克莱修（Lucretius），《论事物的本质》（On the Nature of Things），2.1144–1177。

海洋深处的人以为他是住在海面上，他在水中看到太阳和其他星星，就以为他看到的是天空；由于他的迟缓和虚弱，他永远不会到达海面，也不会从海里抬起头来，来到我们的世界；他也看不出大地碰巧比他的（水中世界）更美丽、更无瑕。

（109c–d）

《斐多篇》中的大海类似于《理想国》（7.514a–520a）中所述的洞穴（cave）。苏格拉底在该书中重复了史诗诗人的智慧，指出了我们的海中含水洞穴的深度和广度（但没有对它们的面积进行推测）。正如大气侵蚀其中的物体（即石头的风化），盐水也腐蚀海洋中的物体。尽管有繁荣的渔业（如荷马，*Od.* 19.109；参见柏拉图，《理想国》，2.363c）和丰富的植被（尽管不开花也不结果），但在苏格拉底的海中，没有什么"值得一提"的东西在生长，泥土无边无际，大海与大地交汇处的沼泽凌乱不堪。在他的完美世界里，连山和石头都是光滑透明的，大地上充满空气和水的洞穴闪烁着密集的颜色。苏格拉底推测地中海地区以外还有其他人类居住区，散布在其他洞穴周围：

有些比我们生活的世界更深更广，还有一些比我们所在地区的更深，但不是那么广阔，另有一些比我们的更浅更宽。

（11c–d）。

地下通道连接着这些洞穴，其中流动着由不同性质的地下河流组成的"大量的水"，包括与西西里岛的火山熔岩流有关的热河、冷河、炽热河、泥泞河、清澈河和浑浊河。这些地下河流都流入最深和最大的裂口，苏格拉底认为这个裂口是塔尔塔洛斯（地狱），是所有水流的无底之源。不停歇的振荡导致水从地球的一边涌向另一边，没有固定的位置。就这样，河流和湖泊（包括我们的海）流动并被填满或耗尽。由于这种呼吸似的潮起潮落（类似于潮汐活动），水体有时会回到它们的源头，有时则会流向相反通道。苏格拉底说明了四个重要的水域，每一个都与

28

来世有关：大洋，荷马世界的框架（在上）；阿刻龙河（Acheron，悲哀之河），流入阿刻鲁西湖（Acherusian Lake）——死者灵魂的集结点；火红、充满熔岩的皮利福来格松河（Pyriphlegethon，火河）；以及流入冥湖（Stygian lake）的科塞特斯河（Cocytus，悲叹之河）。它们的水流和路线呈几何对称：阿刻龙河流向大洋的相反方向；皮利福来格松河在大洋和阿刻龙河之间，没有与其他河流混合，并盘旋下降，最后回到地下深处的塔耳塔洛斯；在大洋和阿刻龙河之间的皮利福来格松河的正对面，科塞特斯河以相反方向盘旋流向塔耳塔洛斯，也没有与其他水域混合。柏拉图对物质世界进行了调整以适应他的认识论。苏格拉底在临终的遗言中，思考了生者世界和死者世界之间的物质边界，在这个物质边界中，刚刚死去的灵魂在相应的河流中接受惩罚或奖赏。柏拉图的理论认为，尽管冥界的河流明显分离，地球上所有的水都起源于并返回塔尔塔洛斯。柏拉图的理论认为有一个统一的大海，它冲刷着整个大地、我们居住的世界和其他地方，我们则不断与这些水域接触，成为对于我们自己的死亡和苏格拉底即将到来的死亡的微妙提醒。

从柏拉图的篇章中，我们得到了一个有关大洋的理论，了解了海洋与其他水域的关系，以及海洋多变的深度和广度。亚里士多德的水文学介于他对山泉和风的讨论之间，也是一种下冥界（katabasis）①。亚里士多德彻底否定了柏拉图的振荡说，认为统一的水体是非理性和不可能的（《气象学》，2.3 357a15–23）。根据柏拉图的理论，河流会按照塔尔塔洛斯的涌动而流动。当塔尔塔洛斯涌动时，河流是否会向上流动？这当然是不可能的！河流也不会回到自己的源头。亚里士多德研究了海洋的起源、盐分浓度、与"流动"水的区别，以及海洋是否可以相互连接。《气象学》2.1–3 是一部修辞杰作，作者选择性地反驳了他的前辈们的"愚蠢"观点，前辈们似乎夸大了大洋作为天体营养源的重要性（354b33–55a33）。为证实赫西奥德的说法，亚里士多德否认了古代关于大海有"泉水"（即 pēgai：奔流的水、源泉；参见《神谱》，736–741）的说法，认为泉水必须是人工（即不流动的）水体。赫西奥德

① 威尔逊，2013：179：亚里士多德似乎在批评柏拉图将下冥界（katabasis）置于大洋讨论的中心。我们还注意到，奥德修斯通过首先航行到大洋到达了冥界：《奥德赛》，11.13–14。见波琉，2016：10。

可能想的是类似于阿纳克西曼德的"无界"的东西或不确定的水分来源。亚里士多德的解释被柏拉图对塔尔塔洛斯及其地下物理通道的更具确定性的看法不合时宜地过滤了（威尔逊，2013：182；韦斯特，1966：361）。对于亚里士多德来说，海洋既不是流动的，也不是人造的，也没有发现如此大规模的天然泉水（《气象学》，1.14 352b29–353b30）。流动的水从泉源**流出**。静水要么没有水源（湖泊、沼泽），要么是人造的（水井）。这一点部分是为了支持亚里士多德关于世界的结构观点，其中，天堂是最重要的，而海洋是"气象宇宙的底部"（威尔逊，2013：190）。

对亚里士多德来说，海洋是停滞的、不流动的，它与河流和天气的循环是隔离的。亚里士多德的前辈们认为，"剩余的天堂是为了自身而围绕大地建成，而大地则是天堂最尊贵和最主要的本源（archē）"。因此，大地和海洋的宇宙角色得以提升（353b3–5）。有些海是内陆海，如海耳加尼亚海（Hyrcanian）和里海，亚里士多德正确地认为它们与外部海洋是"分离"的。如果这些海域有源泉，居民们应该就会观察到它（354a3–5）。流入咸海的淡水河也不能成为它们的来源，因为水质不同（淡/咸：354b20）。此外，根据亚里士多德物理学的原理，淡水会浮在盐水之上，海水被限制在一个杯状容器中。而且，红海与"海峡外的大洋"之间也只有一条狭窄的水道。因此，这些海没有源泉。亚里士多德借用赫拉克利特的河流说解决了这场争论。水体是一体的和同样的：海洋在形式和体积上是一体的，但它也由连续变化的离散部分组成——有些部分变化得快些，另一些慢些。虽然总体保持不变，但各部分却有变化。

然而，根据亚里士多德的说法，地中海确实像被周围大洋所包围的其他水体一样流动（354b24）。根据亚里士多德物理学，海水会找到它的自然位置（被较重的土盐压倒），流入地球的最深处（《气象学》，355a33–b5，355b17–19）。亚里士多德概述了海洋从浅到深的发展过程：梅欧提斯湖（Maeotis）、蓬托斯（开放水域）、爱琴海、西西里海、撒丁尼亚（Sardinian）海和第勒尼西亚（Tyrrhenic）海（《气象学》，354a14–21）①。强烈的冲积活动使北边的海变浅，外海变深。

亚里士多德驳斥了恩培多克勒斯将盐水比喻为泥土的汗水，他坚持认为汗水

30

---

① 这些数字完全是理论上的：爱奥尼亚海的部分地区比撒丁尼亚海深，黑海比爱琴海深。雷尔（Leier），2001：230–231；奥尔森（Oleson），2008：131。

意味着消化的失败。但地球根本不需要消化任何东西，也没有任何迹象表明地球目前正在"出汗"（357b7–13）。相反，亚里士多德物理学要求元素寻找它们的自然位置：只有最轻的水（淡水）会蒸发并以雨的形式返回，而最甜的水会每天蒸发（354b29）。较重、较稠的盐水留在海洋中，沉到上面较轻的淡水下面。太阳的热量吸引了水中更甜的部分。蒸发和再凝结的过程也解释了海洋和天气之间的相互作用：秋雨微咸，凉爽的北风吹走云（358a29–358b6）。亚里士多德的实验证明，蒸发的海水不会再凝结成盐水，而是变甜了（358b12–17）。经验证据也证明了盐水的密度更大：一旦一艘远洋船进入淡水河，它会载着同样的货物坐得更低（有时几乎要下沉）；鸡蛋沉在淡水中，但浮在盐水中（359a6–15）。亚里士多德也反对克塞诺芬尼（*TEGP* 59）、阿那克萨哥拉斯（Anaxagoras）（DK59a90）和梅特罗多勒斯（Metrodorus）（DK70a19）的理论，这些理论认为，当水通过不同类型的土壤而被过滤时，盐分浓度会增加，从而吸走矿物质。淡水的蒸发也不可能导致盐浓度的升高和海水体积的缩小，因为正如阿那克萨哥拉斯和阿波罗尼亚的第欧根尼（Diogenes of Apollonia）所述，海水为惰性，显然不会退却。那么，为什么海水是咸的？因为湿润（水）和干燥的呼出物的混合物是土质，包含了与膀胱相似的自然生成过程的残留物（358a16–26；陶布［Taub］，2003：102）。亚里士多德以一个传说中的巴勒斯坦湖为例，证明水中的泥土会使水变咸：该湖中的水非常苦，没有鱼可以存活，衣服也可以通过简单的浸泡和摇晃来清洗①。

潮汐

根据波赛东尼奥的说法，亚里士多德还发展了潮汐理论：西班牙和摩洛哥附近高而崎岖的海岬抓住海浪并把它们抛回大海。然而，波赛东尼奥亲眼看到了沿着海岸的地势低矮而多沙的海滩（f220）：没有什么东西能让海浪弹回。亚里士多德只在温和的地中海经历过潮汐，他很可能没有提出关于海洋潮汐的假设。波赛东尼奥

---

① 斯特拉博生动地描述了死海（他错误地将死海称为"西尔博尼斯湖"［Lake Sirbonis］：16.2.42）；见普林尼，*NH* 2.226 中关于朱迪亚（Judea）产沥青的湖阿斯法力提斯（Asphalitis）。

的猜想在《气象学》中也没有得到证实（基德［Kidd］，1972：790）。但亚里士多德的权威是无可争辩的，而且人们普遍认为潮汐是由风引起的，这个观点也可以追溯到他（埃蒂乌斯［Aëtius］，3.17.1）。

潮汐活动一直让人们充满好奇。斯特拉博称赞荷马在潮汐方面的知识（1.1.7），因为荷马在斯库拉和卡律布狄斯附近发现了"大洋的潮起潮落"（*Od.* 12.1–2, 235–243）和"水流平缓"的大洋（*Il.* 7.422；*Od.* 19.434）。潮汐活动变化很大，有的几乎察觉不到，有的非常剧烈。"大洋"和大西洋引人注目的潮汐活动让马其顿的亚历山大和恺撒大帝都措手不及。公元前 325 年，亚历山大在印度河上的舰队遭受了破坏，因为他的部队对涨潮时的水幅准备不足（阿里安，《远征记》［*Anabasis*］，6.19.1）。公元前 55 年，由于对英吉利海峡春潮的情况不熟悉，恺撒的几艘船被淹没或相撞（《高卢战争》［*Gallic Wars*］，4.29；莫赫勒［Mohler］，1944–1945；基德，1972：774–775）。

从公元前 4 世纪晚期开始，希腊思想家就认识到月亮的盈亏和潮汐活动之间的联系 ①。密切观察潮汐可能有助于占据巨大的战略优势：公元前 210 年，大西庇阿（Scipio Africanus）故意等到退潮时才下令让他的士兵越过西班牙新迦太基的防御工事（波利比乌斯［Polybius］，10.14；李维［Livy］，26.45.8；洛夫乔伊［Lovejoy］，1972）。阿雷莫里卡（Aremorica）（布列塔尼，在现在的瓦纳市［Vannes］、罗马时代的比利时［Belgica］附近）的威尼斯航海者建造了有高船尾和高船头的宽底船，非常适合承受大西洋的潮汐（恺撒，《高卢战争》，3.12–13；斯特拉博，4.4.1）。

第一个系统研究潮汐活动的希腊思想家可能是马西利亚的皮西亚斯，他对世界上最大的潮汐之一、不列颠群岛周围引人注目的潮汐很感兴趣。皮西亚斯据说曾报告潮水涨到 80 腕尺（37 米［118 英尺］：普林尼，《自然历史》［*Natural History*］，2.217）②。皮西亚斯可能认为半日潮汐与月相有关（"丰满度和微弱度"，埃蒂乌斯，

———

① 马尼吕斯（Manilius）（公元 10–30 年）的理论，即恒星也影响潮汐幅度的理论没有被接受（2.89–92）。

② 风暴潮可能导致了潮位差的扩大：罗勒（Roller），2006：76–77。泽西海峡群岛的潮汐高达 12.5 米（41 英尺），以高潮闻名的加拿大芬迪湾的潮位差可达 17 米（56 英尺）：参见瓦德洛夫（Waddelove）和瓦德洛夫，1990。

3.17.3）。他更可能观察到的是春潮（当太阳和月亮同时在地球的赤道平面上，就会施加更大的引力），与分点潮同时发生，共同产生巨大的潮汐幅度[1]。

底格里斯河上的塞琉西亚的塞琉古斯（Seleucus of Seleucia on the Tigris River）（公元前165—前135年）是提倡日心说的斯多葛派自然哲学家，是第一个写潮汐理论专著的人[2]。塞琉古斯认为，月球的轨道和地球的自转扰乱了宇宙间的气团（pneuma），进而导致海平面波动；季节性的潮汐变化取决于月亮星座和位置。这一理论得到尼西亚的喜帕恰斯（Hipparchus of Nicea）的支持（F4），但被斯特拉博否定。对斯特拉博而言，一般的海洋，特别是潮汐，表现出的是一致的特性（1.1.9；迪克斯［Dicks］，1960：115；基德，1972：760–763；罗勒，2006：115–117）。塞琉古斯还观察到红海/巴比伦海（印度洋）的昼夜潮汐活动不均匀：当月亮处于分点星座（白羊座和天秤座，即二分点后上升的星座）时，潮汐"有规律"（小潮、涨潮和退潮之间幅度只有微小的差别），但当月亮处于至点星座（巨蟹座和摩羯座）时，潮汐"无规律"（幅度差别极大），与月球到地球二分点（赤道）和二至点面（最大南北赤纬）的距离成正比。当月亮在赤道上方（二分点）时，印度洋每天有两个相同的潮汐高低周期；当月亮与赤道呈90度（二至点）时，日潮汐的高低不等。大西洋日潮汐高低不等的现象几乎不存在（达尔文，1898：86–87）。

这一说法可能引起波赛东尼奥的兴趣，他可能访问了加的斯（Gades），以验证塞琉古斯的主张（基德，1972：776）。波赛东尼奥在西班牙南部海岸待了三十天，那里的潮水超过了受保护的地中海盆地的潮水。波赛东尼奥的日潮和月潮理论系从经验证据中整理而得，是一个"显著的贡献"，基本上是正确的（f217b；基德，

---

[1] 塞内加正确指出了同时发生的春潮和春分潮的影响：《自然问题》，3.28.6。在《厄立特里亚海航海记》中，**夜间**的春潮似乎具有最大的力量：埃肯罗德［Eckenrode］，1975：279–281，286。

[2] 普鲁塔克，《柏拉图问题》（Platonic Questions），8.1；罗勒，2005：112–114。柏拉图晚年时曾考虑过它的优点。似乎梅特罗多勒斯和克拉茨（Crates）也倡导日心说（伪普鲁塔克，《学说》［Placita］，2.15），也许还有阿纳克西曼德，尽管证据存在矛盾。塔尔苏斯的雅典诺多罗斯（Athenodorus of Tarsus）（创作时间公元前60—前20年）还写了一篇关于潮汐的文章，其中他将潮汐行为与呼吸进行了比较，并解释了由海底泉涌增强的潮汐高峰（f6a）。

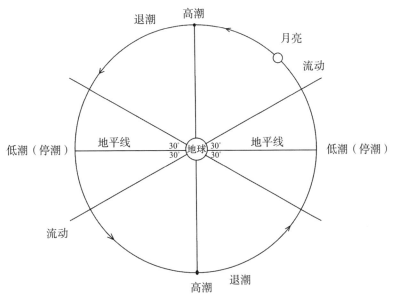

图 1.3　波赛东尼奥的日潮汐周期图示。© 乔治亚·L. 厄比（作者）。

1972：281，775–776）。当月亮在东方地平线以上（30度）的黄道星座上时，海平面明显上升，直到月亮到达子午线（90度）时。然后水位开始下降，直到月亮到西方地平线上30度，并一直保持稳定，直至月亮运行到地平线下30度。水位再次上升，直到月亮到地球下方的子午线（270度）。在这个点上，水位开始回退，在月亮于低于东方地平线30度至高于东方地平线30度之间运行时保持水平（图1.3）。除了昼夜周期，波赛东尼奥还将不同的潮汐幅度与月亮的相位联系起来，指出海平面在满月和新月时最高，在四分之一月时最低。根据当地权威证据，波赛东尼奥还（错误地）记录了一年中的最高潮发生在二至点（与二分点重合）[①]。但由于西西里岛的火山爆发，波赛东尼奥在夏至点观测到了另一个高潮（f227），这可能给他在加的斯特意寻找的二至点高潮增加了证据（斯特拉博，3.5.9）。这个错误被很可能支持波赛东尼奥的小塞内加（《自然问题》[*Natural Questions*]，3.28.6）和普林尼（ *NH* 2.215）纠正。小塞内加和普林尼准确地给出了二分点的最大涨潮高度。

① 波赛东尼奥要么误解了他的资料，要么被斯特拉博误解了：厄比，2016：186。

041

海流

人们对海峡中海流的变化也很感兴趣，最著名的是在意大利和西西里岛之间的险恶狭窄通道——佩洛鲁斯角（Cape Pelorus，即墨西拿海峡）（维吉尔，《埃涅阿斯纪》[Aeneid]，3.414；斯特拉博，1.3.10；梅拉 [Mela]，2.115；普林尼，3.87；小塞内加，《使徒书信》[Epistle]，79）。这里是掠夺水手的海怪（斯库拉，Scylla）的巢穴和危险的天然漩涡（卡律布狄斯，Charybdis）的所在地。荷马用令人感到恐怖的细节描述了这个海峡，它由两道陡峭的悬崖构成，没有任何船只可以通过（除了阿尔戈号 [Argo]，并且需要神的帮助：Od. 12.59–110）。一座悬崖高耸入云，山顶常年笼罩乌云，"黑眼睛的安菲特里忒（Amphitrite）的巨浪撞击在它上面"（12.60）。悬崖的中间是斯库拉的洞穴。悬崖下方是漩涡，即"致命的卡律布狄斯"，预示着全体船员的死亡。喀耳刻建议奥德修斯：

> 希望你不要在她吸水的时候出现在那个地方，因为没有人能把你从那个邪恶的地方拯救出来，即使是大地的震撼者（波塞冬）也不行。但还是把你的快船开向"斯库拉"的山丘，从她身边驶过吧，因为让船上的六个同伴后悔总比让所有同伴后悔更好些。

（12.106–110）

亚里士多德试图解释地中海海峡中由于狭窄处水域收缩而产生的回流：

> 海水似乎在最狭窄的地方流动，在这里，通过构架海岸线，开放海域从一个大的空间收缩到一个小的空间，因为它（水）经常来回摆动。在大量的海洋现象中，这是未观察到的。但是在陆地的狭窄处，一条狭窄的通道限制了（水），那里的海岸限制了水的摇摆，这种摇摆在开放海域看起来似乎很小，但现在却似乎很大。

（《气象学》，354a5–10）

在分隔埃维厄岛（Euboea）和希腊大陆的加尔基甸海峡（Chalkidean Strait, Euripos），湍急的海流尤其令人不安，因为那里强劲的海流每天大约会逆转方向四次。古代的传记作家认为，海流的明显令人费解的行为（一天几次逆转方向）促使亚里士多德自杀①。埃拉托斯提尼记录了这里的海流一天逆转方向七次（f16）。西班牙-罗马地志学者庞波纽斯·梅拉（Pomponius Mela）（公元 30—60 年）将埃拉托斯提尼的七次海流变化增加了一倍，增加了七次的日夜变化（2.108）。关于这种表面上异常的行为的根本原因，斯特拉博提出异议："必须在别处调查原因。"（9.2.8）

埃拉托斯提尼似乎是唯一一位解释了在狭窄的海峡中海流因为每个海洋的离散表面而摇摆的古代思想家（f16）。斯特拉博认为这个假设是不可能成立的。根据阿基米德的命题，"所有保持不动的流体的表面将具有一个球体的表面，其球心与地球相同"②，大海不能是倾斜的，但一定是球形的。那么，如何解释海峡中海流的振荡？斯特拉博认为这个问题对于他的研究范围来说太科学了，建议进行临时解释："可以充分地说，对于海峡中的海流，并没有与它们的形式相一致的单一解释。"（1.3.12）

就像罗德岛的阿波罗尼厄斯（Apollonius of Rhode）在他关于"海上十字路口的船被撞得粉碎的恐怖"（NH 4.921）的悲惨而冗长的陈述中戏剧性地描述为无尽的咆哮和高潮（4.923）的"令人闻之色变的"卡律布狄斯（NH 3.87），在相反的水流相遇或在狭窄的海峡中潮汐影响快速水流的地方，自然会出现漩涡。卡律布狄斯被描述为一个深漩涡，"海峡的回流巧妙地将船只拉入其中，船只被旋转的、巨大的漩涡卷走"。船只残骸会落在陶罗美尼亚（Tauromenian）的海岸上，于是这个地方就有了名字：科普里亚（Kopria，废物）（斯特拉博，6.3.2；塞内加，《使徒书信》，79.1–2；西利乌斯·伊塔利库斯［Silius Italicus］，《布匿战记》（Punica），14.254–257）。公元前 36 年（阿庇安［Appian］，《内战》，5.90），漩涡与猛烈风暴一起摧毁

---

① 殉道者贾斯汀（Justin Martyr），《告希腊人书》（Cohortatio ad graecos），34b Migne；普罗科皮乌斯（Procopius）8.6.20，威尔逊，2013：179。

② 《论浮体》（On Floating Bodies）1，命题 2；参见普林尼，NH 2.163，含实证证据。

了海峡中屋大维的舰队①。《厄立特里亚海航海记》的匿名作者警告读者注意辛托斯河（Sinthos，印度河）附近海湾的猛烈漩涡（40）。

荷马和其他诗人将卡律布狄斯描述为每天有三个周期的涨落，波利比乌斯（34.3.10，没有解释）、埃拉托斯提尼（残篇16，巨浪）和斯特拉博（1.3.11）更正为两个周期。斯特拉博，随后是维吉尔，为荷马辩解，将错误的三次归因于抄写错误（1.2.16）或意在引起更大恐惧的夸张修辞（1.2.36）。其他漩涡也得到了描述：在阿尔戈利斯（Argolis）的吉纳斯利姆（Genethlium），曾淹死系上缰绳的马以安抚波塞冬（包萨尼亚［Pausanias］，8.7.2）；在波斯湾的卡尔多角（Cape Caldone）（普林尼，*NH* 6.147），紧挨吕西亚（Lycia）阿波罗的神圣树林，那里曾有崇拜者寻求神谕的指引（阿特纳奥斯［Athenaeus］，7.333c–f）。当地人认为漩涡由淡水泉产生。《问题》23.5的亚里士多德学派作者正确地确定漩涡由海流产生。他把海流解释为风的因素：

> 现在，当海水在已经停止的之前的风的影响下以与风向（特别是南风）相反的方向流动时，就会产生海流。

这是一个复杂的现象，海流由许多决定因素产生，包括盐分浓度或温度不同的相邻水体的不同密度（例如，温暖的墨西哥湾流流经大西洋较冷的水域）。作者唯一可能观测到的海流，主要是由风、海岸地理和地球自转产生的科里奥利力（惯性力）导致的②。荷马描述了风和海岸地理之间的相互作用：如，"那里的西南风将巨浪推向左边的岬角"（*Od.* 3.295）。而《厄立特里亚海航海记》的匿名作者认识到，从狄奥多罗斯岛上吹来的风促成了那里海峡的强烈海流（25）。

暗礁

暗礁是另一个令海上船只闻之色变的危险，有些暗礁有这样的名字：例如在

---

① 佩特罗尼乌斯（Petronius）还利用漩涡摧毁了恩科尔皮乌斯（Encolpius）的船（《萨蒂里孔》，114）。
② 参见埃尔盖兹里（El-Geziry）和布赖登（Bryden），2014，以进一步了解地中海表层和深层洋流模型。

埃维厄海峡（Euboean Strait）安特龙（Antron）下面的"安特龙之驴"（斯特拉博，9.5.14）；去莱斯博斯岛（Lesbos）路上的"米德兰"（Midland），那里的殖民者应向波塞冬献祭活牛，向安菲特里忒献祭处女（普鲁塔克，《七贤会饮》（*Dinner of the Seven Wise Men*），163a–b）；以及公元前480年使波斯船只在西阿苏斯（Sciathus）和马格尼西亚（Magnesia）群岛之间搁浅的"蚂蚁"（然后竖起了一座石灯塔来标记暗礁：希罗多德，7.183）。从特洛伊回来时，墨涅拉俄斯的一半舰队被暗礁击毁（*Od.* 3.291–300），塞吉斯图斯（Sergestus）撞上了暗礁，因此输掉了一场比赛（维吉尔，《埃涅阿斯纪》，5.202–206），奥维德（Ovid）哀叹他的船在蓬托斯的暗礁上失事（*ex Ponto* 4.15–24）。如果渔民因为不小心或无知而把船浮在暗礁上，渔船就会被摧毁（阿耳齐弗隆［Alciphron］，《渔民信》［*Letters of Fishermen*］，1.7）。然而，渔民们利用丰富的珊瑚礁栖息地收获凤尾鱼（奥皮安［Oppian］，《捕鱼》［*On Fishing*］，4.468–487）和礁紫色蜗牛（普林尼，9.131）。

海深

也有人尝试测量海深。在希罗多德的书中，我们可以看到最早的测量海深的文字证据（2.5.2），这是航行中必不可少的工具，尤其在判断航行或抛锚的地方是否安全方面[1]。公元前2000年以前的考古证据：内布佩特拉·门图霍特普二世（Nebhepetra Mentuhotep II）的大臣梅克特拉（Meketra）墓中的埃及船模型，表现了船员在船头拿着测深绳（文森［Vinson］，1994：31；麦克格雷［McGrail］，2001：ix）。保罗的受风暴肆虐的船员也通过拉起铅线测深（《使徒行传》，27.28）。其中一些品种已经收回，用于提取底部沉积物的样本。通过了解河床入海口的泥沙性质变化等地质现象，可以在能见度下降时根据海底地形进行航行[2]。《厄立特里

---

[1] 奥尔森，2008中提供了实用希腊罗马音重目录。

[2] 希罗多德提到了尼罗河流入的地中海水域的冲积性质（2.5.28），奥林匹奥德鲁斯（Olympiodorus）评论亚里士多德《气象学》1.13.351a时指的是由重量带来的沙子（《亚里士多德气象学注释》［*Commentary on Aristotle's Meteorologica*］，107.21–25）。亚里士多德回避提及沉淀物样本。更多内容见卡松，1995：245–246n85；奥尔森，2008：126。

亚海航海记》一书的作者描述了穆扎（Muza）周围锚地的沙质底部（24）。

亚里士多德的记录显示，距离陆地54公里（33.5英里）的"蓬托斯深渊"深不可测，"没有人能通过测深找到海底"（《气象学》，351a9–14；参见普林尼，*NH* 2.224）。正如奥尔森所观察到的，在离陆地这么远的地方读数可能需要更大规模的科学项目（奥尔森，2008：130）。罗马皇帝尼禄（Nero）在勒纳（Lerna）附近的阿尔基尼安湖（Alkyonian Lake）将测深铅垂系在几根绳子上测深，但也无法完成（包萨尼亚，2.37.5）。埃及国王普撒美提科斯（Psammetichus）将一根测深索系在一根数千"奥吉亚"（*orguiae*）长的绳子上，目的是证明尼罗河的源头（位于底比德［Thebaid］的象岛［Elephantine］和赛尼城［Syene］之间）是深不见底的（希罗多德，2.28.4）。波赛东尼奥表示，撒丁尼亚海大约有1000奥吉亚深（1.8千米［1.16英里］，实际上接近3千米［1.86英里］），"是迄今为止测量到的最深的海"（f221）。我们不知道这个读数是如何得到的（基德，1972：794–795）。相比之下，阿拉伯湾的浅海大约有2奥吉亚深（3.75米［12英尺］），它"看起来长满了草，海藻和其他杂草都露出来了"（斯特拉博，16.4.7），这可能是阿维努斯（Avienus）描述的马尾藻（Sargasso），船只在此通过得十分缓慢。

潜水

早在米诺斯时代（Minoan Era），艺术作品就揭示了对海洋生物（包括章鱼和其他软体动物、各种鱼类和海豚）及其栖息地的敏感的、现实主义的处理（图1.4和1.5）。许多关于海床和海洋生物的古代知识都由潜水员收集（图1.6）。根据奥皮安的说法（《捕鱼》，1.82–89；参见阿里安，《动物的本性》［*On the Nature of Animals*］，9.35），人类曾探索深达300奥吉亚（约550米［1804英尺］）的海洋，但是居住的族群和牲畜并不比陆地上少的海洋却是无限和不可测量的，并且"许多东西都隐藏着"。奥皮安还暗示渔民们已经通过实地考察绘制了海底地图（1.9–12），尽管古代潜水员的视线在深海中自然会被遮挡，因为他们没有护目镜（福罗斯特［Frost］，1968：182）。尽管如此，最好的潜水员，尤其是采集海绵的潜水员，有敏锐的视力（埃斯库罗斯，《乞援人》［*Suppliants*］，408；scholiast ad loc）。亚里士多德派的《问

图1.4　克里特岛克诺索斯王后厅海景画中的海豚壁画。©图片代理–在线（Bildagentur-online）/盖蒂图片社。

题》作者还质疑潜水员的耳膜为什么会在深海爆裂（32.2），为什么有些潜水员会故意刺破他们的耳膜（32.5）[①]。

水手潜入水下寻找软体动物，包括扇贝和牡蛎（亚里士多德，《动物史》[*History of Animals*]，603a；*Il.* 16.745–747）、海藻（泰奥弗拉斯托斯[Theophrastus]，《植物史》[*History of Plants*]，4.6.4）、紫骨螺（普林尼，9.131）、珍珠（特别是在波斯湾口：《厄立特里亚海航海记》，35；参见阿特纳奥斯，3.93e；阿里安，《印度记》[*Indika*]，8.11）和海绵（普林尼，9.153；普鲁塔克，《论动物的聪明》[*On the Cleverness of Animals*]，981e）。他们潜水也是为了打捞和军事目的：传递补给品或信息（修昔底德[Thucydides]，4.26；阿庇安，《西班牙战争》[*Spanish Wars*]，

[①] 前现代社会的职业潜水员仍会刺穿耳膜，以避免漫长的耳内压力平衡过程：弗罗斯特（Frost），1969：182。另请参见亚里士多德派《问题》，32.2（用海绵防止水以太大的力量进入耳朵）和32.11（潜水员潜水前往耳朵里滴油）。男人们也会含着一口橄榄油潜水（奥皮安，《捕鱼》，5.638, 646），也许是为了防止他们的耳咽管过度接触海水（弗罗斯特）。

图 1.5　米诺斯渔夫手提金枪鱼和鲭鱼的壁画，阿克罗蒂里（Akrotiri），约公元前 1600 年。© 维基共享资源（公共领域）。

图 1.6 潜水员墓中的壁画，帕埃斯图姆（Paestum），约公元前 470 年。© 维基共享资源（公共领域）。

6.91）；释放被缠住的锚（鲁坎［Lucan］，3.699–700）；破坏敌舰队（修昔底德，7.25.608；Cassius Dio 75.12.2）；或修复损坏的地方（Cassius Dio 42.12.2；阿里安，《远征记》，2.21.6）①。在埃维厄海峡内，虚假航标会引诱船只发生碰撞，以便破坏者打捞货物（迪奥·克利索斯当［Dio Chrysostom］，《演说集》［Oration］，7.31–32），塞普蒂米乌斯·塞维鲁斯（Septimius Severus）领导下的渔民和潜水员协会享有对台伯河河床上残骸的独家权利（CIL 6.1872）。我们知道两位著名希腊潜水员的名字：切断系泊处、破坏了薛西斯（Xerxes）舰队的"斯凯勒斯"（Skyllus）(包萨尼亚，10.19.1–2)；还有虚构的"斯凯勒亚斯"（Skyllias），他传奇的 9 英里水下游泳可能是菲里庇得斯（Pheidippides）在公元前 490 年从雅典到斯巴达的白天跑步的对应版本，当时他寻求支援以对抗在马拉松（Marathon）的波斯人（希罗多德，8.7），他的名字令人不禁想起了历史上的斯凯勒斯。

---

① 公元前 325 年，奈阿尔科斯（Nearchus）利用他出色的游泳战士，沿托梅鲁斯河（Tomerus River）发动了突然袭击。他命令士兵们在海底排成方阵，排成三排时便开始冲锋：阿里安，《印度记》，24.6–7。

学者叙述

　　人们在全球范围内系统地收集了海洋知识。在亚里士多德的著名学生、马其顿的亚历山大的统治时期，以及在这位将领去世后的科学"黄金时代"，理论和数学模型与越来越多的世界事实相关，包括水文学。众多学科的学者陪伴亚历山大，亚历山大则渴望征服和探索整个爱琴海以东的"有人居住的世界"，并努力将希腊文化向东延伸至旁遮普。他的团队成员包括生物学家、动物学家、内科医生、历史学家、地理学家和测量师，他们受命收集数据并完整记录所观察的内容。奈阿尔科斯（Nearchus）否决了奥尼西克里图斯（Onesicritus）直接驶向马塞塔角（Cape Maceta）的命令，并警告舵手，因其不理解亚历山大派遣舰队的目的（阿里安，《印度记》，32.9–13；皮尔森［Pearson］，1960：83）：

　　　　这并不是因为让他的全军从陆路安全通过有什么困难，而是因为他想调查沿岸的海滩、锚地和小岛。

　　尽管如此，奥尼西克里图斯声称他的团队"研究了许多关于自然的事情"（F17）。从这种研究中，流传下了历史学家卡利斯提尼（Callisthenes）在黑海（可能更远）的航海记残篇，以及舰队司令奈阿尔科斯（*FrGrHist*，133）和舵手奥尼西克里图斯（*FrGrHist*，134）关于亚历山大远征印度的两篇报道，为埃拉托斯提尼、斯特拉博和阿里安对于印度的研究提供了宝贵的目击资料（罗勒，2010：178–180，193–194）。在朱巴二世（Juba II）出版了奥尼西克里图斯的《印度记》的梗概之后[1]，普林尼（*NH* 6.96）批评奈阿尔科斯和奥尼西克里图斯都省略了地名和距离。从这些简短的残篇中很难确定奥尼西克里图斯参与水文学理论的程度。斯特拉博引用了这些残篇30多次，其中奈阿尔科斯确实评论了天气模式（f18）、河流淤积（f17）、与印度河流相比的尼罗河年度洪水（f20）以及印度洋中的大型海洋生物，

---

[1] 朱巴二世在他自己的《利比卡》（*Libyka*）中视奥尼西克里图斯为一个材料来源：罗勒，2003：194，228，240n93。

包括很容易被巨大的噪音赶走的长达23奥吉亚（43米［140英尺］）的鲸鱼（罗勒，2018：848）：

> 它最令人不安的是喷出的水，导致巨大的水流和大量的雾气，使他们看不见前面的地方。

（f1b= 斯特拉博，15.2.12）

通过勘察和岸上聚会，奈阿尔科斯还反驳了船员的误解，即水手在某个岛屿附近消失了（f1c），阿里安称该岛上有能够将水手变成鱼的涅瑞伊得斯（Nereid）(《印度记》，31.6–8）①。奈阿尔科斯还列出了苏西斯（Sousis）海岸沿线的浅滩（f25），并称巴比伦和印度之间没有锚地（f26）。随着多年来知识的积累，细节变得更加清晰。例如，阿里安提到了阻碍航行的季风（《印度记》，21.1）和开放海域对印度河河口海岸的猛烈冲击（《印度记》，21.5）。他特别关注安全港和良好的锚地（26.2，29.1，39.6）。

尽管阿里安似乎没有访问过印度，但他确实在尤克森海（Euxine，即黑海）指挥了一次探险，从那里盛行的逆时针海流可能可以看出他的路线（金恩［King］，2004：16）。他对这次探险的描述有丰富的水文细节，包括风的方向和影响（《周航记》[*Periplus*]，3.2，6.1）、船只躲避色雷斯风（Thracian winds）的港口（《周航记》，4.2，18.3）和撞击船只侧面的海浪（3.3–4，6.1）。

《厄立特里亚海航海记》

《厄立特里亚海航海记》(厄立特里亚海在东非和印度次大陆之间：公元1世纪）主要是写给商人的，阐述了各种定居点的进出口②，但它也是记述厄立特里亚海水文的宝贵资源。水和天气的相互作用得到了认可：例如，在香料港（Spice Port），越来越多的浊水表明风暴即将到来（12）。作者仔细记录了海底地形，包括沿加莱

---

① 罗勒，2018：877。涅瑞伊得斯似乎是喀耳刻的相似对照形象（doublet）。
② 参阅卡森，1989以了解其文本、翻译和评论。

特（Kanraitai）地区的多岩石的延伸段（20）以及巴拉克（Barake）（40）陡峭瀑布和岩石浅底的交替出现。他还观察到，蛇的出现表明已经接近陆地（38）。河流地形则完全是另一回事，引航员经常被雇用来引导船只从开放水域进入港口，如巴里加沙港（Barygaza）（44，46）。

结论

希腊和罗马的航海家和自然哲学家有着很强的观察力和好奇心。从海上收集的数据被编入水文学理论（包括月潮理论）以及对水手、行船的商人和海军作战部队非常有用的概要。撇开亚历山大的探海球不谈，技术只能带他们走这么远。潜水员确实拥有一些辅助工具：呼吸管（亚里士多德，《动物部分》[Parts of Animals]，659a8–12）；可以延长氧气供应时间、可能会使潜水时间加倍的戴在头上、嘴唇朝下的 lebes（坩埚）（亚里士多德派《问题》，32.5）[1]；以及将潜水员与上面的船员连接起来的系绳（奥皮安，《捕鱼》，5.612–674）。然而，古人缺乏探索深海、测量盐分浓度和温度的手段，因此他们无法对海流有准确的认识。此外，尽管海洋中大多数海洋动物无害、无毒（普林尼知道，鲨鱼可能会被直接游向它们的有攻击性的潜水员吓跑：NH 9.152–153），但水下环境的危险被夸大了：奥皮安描述了成千上万的彩虹濑鱼（iulides）成群结队地咬着采集海绵的潜水员（《捕鱼》，2.434–453）；普林尼讲述了努比斯（nubes）（nubila，或许是温和的蝠鲼？）如何阻碍潜水员返回水面（NH 9.151）。许多危险是真实存在的，例如暗礁、风暴、海峡内的暗流等，海洋仍然是一个危险而神秘的地方，是众神的住所，是史诗和传奇英雄的舞台。

---

[1]　弗罗斯特，1969：182–183：一般的潜水员在无辅助情况下可在水下停留两到四分钟。

第二章

实　践

古代海洋宗教实践 [①]

米雷拉·罗梅罗·雷西奥（Mirella Romero Recio）

----

① 本文是研究项目 HAR2015-65451-C2-2-P（MINECo/FEDER）的成果。

"但死于海浪中真太可怕了。"这是赫西奥德的《工作与时日》中最著名的句子之一（Hes. *Op.* 687；赫西奥德，2016）。这位希腊诗人总结了自古以来那些在海上冒着生命危险的人的痛苦感受。古风时代到来之前的那些需要定期或准时航海的人，以及古代晚期，甚至许多世纪之后航海的人，都会有同样的恐惧。死于海中更多地意味着失去一个人的生命，包括一具会消失的、会被鱼吃掉的尸体，因此不会举行死者进入魂灵世界的葬礼。公元前 8 世纪，皮特库萨岛（Pithekoussai）著名的沉船盛酒器清晰地描绘了这种戏剧性事件：它描绘了一名头掉进一条大鱼嘴里的受害者（巴施［Basch］，1987：图 394；里奇韦，1992：58，150，图 10）。逝者的家人在祭拜他们的坟墓时也无法找到慰藉，因为他们的灵魂会在完全陌生的地方游荡。同样，《巴拉丁选集》（*Palatine Anthology*）第七卷收集了大量关于在海上死去之人的警句，显示了他们的沮丧和哀叹，因为衣冠冢无法带来任何慰藉①。

随着旅行变得越来越频繁，尽管人们对风险的认知可能有所改变，但在我们研究的时代，对冒险的恐惧仍迫使那些参与其中的人寻求对于所面临所有威胁的解决办法。其中一些危险可以通过航海和港口工程的发展、对地理的更深刻了解、洋流和风向以及对一年中不同季节的星星和太阳的观察来予以克服。但是，有许多无法预见的意外情况，在跨海通信还未实现的当时，预防和解决这些意外情况是必不可少的工作。当时，要想控制风暴、沉船、逆流、危险的海峡，甚至潜伏在已知世界边界的海怪，唯一的办法就是诉诸宗教和魔法。

腓尼基人、希腊人、伊特鲁里亚人、罗马人和其他在古代航海的民族，都寻求

44

---

① 例如，*Anth. Pal.* 7.267，278–279，283–284，287，382，501，665，738–739。见罗梅罗·雷西奥，1998：39–50。

神灵的帮助①。在接下来的几页中，我们将看到海上游民的宗教经历如何受到不同因素的影响，形成了表达虔诚的独特方式，并决定了对特定神的选择。

对大海的恐惧使大多数神灵变成了这些人膜拜的对象，他们设立祭坛、举行仪式、献出贡品来表达他们的奉献精神。尽管随着时间流逝有可能观察到一些变化，但几个世纪中，航海者的宗教信仰中仍然存在一些特征。正如我们将看到的，水手们面对的危险以统一的方式得到感知：因此，用于平息不可控现象的机制在不同的社区中恒久类似，甚至它们的表达也很统一。

在有关希腊英雄旅行的文献中，我们经常会发现在临时搭建的海岸祭坛上供奉动物的记载，这是为了在登陆时表达感激，或在起锚前寻求神灵的帮助。例如，阿尔戈英雄求助于阿波罗（黎明之神［Embasios］、船舶救星［Aktius］和光神［Ekbasian］）（A.R.，1.353–362，400–404，964–967；2.688–702，924–928；4.1714–1717）、十二神（A.R.，2.531–533；梅拉，1.19.37；Plb. 4.39.6）和宙斯之子（狄俄斯库里［Dioskouroi］，即卡斯托耳与波卢克斯［Castor and Pollux］）（A.R.，4.649–654）。但正如神话所揭示的那样，第一次探险之旅给水手们呈现了一个充满可能改变航行宗教节奏的奇怪现象的不安全世界。伊阿宋（Jason）和奥德修斯等英雄不得不面对移动的凯尼安岩石（Kyanean Rocks）、潜伏的怪物卡力迪斯（Kharybdis）和斯库拉（Skylla），以及吞食水手的混血生物女妖塞壬②。事实上，这仅仅是对无法解释的异常、天气状况、逆风或危险海峡的解释，赋予这些需要在现实世界中通过神的干预加以对抗的情形一种超自然的色彩。人们认为，自古以来，这些仪式必须满足那些临时需求，暗示了对于水手虔诚仪式的重新调整，即他们必须去迎合原始社团的崇拜、他们停靠的自身文化或其他文化的所在地，以及他们旅行时可以从船上看到的供奉神灵的地点。

许多在神话中出现的与海员的虔诚有关的地方一定是在古代被神圣化的地方，

---

① 请参阅沃克斯穆特（Wachsmuth），1967和罗梅罗·雷西奥，2000，其中详细分析了与航海有关的宗教活动（供品类型、圣殿、敬拜的神灵……）。费内特（Fenet），2016和布莱克利（Blakely），2017中对此进行了总结。

② 关于大海作为想象世界和现实世界的连接点，见波琉，2016。

随着时间的推移，这种功能得以延续。与此相关的例子就是黑海入海口的希耶隆（Hieron）神庙，这是一个自第一次探索蓬托斯（Pontus Euxinus，黑海）开始就存在的神圣空间，据推测，阿尔戈英雄在那里供奉了他们的祭品，且那里还有物质遗迹，可以让我们证实十二神崇拜的存在。也就在这个地方，对水手崇拜的其他神灵也表现出了类似的崇拜，比如阿耳忒弥斯、波塞冬和宙斯／朱庇特"带来顺风者"（Ourios）等，这些可以追溯到公元前 7 世纪至公元 6 世纪（莫雷诺，2008）。

米诺斯人、迈锡尼人和腓尼基人探索了地中海，试图神圣化一个海岸地点，并在该地点确定水手们表达虔诚所需的物质，从而提高他们航行的安全性。这些地点很容易适应海员的要求，因此，从船上或海角就可以看到的沿海洞穴、泉水、海岬，以及航行困难的海峡就变成了神圣的地方，人们在这里立起建筑物，将其作为与航海虔诚仪式相关的圣地。"白石"（White Rocks）有着发光的效果，是唯一可见的地标，尤其是在夜间的风暴中，它既是地理路标，也是琉喀忒亚（Leucothea）和塞壬琉科西亚（Leucosia）等发光神的家园（詹朱利奥［Giangiulio］，1996：260；参见纳吉，1973：147）。一些连接希腊和西西里岛的海上航线以在航行中指引着水手，并被认为是仁慈的神的干预的"白石"为标记（南奇［Nenci］，1973：387–396）。

因此，在这些沿海地理上神圣的地方，为水手们建造一座被当作礼拜场所的建筑并非不可或缺。从米诺斯时代开始，贝壳和其他海洋图案的出现就与海洋女神和确保与航海有关的活动的连续性的愿望联系在一起。福尔（P. Faure）证实，很久以前，在克里特岛上的几个洞穴，如楚索罗斯（Tsoutsouros）和斯科蒂诺（Skotino）中，存在专门的贝壳和其他祭品，如鱼和小陶船，人们相信它们是海员们提供的祭品（1964：165–166，1969：192，199）。

此外，对腓尼基人和布匿人在整个地中海地区的扩张的研究也证实了和航海崇拜相关的洞穴的存在（格罗塔内利［Grottanelli］，1981）。在伊维萨岛东北部可以追溯到公元前 5 世纪至前 2 世纪的埃斯库勒拉姆（Es Culleram）洞穴中，在可以监测与撒丁岛的海上交通的区域，发现了一个重要的还愿遗址（奥贝特［Aubet］，1982；马林·塞瓦略斯、贝伦和希门尼斯［Marín Ceballos, Belén and Jiménez］，

46

2010）。除钟形的女神坐像、香炉、赤陶、陶器、象牙和金属物品外，该遗址还有一些祭坛、焚化物的遗骸、入口边的贮水池以及被鉴定为神石（baetyl）的锥形石头。毫无疑问，这些祭品都由水手们制作，他们来到岛上的这个地方是为了接受洞穴里神的恩惠，这个神可能不是别人，正是阿斯塔特–塔尼特（Astarte-Tanit）。

埃斯库勒拉姆洞穴与地中海的其他地方有相似之处，例如戈咸岩洞（Gorham's Cave）（直布罗陀），大约从公元前8世纪开始，那些航行在海峡危险水域的人就经常来到这里，水手们在这里向梅尔卡特（Melqart）和阿斯塔特–塔尼特供奉祭品（贝伦，2000；贝伦和佩雷兹［Pérez］，2000；萨莫拉·洛佩斯［Zamora López］等，2013）。另一个被充分研究过的例子是靠近巴勒莫（西西里岛）蒙泰加洛的里贾纳石窟（Grotta Regina），公元前5世纪和前1世纪之间，曾有同一位女神的膜拜者来此膜拜，正如在船上发现的铭文和涂鸦所描绘的那样。还有一些学者认为这可能是对女神伊希斯（Isis）的膜拜[1]。关于对这个圣地的研究，有人指出，这种崇拜一定包括一个兼职的宗教团队，他们在这些城市之外的地方和船上接受了必要的仪式训练。这是一项经常进行的活动，上面已经提到过，下面也将提到（克里斯蒂安［Christian］，2013）。

古代神圣地点的对船只的宗教表现是水手日常宗教生活的一部分，并成为腓尼基人（如科新［Kition］）、米诺斯人（如玛利亚［Malia］）、希腊人（提洛［Delos］）或罗马人（奥斯蒂亚［Ostia］）的寺庙仪式（洛佩斯-贝尔特兰［López-Bertrán］、加西亚-文图拉［García-Ventura］和克鲁格［Krueger］，2008）中的重要元素（罗梅罗·雷西奥，2000：18–22）[2]。这种宗教表达在时间上具有连续性。在中世纪和后来的现当代，基督教教堂里继续出现更多的船只涂鸦，说明信徒希望得到神或守护圣人的保护，如圣尼古拉斯或圣马克（巴施，1978c：10–54；1987：图533；福基斯圣卢克教堂的涂鸦；奥夫恰罗夫［Ovtcharov］，1995：327–333：14到18世纪之间

---

① 参见比斯（Bisi）、阿马达西·古佐（Amadasi Guzzo）和图萨（Tusa），1969：45–46，Tav.，XIX—XX，53，图25，tav. XXIV；科阿奇·波尔塞利（Coacci Polselli）、阿马达西·古佐和图萨，1979：58–70；帕普拉（Purpura），1979。

② 除本出版物的参考书目外，请参阅布鲁恩（Bruun）（2017：219–222）以及其中的参考书目。

的例子）。即使很难将这些涂鸦归类为祭品 ①，但它们在几个世纪以来一直存在于神圣的地方，意义重大。

　　洞穴意味着有限的物理空间，但还有其他由水手创造的神圣区域，因为仪式是在露天举行的，所以没有留下任何考古遗迹。斯特拉博（3.1.4）间接提到在圣文森特角（Cape Saint Vincent）和萨格雷斯（Sagres）（葡萄牙）之间的神圣海角（Sacred Promontory）发生的一种仪式（图 2.1），在这种仪式中，到达那里的人会转动散落在地上的石头，以三四块为一组，改变它们的位置。继阿尔特米多罗斯（Artemidorus）之后，斯特拉博声称该地没有供奉任何神明的祭坛或圣所，虽然我相信，考虑到古典作者对这个地理区域不同神的引用，这里可能是供奉巴尔萨丰（Baal Saphon）等航海神和巴尔哈蒙（Baal Hammon）等农神的地方，这些神明

图 2.1　圣文森特角和萨格雷斯（葡萄牙）之间的神圣海角，有现代的灯塔。© 米雷拉·罗梅罗·雷西奥（作者）。

---

① 《国际航海考古学杂志》（*The International Journal of Nautical Archaeology*）第 46 卷刊登了几篇关于船只涂鸦的文章，包括：德梅斯蒂查（Demesticha）等，2017（15 世纪到 20 世纪之间的例子）。

有着与自然灾害和难以实现的努力相关的力量（罗梅罗·雷西奥，1999）。在地中海的其他圣殿中，自然神、土地神与航海神之间也有着联系，有些和莫提亚的科顿（Kothon of Motya）——在此，自公元前770—前750年起就拥有一个带有神圣池塘的巨大圣地，即巴尔阿迪尔（Baal 'Addir）与阿斯塔特（Astarte）共享的空间（图2.2）——一样重要。根据最近的考古发掘，巴尔阿迪尔被认为是波塞冬，阿斯塔特是得墨忒耳（尼格罗［Nigro］和斯帕尼奥利［Spagnoli］，2012；尼格罗，2013；斯帕尼奥利，2013；尼格罗［斯帕尼奥利亦有贡献］，2014）。

在神圣海角，祭祀活动是被禁止的；在神灵占据的夜晚，人们被禁止进入该地[①]。想要参加仪式的人必须在黄昏时在附近的一个地点露营，然后在白天带水来，作为祭酒，因为在附近找不到（水是必不可少的，这一点在挖掘神庙时得到了证实，比如在巴尔阿迪尔 / 波塞冬神庙）。正如我在别处提出的那样，信徒们用来转动

图2.2　莫提亚的科顿（西西里岛）。巴尔阿迪尔 / 波塞冬的神圣池塘。©米雷拉·罗梅罗·雷西奥（作者）。

---

① 在尤克森海的琉刻（Leuce）岛（白岛），与水手的宗教信仰有关的对阿喀琉斯的崇拜已经建立，信徒需要在日落之前上船，以避免在陆地上过夜，即使由于风向不利而不能启航，他们也要一直停泊并在船上等待（Philostr. *Her.* 54。见 n66）。

的那些石头很可能只不过是第一批来到这个地点的水手所提供的石锚，正如在乌加里特（Ugarit）、比布鲁斯（Byblos）或科新的神庙——在这些地方，它们被放置在不同的位置，甚至似乎试图让游客绊倒（弗罗斯特，1969：425–442，1970：14–24，1991：355–410）——以及在殖民时期的希腊圣地的状况（詹弗罗塔［Gianfrotta］，1975：311–319）。锚是腓尼基和布匿时代以及前希腊、希腊和罗马时代地中海水手们最喜欢的祭品之一，其宗教重要性已彻底确立（罗梅罗·雷西奥，2000：29–61）。一些学者提出，斯特拉博提到的这种对仪式的解释非常合理，它也可能发生在大西洋海岸的其他地方，比如 Punta do Muiño do Vento（在加利西亚的维戈）（苏亚雷斯·奥特罗［Suáres Otero］，2017）以及与海洋有关的没有发现考古遗迹的神圣地点。不管这种可能性是否被接受，事实是在伊比利亚半岛西海岸有一些礼拜场所发展成为腓尼基人的航海地标，如塞图巴尔（Setubal）半岛和萨多（Sado）河河口（葡萄牙）（戈麦斯［Gomes］，2012：99，121，124–125）。

毫无疑问，与腓尼基人海上旅行有关的最古老、最重要的圣地之一是加的斯的赫拉克勒斯-梅尔卡特（Heracles-Melqart），从海上抵达的人在那里进行献祭（斯特拉博，3.5.5）。然而，被水手们经常去的其他礼拜场所环绕的古城伊拉克利翁（Heracleion）（罗梅罗·雷西奥，2008：79）可能不仅是海员们在海上感谢和 / 或请求救助的地方，也可能是他们从商业交易中获得利益的地方。正如曼努埃尔·阿尔瓦雷斯·马蒂-阿吉拉尔（Manuel Álvarez Martí-Aguilar）指出，菲洛斯特拉图斯（Philostratus）的《阿波罗尼厄斯的生平》（Vita Apollonii）（5.5）中提到的神庙刻有文字的柱子很可能被注入了一种神奇的状态，使它们成为抵御海啸的护身符（阿尔瓦雷斯·马蒂-阿吉拉尔，2017）。《阿波罗尼厄斯的生平》指出，"他们的柱头上刻着的字母既不是埃及文字，也不是印度文字，更不是他能破译的任何一种字母"，而且 "……是地球和海洋之间的纽带"（菲洛斯特拉图斯，［1912］1989：5.5），这可以被解释为一种宗教回应，是对一场被认为具有宇宙本质的自然灾害的一种辟邪魔法式的宗教回应（阿尔瓦雷斯·马蒂-阿吉拉尔，2017：978–993）。

如果有人想到护身符在航海领域随处可见，被用来抵御航行中可能发生的任何灾难，那么这个吸引人的假设也许就不足为奇了。例如，在桅杆上放一块珊瑚，盖上海豹皮，这片珊瑚除了能抵抗闪电、台风、大风和风暴，还能防止风、浪和其他意外事故的发生，防止船只失事；海豹皮和鬣狗皮可以让闪电远离桅杆；红色钻石可保护水手；新娜迪亚（cinaedia，一种据说取自鱼脑的宝石——译者）有预测的能力，因为它可以让水手事先知道大海是风平浪静还是有风暴[1]；旅行者随身携带护身符，甚至将它们供奉给代表保护之神的神明，如宙斯卡西欧（Zeus Casio）或锚形神明等（罗梅罗·雷西奥，2000：33，59–61）（图2.3）。上面提到的被视为典型圣地祭品的装置有一个特殊的神奇内涵。通过海底发掘发现了许多刻有"救世主"神字样，例如阿佛洛狄忒索佐萨（Aphrodite *Sozousa*，即"拯救者阿佛罗狄忒"）的锚夹，或者装饰有四颗与航行中的好运有关的黄芪（罗梅罗·雷西奥，2000：39，带参考书目）（图2.4）。此外，"圣锚"只在极端危险的情况下被使用，是努力抛锚和平息风暴的最后手段。而且，出于某种信仰或迷信，水手们还习惯把人的品质赋予他们的船，后来，在中世纪和现代，甚至赋予了船一个灵魂，这个概念以不同的形式流传到今天（奥夫恰罗夫，1995：329；梅达［Medas］，2010）。

50

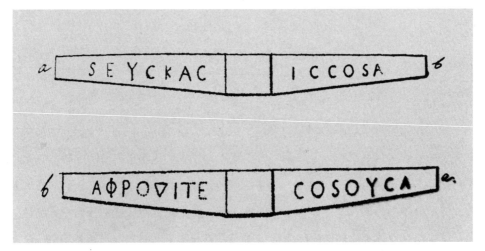

图2.3　在帕洛斯角（Cape Palos）（西班牙穆尔西亚）发现的锚，上面刻有宙斯卡西欧和阿佛洛狄忒索佐萨的铭文。引自莱蒙德（Laymond）（1906）。

---

[1]　各种史料，主要来自老普林尼的《自然历史》、《航海宝石》（*Nautical Lapidary*）和《福音传道》（*Kerygmata*），见佩雷亚·耶本斯（Perea Yébenes），2010。

图2.4　铅锚。© 利里贝欧地区考古博物馆（Museo Archeologico Regionale Lilibeo Marsala-Baglio Anselmi）。

一艘船可以有语言能力，比如伊阿宋在地峡中的波塞冬圣地供奉的阿尔戈英雄们的"阿尔戈号"，还有许多我们拥有文本和考古学证据的其他祈愿船只（Dio Chrys. Or. 37.15）[1]；也可能将视力赋予船只，通过船头的眼睛也可以避开厄运（A. Suppl. 716–718；庇隆［Péron］，1974：30，143n6；卡尔森［Carlson］，2009：347–365）。如今，水手们为了寻求某种超自然保护而绘制这些眼睛的做法仍然很常见（菲尔盖拉斯［Filgueiras］，1995：149–166；梅达，2010）。在地中海和亚洲海岸，人们都能发现船头眼，其神异特性似乎十分普遍。

　　因此，魔法在个人和集体层面上都是航海宗教实践的一部分，前者使用护身符和神化的眼睛，后者通过船上实践（兽皮、宝石、圣锚）以及在圣地（护身符柱）举行仪式，作为应对影响海员以及一些岸上人们的严重危险（如风暴或海啸）的一种手段。那些没有出海但进行了船只和货物投资的亲属也同样承受着他们亲人所承担的风险，这导致通灵占星术的流行，助长了水手自己对神谕圣地的参拜（阿尔

51

---

① 关于女神雅典娜建造的阿尔戈号说话的能力：A.R. 1.525–527；4.580–583；参见 Apollod. Bibl. 1.9.19。关于船舶和船舶模型供品，见罗梅罗·雷西奥，2000：2–22。

瓦·努尼奥，2017）。

腓尼基的神——梅尔卡特，与希腊的神赫拉克勒斯[1]，在上述著名的加的斯圣地，以及沿海的其他地方，都被尊为直布罗陀海峡水手的保护者。阿维努斯（Avienus）(*Ora* 358–361) 指出，在赫拉克勒斯石柱附近有供奉这位神的庙宇和祭坛，在那里，那些坐船前来的人进行祭祀，然后迅速离开。其他作者也相应提到了供奉保护神的崇拜场所，如阿斯塔特，对她的崇拜被考古学证实。对她的崇拜与对梅尔卡特的一样（如前所述，在戈咸岩洞和莫提亚），并相继被当地社区同化（费雷尔 [Ferrer]，2002；梅德罗斯 [Mederos]，2009；多明格斯·莫内德罗 [Domínguez Monedero]，2018）。腓尼基人和希腊人都参与了影响了水手的宗教信仰和他们表现虔诚的地点的航行。因此，在资料中被提到和 / 或留下考古遗迹的大多数宗教活动和海岸圣地都在某种程度上被这些水手共享、同化和整合到一起，到罗马时代，它们在地中海地区变得更加巩固，在很多情况下，它们的存在都在基督教的虔诚中延续。就像希腊 / 罗马的神和英雄在海上航行、保护他们的水手一样（邦尼特和布里科 [Bonnet and Bricault]，2016），也有在海上航行并受到水手尊敬的基督教圣人（奥尔塞利 [Orselli]，2010）。艾伦·丘吉尔·森普尔（Ellen Churchill Semple）在近一个世纪前就已注意到，水手们在沉船事故经常发生的地方建造了圣所，她在很多地方提到，有些圣所同时为圣徒和圣母修建了圣坛（森普尔，1927: 28，530，624；1931: 369–374）[2]。马勒斯（Maleas）（角）[3]、阿陀斯（Athos）（山）、宁费厄姆角（Cape Nimphaeum）、泰纳隆（Tainaron，也称为马塔

---

① 关于赫拉克勒斯作为水手的守护神，请参见罗梅罗·雷西奥，2000: 30 ss.，84 ss.，93 ss.。在罗马时代，人们继续崇拜这个与海洋有关的神，在古西尼亚（Signia）、南方或罗马发现的一段可追溯到公元 2 世纪至公元 3 世纪的希腊语铭文以及其他证据显示，在一场海难中幸存下来的一群水手向赫拉克勒斯献上了一件贡品，以感谢他的救命之恩：卡贾瓦（Kajava），2002。

② 另请参阅埃德伦德（Edlund），1987: 48 ss.。人们还研究了海洋领域中古代和现代教派之间的其他联系，例如帕米萨诺（Palmisano），2010。

③ Hom. *Od.* 3.286–290; 4.512–515; 9.79–81; *Hym. Hom. Ap.* 410; B. 3.72–73; Eur. *Cyc.* 18–24; Hdt. 4.179.2; 7.168.4; D.H. 1.72.3; Str. 8.6.20; Paus. 3.23.2; Alc. 1.10.3; *Orph. Arg.* 1363–1365; Procop. *Bell. Vand.* 3.13.5; *Anth. Pal.* 7.214, 275, 584; *SIG* III.1229。

班［Matapan］或特纳罗［Tenaro］)（角）、卡普瑞斯（Caphereus）(角）[1] 和佩洛鲁斯（Pelorus）(角）只是其中的几个。

　　根据塞尔维乌斯（Servius）的说法，汉尼拔的舵手佩洛鲁斯（Pelorus）被埋葬在墨西拿海峡附近的西西里岛的同名海角[2]。他的情况绝不是例外：文献首先暗示了在沿海地区存在其他供奉英雄的坟墓；其次提到了在特别危险的海角和海岬为领航员设立的圣地，水手们希望在这些地方获得那些将他们的船只安全运抵港口的人的保护；最后是庆祝活动。根据普鲁塔克（Plutarch）的说法，忒修斯（Theseus）选择瑙西托俄斯（Nausithous）为他的领航员，选择斐阿克斯（Phaeax）为他的哨兵，并为他们创造了赛伯奈西亚（Cybernesia）节，即领航员节，在波德罗米昂（Boedromion）月（9月/10月）举行（Plu. Thes. 17.6–7）[3]。墨涅拉俄斯的另一位舵手佛戎提斯（Phrontis）在从特洛伊返回苏尼翁角（Cape Sounion）(阿提卡）的途中死去，他被墨涅拉俄斯埋葬在这里，并可能在雅典娜神庙附近的一个英雄神庙处受到崇拜（Od. 3.278–285；Paus. 10.25.2；艾布拉姆森［Abramson］，1979：1–19）。同样，为了纪念艾盆诺（Elpenor）一生的职业，奥德修斯把他埋葬在海边的一座坟墓里，他的桨就立在石碑旁的坟头[4]。根据传统说法，他的坟墓在拉齐奥（意大利）的切西奥山（Mount Circeo）上，至少从4世纪开始，他就在那里受到崇拜，虽然他的神话至少在两个世纪前就在这一地区被发现[5]。另一个例子是埃涅阿

52 (页边)

---

[1]　关于阿陀斯山的危险：Hdt. 6.44.2–3；95；7.22；23.1。关于卡普瑞斯角：Eur. Hel. 766 ss. y 1126 ss.；IA., 198；Ag., 626；S. Aj., 1295 ss. ; 2.826 ss. y schol. 4.1901；Lyc. Alex. 381 ss., 1093 ss.；D.S. 4.33；Ov. Met. 14.472 ss.；Trist. 1.1.83；5.7.35 ss.；Str. 8.6.2；Plu. Mor. 301e；D. Chr. Eub. 32；Apollod. Bibl. 2.1.5 y 7.4；3.2.2；Epit. 6.7–11；Paus. 2.23.1；见 4.36.6；Q.S. 14.613–626；Hyg. Fab. 116，117，169，249，277；Schol. Od. 4.797；Tzetz. ad Lyc. Alex. 386，992，1093 ss.；Serv. ad. Aen. 11.260。

[2]　Serv. ad. Aen. 3.411，687。见 D.S. 4.85.5；Str. 6.1.5；Verg. Aen 3.411，688；Val. Max. 9.8.2；Trogo, 4.1；Mela, 2.7；Anth. Pal. 6.224。

[3]　关于赛伯奈西亚节，请参阅罗梅罗·雷西奥，2010：55–74，及参考书目。

[4]　关于船桨和其他索具供品，以及船桨作为在海上丧生的象征的重要性，无论是自发的还是由船员或渔民的过世造成的，请参见罗梅罗·雷希奥，2000：22–28。

[5]　Od. 10.552–560；11.51–83；12.10–15；Ov. Ibis. 487；Theophr. 5.8.3；Pseud. Scyl. 8；Plin. NH 15.36, 119；Apollod. Epit. 7.17；Ivv. 15.19–22；Serv. ad Aen. 6.107. 见安波洛（Ampolo），1994：268–280。还有女巫喀耳刻，她是这个海角上与维纳斯相关的女神，有一座她的神庙：Str. 5.3.6；Cic. de nat. deor. 3.19；奎利奇（Quilici），1992：407–429；奎利奇和吉利（Gigli），2005：407–429。

斯（Aeneas）的同伴。首先是米塞努斯（Misenus），他被安葬在靠近库美（Cumae，位于意大利）的一个危险的海角（后来因他得名）上，长眠在他的桨、武器和喇叭旁边 ①。其次是西奈托斯（Cinaethus），他在离开特洛伊时死去，被葬在西奈希恩（Cinaethion）海角（D.H. 1.50.2）。第三，他的领航员帕利努斯在坠入大海而死后被埋葬，并在维利亚（Velia）（意大利坎帕尼亚）附近的同名海角上受到崇拜 ②。

即使还有许多著名的领航员，但现在我们不妨回到佩洛鲁斯角（Punta del

图 2.5　从托雷迪法罗（Torre Faro，西西里岛）眺望墨西拿海峡。© 维基共享资源（公共领域）。

---

① Verg. *Aen.* 6.162–174, 212–235. D.H. 1.53.3. 关于这个海角的危险：D.H. 7.5.6；Tac. *Ann.* 15.46。见麦凯（McKay），1984：130–137。

② Verg. *Aen.* 3.200–204, 269, 513–520, 561–563; 5.12–25; D.H. 1.53.2; D.C. 49.1–2; Vell. 2.79.3–4; Oros. 4.9.11; Serv. *ad Aen.* 6.378–379. 见麦凯，1984：130–137；尼科尔（Nicoll），1988：459–472。这个名字与风有关，*palinouros* 是指"向后吹的风"或"不利的风"，可以与提到在这个海角的艰难航行的史料相联系，见安布罗斯（Ambrose），1980：449–457；波切蒂（Poccetti），1996：64。

Faro），因为它十分典型。在西西里岛东北端的墨西拿海峡上、第勒尼安海和亚得里亚海交汇的地方，水流十分湍急，第一批到这一带海域航行的希腊人遇到了这一带海域中两个可怕的怪物：卡力迪斯和斯库拉（图2.5）。对横渡海峡的恐惧使得人们认为必须建造神圣场所，这样就可让水手们表现出自己的虔诚，从而祈求神的帮助。然而，当汉尼拔的领航员佩洛鲁斯的这种事迹发生时，该地区已经存在着与航海相关的崇拜迹象；甚至还有另一个与佩洛鲁斯同名的人物，即海神波塞冬的儿子，来自色萨利（Thessaly），他在这个海角上有一座由俄里翁（Orion）建造的著名圣殿（Hes. fr. 149，默克尔巴赫-韦斯特［Merkelbach-West］；詹朱利奥，1996：257）。继锡诺普的巴顿（Baton of Sinope）的著作之后，阿特纳奥斯（14.639d–640a）援引了在一场地震摧毁了色萨利之后，为纪念宙斯佩洛鲁斯（Zeus *Peloros*）和被称为佩洛里亚（Peloria）的节日而进行的祭祀（罗伯逊，1984：7–8；米莉［Mili］，2015：239–241）。在这个海角附近还有一位叫佩洛里亚的宁芙，她的名字曾出现在硬币上（维安［Vian］，1952：140–142）。在讨论俄里翁神话时，狄奥多罗斯（4.85.1–5）将墨西拿海峡的形成与地震联系起来，并表示：

> 例如，在西西里岛，当时的国王叫赞克勒斯（Zanclus），有城市以其为名，曾被称为赞克莱（Zanclê），但现在叫梅塞尼（Messenê）。这位国王建造了一些工程，其中他建造了一道防波堤以建成一座港口，并建成了现在所称的埃克特（Actê）。既然我们已经提到了梅塞尼，我们认为将人们关于海峡的文章添加到迄今为止所阐述的内容中与我们的目的十分契合。古代的神话学家称，西西里最初是一个半岛，后来它变成了一个岛屿，原因大致如下：地峡最狭窄的地方受到两边海浪的冲击，于是形成了一个缺口（rhegma）（anarrhegnusthai），因此，这个地方被命名为利吉姆（Rhegion），许多年后建立的城市也以此命名。但有些人认为，大地震的发生导致大陆的颈部被冲破，就这样形成了海峡，因此，我们现在看到的是大海把大陆和岛屿分开。而诗人赫西奥德却提出了相反的观点，即当海洋在两者之间延伸时，俄里翁在佩洛里斯（Peloris）建造了海岬，并在那里建造了海神波塞冬的圣殿，这是当地人的

特殊敬意；在完成这些工作之后，他搬到埃维厄岛，并在那里安家；然后，他因为名声显赫，被列为天上的星星之一，因此为自己赢得了重要的纪念。

（狄奥多罗斯，1939）

　　因此，在墨西拿海峡靠近西西里一侧，有一座俄里翁献给波塞冬的圣殿。俄里翁是一位与港口和佩洛鲁斯海角建造有关的人物，他以著名的星座形式升上天。此外，根据底比斯的奥林匹奥德鲁斯（Olympiodorus of Thebes）的说法（Fr. 15，穆勒[Müller]），我们知道存在一座巨大的雕像，它是古人为了阻止埃特纳火山（Etna）喷发和防止人们从海上穿越到这个岛屿而建造[1]。雕像的一只脚上为永不熄灭的火焰，另一只脚上为喷泉。最有可能的是，雕像代表的是宙斯佩洛鲁斯（Zeus Peloros），正如在锡拉库扎的圣卢西亚地下墓穴里的小异教圣殿中发现的绘画所表明的那样，它可能被用作灯塔（卡鲁索[Caruso]，2017）。神灵的右脚站在船头，头上用希腊文写着他的名字宙斯佩洛鲁斯，被其他象征着与海有关的崇拜的图像所包围：波尔斯莫斯（Porthmos），海峡的化身，右手握着舵；领导者阿波罗（Apollo Archegetes），可能还有女神伊希斯（卡鲁索，2017：Tav. 5–7）[2]。这些神灵出现在西西里海岸的另一块飞地上，凸显了海峡神圣地点对所有穿越大海进出西西里岛的人的重要性。考虑到狄奥多罗斯提到的海峡形成与地震和大浪之间的关系，人们有可能认为阻止埃特纳火山喷发和跨海入侵的宙斯佩洛鲁斯的雕像也可以抵御海啸（海洋地震导致的巨大海浪），类似于加的斯的赫拉克勒斯-梅尔卡特神庙的石柱[3]。这种超越性将使佩洛鲁斯的宗教崇拜在整个岛屿上达到一定程度的关联，包括对崇拜海洋神灵已经司空见惯的锡拉库扎。

　　正是在这个著名的殖民地，我们发现了一种在整个地中海地区都很普遍的

---

[1]　平佐（Pinzone）（1999：274–276）坚持雕像是在西西里海岸而不是在海峡的另一边的观点。

[2]　约公元734年，纳克索斯（Naxos）的殖民者为受到了西西里其他殖民地的崇敬的领导者阿波罗建造了一座祭坛：Thes. 6.3.1；见 App. BC 5.454–455；见罗梅罗·雷希奥，2000：85，及参考书目。

[3]　有趣的是，狄奥多罗斯（4.23.1）提到，当赫拉克勒斯到达西西里岛时他如何从佩洛鲁斯角出发前往埃里克斯（Eryx），埃里克斯是另一个与地中海海洋崇拜非常相关的地点。

做法：在供奉保护神的神庙前，把物品作为祭品扔到海里。根据阿特纳奥斯（11.462b）的说法，在波莱蒙（Polemon）提供消息之后，当水手们从港口起航时，他们会注视雅典娜在奥提伽岛（Ortygia）的神庙正面山墙装饰着的金色盾牌。一旦距离足够远，无法看到盾牌，他们就会把之前从城外盖亚奥林匹亚（Gaea Olympia）圣殿旁边的祭坛上取下来的鲜花、蜂房、乳香和其他香料装满许多陶瓷杯，然后把杯子扔进海里。雅典娜是水手们最喜爱的神之一，因为她保护造船工人和领航员（就像奥德修斯得到她的帮助一样）、引导船只、化作鸟形来帮助水手、接受舵和公羊作为祭品，并且在海岬上有神庙——在那里她受到崇拜，被崇奉为普罗玛科玛（Promachorma，海岸守护者）、艾图亚（Aithuia，潜水者）、埃克巴西亚（Ekbasia，出发）和普罗诺阿（Pronoia，预知）等[①]。在她的坐落在城市最高的地方、从海上可以完全看到的神庙之上，现在建起了圣母圣诞大教堂（Natività di Maria Santissima）。

阿特纳奥斯提到的这种类型的祭品并不罕见。文献和考古资料都表明，这些陶瓷杯和其他祭品是为了纪念保护神而被扔进大海，就像黑海中表达对阿喀琉斯的崇拜的行为一样[②]。在锡拉库扎，这些容器的接受者很可能是狄俄尼索斯莫里科斯（Dionysos Morychos）[③]，他可能在盖亚神庙附近、在一个陆地和海洋之间的关键位置、在种植葡萄和生产葡萄酒的农民之间的地峡地区有一个祭坛，水手喝完酒，就把杯子从船上扔到海里，归还给神（卡鲁索，2012）[④]。对狄俄尼索斯莫里科

---

① Lyc. *Schol. Lyc. Alex.* 229–231, 359; Paus. 2.34.8; 15.3, 41.6; Becker, *Anecd.* 299. 罗梅罗·雷希奥，2000：26 ss.，80 ss.，118 ss.。

② 关于奥提伽岛的发现，见卡皮坦（Kapitän），1989：147–148。关于在黑海对阿喀琉斯的崇拜，见 Arr. *Peripl.M.Eux.*，32 GGM；胡克（Hooker），1988；奥霍特尼科夫（Okhotnikov），奥斯特洛弗霍夫（Ostroverkhov），1991：55，65–70；海德林（Hedreen），1991：315–322；欣德（Hind），1996；科兹洛夫斯卡娅（Kozlovskaya），2017：29–49。

③ 它的意思是"前进的人"，指的是未发酵的葡萄汁和在收获葡萄的时候神用来涂在脸上的无花果：Zenob. *Vulg.*, 5.13; Zenob. *Ath.*, 3.68, Phot, μ 652 y *Suda* μ 1343。

④ 这个神与大海之间的联系已经被指出，见罗梅罗·雷希奥，2010：101–106。一个著名的神话（在埃克塞基亚斯［Exekias］的基里克斯酒杯上可以看到）描述道，这位神被海盗拐骗，海盗在看到自己船的桅杆上长出藤蔓时意识到自己的错误，于是投身海中，变成了海豚：*Hym. h. Dion.* 7; Apollod. *Bibl.* 3.5.3; Ov. *Met.* 3.581–686; Sen. *Oed.* 449–466; Hyg. *Fab.* 134.2.

斯的崇拜可能与安塞斯特里昂节（Anthesteria）有关（同上），该节在安特斯铁里翁（Antesterion）月（2月/3月）举行，庆祝活动包括神在船顶的游行。在这个庆典中，狄俄尼索斯以各种面目出现：带来酒的农神、拖着死者的地狱神、乘船到达的海神（同上）①。这样，在希腊人的世界，农耕和航海又同时出现了，就像我们之前所知的腓尼基人那样。

西西里的海岸线提供了许多与神灵有关的宗教表现的证据，这些神灵充斥在横渡地中海的水手们的日常生活中。例如，狄俄斯库里（卡斯托耳和波卢克斯）在许多地方都受人尊敬，如锡拉库扎等，以及廷达里斯（Tyndaris）②——他们的圣城，城对面是迪迪马（Didyma）岛（现在的萨莱纳［Salina］）。根据斯特拉博（6.2.11）的说法，它的名字来源于它的双重形状，因为双火山可以被视作卡斯托耳和波卢克斯这对双胞胎的形象。毫无疑问，这一小片陆地对水手来说是一个神圣的地方，直到现代都保持着这种细微差别，这从特齐托圣母圣殿（Santuario della Madonna del Terzito）中水手们提供的许多祭品可见一斑③。众所周知，狄俄斯库里是可以通过拯救船只直接干预航行的神灵④。《荷马狄俄斯库里颂诗》(*Homeric Hymn to the Dioscuri*)（33.8–11）中写道，为了在风暴袭击船只时促使这些神灵到来，海员不得不用放置在船尾最高处的白色羔羊作祭品。一只白色动物被献祭，因为它们是光的承载者，并且与传统一致，除了以圣埃尔莫之火⑤（一种由于巨大电势差而产生的大气现象，预示着风暴的结束）的形式出现，他们还组成了一个星座，在夜间为水手们指

---

① 关于与航海有关的安塞斯特里昂节，见罗梅罗·雷希奥，2010：101–106。关于与海上活动有关的其他丧葬神灵，见罗梅罗·雷希奥，2000：49–51。

② 见包括罗西尼奥利（Rossignoli），2004：195 ss.；法索洛（Fasolo），2013：103。

③ 感谢玛丽亚·特蕾莎·迪布拉西（Maria Teresa Di Blasi）博士提供有关西西里岛当代水手供奉的祭品的信息。见赛亚（Saija）和塞尔维莱拉（Cervellera），1997；莱昂纳迪（Leonardi）和里佐（Rizzo），2011。

④ *Hym. Hom. Diosc.* 33.6–8；*PMG* 998, 1004; Pind. fr. 140c; Eur. *Hel.* 140; Theoc. *Id.* 22.1–22; Str. 1.3.2; Plu. *Mor.* 426 c; *Thes.* 33.3; Lucian. *DDeor.* 26; Arr. *Peripl. M. Eux.* 32 GGM; Artem. *Onir.* 2.37.

⑤ *Hym. Hom. Diosc.* 33.11–17; Alc. 5.34. 根据阿诺比乌斯（Arnobius）（阿诺比乌斯，《对抗国家》［*Adversus Nationes*］VII, 19, 3–4）的说法，白色祭牲被供奉给天空和大地的神，而地狱的神将接受黑色的动物。见曼齐拉斯（Mantzilas），2016。

引方向（Lyc. *Alex.* 510；Arat. *Phaen.* 147；查普捷［Chapouthier］，1935：256–257）。

光和星星与水手的宗教信仰密不可分。光可以是人工光，照亮灯塔或朝向大海的神庙祭坛的火光，就像埃里克斯（Eryx）的阿斯塔特-阿佛洛狄忒（Astarte-Aphrodite）的火光。埃利安（Aelian）在《论动物的本性》（10.50）中写道，女神得到了丰富的供品，在圣殿里有一个露天祭坛，祭祀了许多动物。无论白天黑夜，这座祭坛的火都在燃烧。作者还提到了西西里岛所有居民都称为"登船节"和"归来节"的庆祝活动（*NA* 4.2）。我们知道，阿佛洛狄忒经常以与海有关的称号一起出现，例如，庞蒂亚（*Pontia*，海的）、丽美尼亚（*Limenia*，港口的）、艾普丽美尼亚（*Epilimenia*，港口的）、佩拉吉亚（*Pelagia*，海的）、阿卡利亚（*Acrea*，山峰的）、欧普罗亚（*Euploia*，一帆风顺），这些都与她的海洋职权有关，水手们会展示锚等物品来提醒她的活动。女神的所有方面都为航海服务，包括她作为性保护者和港口妓女保护者的角色，并通过一个镜头聚焦，使人们把这位女神想象成航海中最重要的女神之一（罗梅罗·雷西奥，2000：第 15、38、123 章等；德米特里欧［Demetriou］，2010：67–89）。埃里克斯神庙只是地中海众多女神受到水手崇拜的例子之一。此前，人们已经开始崇拜另一位旅行者所熟知的女神阿斯塔特，后来，罗马世界中阿佛洛狄忒的继承者维纳斯受到崇拜[1]。这种与从海上可见并牢固建立在沿海海角上的地点相关的崇拜将在其他地方大量延续。在其他例子中，一个被充分研究的例子是在卡波圣埃利亚（Capo Sant'Elia）（卡利亚里，撒丁岛）的阿斯塔特神庙，它也可能被用作灯塔，圣埃利亚艾尔蒙特（Sant'Elia al Monte）教堂后来就建在这附近（伊巴［Ibba］等，2017）。

水手们所期望的光也可能有一个自然的来源，来自前面提到的闪亮的岩石，来自神的显现（如风暴中狄俄斯库里的显现），或者来自太阳和星星。与光相关的神灵的出现表达了一种积极的存在，与即将提供给信徒的援助有关。在航行、暴风雨或夜晚的黑暗中，这种能力会加强。发光神，如琉喀忒亚或琉科西亚，但也有阿尔忒弥斯或赫克忒等其他的神，被冠以"带来光明"（*Phosphoros*）的称号，为水手提

---

[1]　一本最新出版的集体出版物讨论了这个圣地作为水手礼拜场所的研究，即阿夸罗（Acquaro）、菲利皮（Filippi）和梅达（Medas）（编），2010。

供帮助（罗梅罗·雷西奥，2000：65）。这些神所显示的自己的光可能与太阳神赫利俄斯或阿波罗周围的光有关，但也与基督教教堂中水手们所献的祭品中为天主教圣母或圣徒加冕的光有关（特里普提［Tripputi］，1995：28–29；卡鲁索和迪布拉西［Di Blasi］，2017）。在这些崇拜之地，画家们致力于创作描绘委托人所忍受的海难，以及圣母、基督和其他在光线环绕下漂浮在天空中的圣人的出现所带来的神奇拯救的图画。

此外，还有关于海难幸存者为了表达感谢而供奉祭品的知识。海难是一种可怕的创伤经历，因此经历过海难的人们向神供奉头发或衣服等个人物品（罗梅罗·雷西奥，2000：109–112）。西塞罗（Cicero）报道过迪亚戈拉斯（Diagoras）的轶事，一位朋友曾问他，当萨摩色雷斯（Samothrace）的众神圣殿里满是海难幸存者带来的祈祷画时，他怎么能不相信神在眷顾人类呢？对此，迪亚戈拉斯机智地回答说，这是因为在海上死去的人不会画画（Cic. de nat. deor. 3.37，89；参见 D.L. 6.2.59）。正如尤文纳尔（Juvenal）和提布卢斯（Tibullus）所提到的，伊希斯也收到了这种供品（Ivv. sat.，12.26–29；Schol. Ivv.，12.27–28；Tib. 1.3.23–24，27–28；*Anth. Pal.* 6.231），即使我们没有发现任何物质遗存，但可以推测，这些画一定与公元前 7 世纪至公元前 3 世纪的古风时代木板画相似，这些古老木板画是在科林斯附近的皮查（Pitsa）的一个洞穴中发现的，展示了祭祀的场景（尼尔森［Nilsson］，1967：248；拉尔森，2001：232–233，261，图 5.18）。伊希斯是一位与大海有着密切联系的女神。她有欧普罗亚（一帆风顺）、佩拉吉亚（海的）和法利亚（*Pharia*，灯塔的）等称号，被尊为航海和风帆的发明者，她控制了海风，为了纪念她，人们举行了"伊希斯之船"（*navigium Isidis*）庆祝活动，并于 3 月 5 日开启帆船季 ①。虽然我们不确定那些献给萨莫色雷斯岛上的诸神和伊希斯的祭品代表了什么，但人们可以设想，就像在基督教教堂中所献的祭品一样，这些画可能描绘了海难的场景。玛格丽塔·瓜尔杜奇（Margherita Guarducci）曾研究过（意大利维罗纳）马菲亚诺博

---

① IG X. II, 1, 254; XII.5, 14, 739; Hyg. *Fab.* 277; Cassiod. *Var.* 5.17; Lucian. *DMar.* 7; Apul. *Met.* 11.5.1, 见穆勒（Müller），1961：41–42，61–67；Tran Tam Tinh，1964：98 ss.；罗梅罗·雷希奥，2010：74–80；布里科（Bricault），2006，2020。

物馆（Museo Lapidario Maffeiano）藏品中的一座浮雕，该浮雕描绘的是在一场海难后，一名水手感谢狄俄斯库里让他幸存下来的场景（瓜尔杜奇，1984：136–141，Tav. V）。此外，我们也知道，那些在港口里勉强谋生的遇难船只上幸存的人，他们把自己的不幸告诉过路人，把自己的头发剃光，在胸口缠上绷带，好像受伤了一样，以博得更多的同情，他们还把一幅描绘自己在遇难船只上幸存下来的画挂在脖子上 ①。这最后一条信息向我们透露出，灾难幸存者在圣殿中供奉的石碑同样描绘了那个场景，很有可能，就像狄俄斯库里的浮雕一样，救助苦难的神也会在石碑中得以体现。

不管这些石碑上神的形象是否被光包围，狄俄斯库里等海洋诸神都以一种宏伟的发光效果来表现自己，伊希斯也与光有关。阿普列乌斯（Apuleius）在他的《变形记》（Metamorphoses）中描述的伊希斯仪式中的一个步骤，代表了信徒在午夜看到太阳照耀的时刻，实际上是伊希斯的显现 ②。

狄俄斯库里、伊希斯和其他与海洋有关的神及英雄的另一个共同特征是他们与天体的关系。到目前为止，我们已经提到了狄俄斯库里和俄里翁成为星座，而伊希斯则也被认为负责宇宙秩序，给所有星星发出指示，正如我们在《希腊铭文补编》（Supplementum epigraphicum Graecum）的希腊铭文中所看到的一样（SEG 9 [1944]，192）。在一年的不同季节对星星和太阳位置的观察有着很重要的意义。对于夜间的航行，腓尼基人依赖于小熊座的位置，而希腊人则依赖于大熊座的位置（梅达，2004），他们都将非物质的特质赋予可以很容易被识别为神灵的星星，因此，天文知识将不得不在寺庙收集（斯蒂格利茨 [Stiglitz]，2014）。

考古天文研究产生了一些与海员们对照星星确定圣地方位有关的有趣数据。例如，众所周知，上文提到的与航海有关的在莫提亚的科顿神庙的崇拜就具有星体的性质。在发掘过程中发现了银柱和石柱，以及一件固定在路面上的物品，可能是祭品，人们认为这是一种类似于星盘的测量设备。研究结论为，神庙朝向猎户座

58

---

① Mart. *epigr.* 12.57; Phaedr. *Fab.* 4.23; Ivv. *Sat.* 12.30–83; 14.300–302; Pers. *Sat.* 1.89; Hor. *Ars P.* 20–21.

② Apul. *Met.* 11.23.7：半夜，我看到太阳闪耀着白光（*nocte media vidi solem candido coruscantem lumine*）。此外，普鲁塔克指的是迎接新信徒的光：frg. Stob. 4.52.49。

（Orion），在墨西拿海峡与海洋相关的宗教崇拜中也有重要存在的巴尔（Baal）很有可能也被认为是这个角色（尼格罗，2010）。

古代水手的宗教实践中包含了对一种内在逻辑的回应的无数元素，这种内在逻辑来自一种不断要求神的介入的职业活动实践。水手的表达多样、宽容而灵活，因为他们接触了各种各样的祭礼，并且每天都要面对危险，这让他们能够聚合诸神的力量，从而有助于航海的成功。最后，航海者以一种坚定的力量祈祷和感恩，不让任何危险发生，并试图将从陆地到海洋、从天堂到地狱的一切能维持他们生存的东西结合到一起。

第三章

网 络

从希腊化时期到拜占庭时期的古代世界海上贸易

萨拉扎·弗里德曼（Zaraza Friedman）

简介

希腊人意识到，通过控制海洋，就可以控制由相互交换而获得的外国奢侈品。修昔底德（1.15.1）明白，关注商船船队的人通过收入和控制他人而获得权力：

> 这就是当时希腊人的商船船队，包括早期和后期的商船船队，不管怎样，那些重视这类事情（商船船队业务）的人，由于金钱收入以及对他人的控制而获得了不小的权力……

当然，罗马–拜占庭时期也是如此。贸易不仅使商品流通，而且使人民分散，从而扩大了政治接触和思想交流，也促进了文化传播。海洋在古代思想传播中的作用主要体现在造船技术和航海技术上。从史前到现在，地中海在文化发展和传播中发挥了重要作用。地中海独一无二，在古代有着重要的地位，因为它以海上贸易和地理位置连接了非洲、亚洲和欧洲三大洲。罗马人把地中海称为"内海"（*Mare Internum*）和"我们的海"（*Mare Nostrum*）。*Mare Mediterraneum*（内陆海）这个名称由罗马语法学家盖乌斯·尤利乌斯·索林努斯（Gaius Julius Solinus）（公元 3 世纪）首次提出，而塞维利亚的伊西多尔（Isidore of Seville）（公元 6 世纪）则将 *Mediterraneum* 这个词转变为自公元 6 世纪以来人们所熟知的专有名称（塔里克［Tarek］，2018：24，n7）。这个名称在 12 到 13 世纪开始得到普遍使用。希腊诡辩家和修辞学家埃利乌斯·阿里斯蒂德（Aelius Aristides）在公元 143/144 年访问罗马时，表达了他对罗马帝国的作用和地中海的重要性的看法：

60

> 大海（地中海）就像一条腰带，延伸到 *oikoumene*（有人居住的世界）的中央，也延伸到你的帝国（罗马）的中央。在大海周围，广袤的大陆不断扩张，不断用大陆自己的万物增加你的财富。

奥古斯都在亚克兴战役（公元前31—前30年）之后建立了罗马帝国，随后跨过地中海进行扩张，地中海成为了主要的交通航道。因此，罗马帝国"靠水而立"（瑞克曼［Rickman］，1996：1）。罗马地中海海上贸易的高峰被认为是在公元前200年到公元200年之间。

古代地中海世界做什么贸易？

古代地中海世界最重要的贸易商品是谷物和小麦。从希腊化时期到拜占庭时期，谷物和小麦的供应中心是黑海、埃及和北非；其他商品包括橄榄油、葡萄酒、铜、锡和铅锭，还有玻璃器皿、羊毛和丝绸纺织品，以及各种各样的其他产品。许多地方都生产优质葡萄酒，如小亚细亚的莱斯博斯岛、萨摩斯岛（Samos）和希奥斯岛（Chios），爱琴海北部的塔索斯岛（Thasos），以及意大利、西班牙和法国的许多地区。小亚细亚西南海岸的克尼多斯（Cnidus）和罗德岛将大量的葡萄酒运往雅典、亚历山大港和其他因葡萄酒需求巨大而无法由本地葡萄园满足的中心。橄榄油是罗马人的重要商品，其主要生产中心在希腊、西班牙和意大利。

罗马饮食中的主要香料是鱼露（*garum*），这是一种用发酵的鱼制成的调味品（由用盐发酵长达三个月的鱼加工制成）。希腊资料提到早在公元前5世纪就有鱼腌制场的活动。鱼露本身在公元前1世纪开始被提及，当时贺拉斯（Horace）称赞鱼露"由西班牙的甜鱼制成"（柯蒂斯，1988：205）。普林尼（*NH* 31.94）写道，最好的鱼露是由新迦太基的罗马盟邦（*socii*）[①]用鲭鱼（*scomber*）生产而成的（同上）。这些产品也抵达了驻扎在古罗马边境城墙（*limes*）[②]沿线的军队处（同上：207）。在希腊化时代和罗马时代，以色列加利利海西岸的米格达尔（Migdal）（提比里亚

---

① 一种军事同盟制度，在这种制度下，土著社区在理论上保持独立，但实际上是罗马帝国的臣民。
② 用塔和堡垒加固的罗马军事道路。

［Tiberias］以北约 5 公里）被称为 *Migdal Nunia*（亚拉姆语）或 *Tharichaea*（拉丁语）/ 鱼之塔。该地也是地中海东部的渔业生产中心。斯特拉博（16.2.45）曾说："在 *Tharicaea*（Migdal Nunia），大海（加利利海）向人们提供最好的腌制鱼。"（拉班［Raban］，1988：323；弗里德曼，2008：45）

罗马帝国开展贸易的其他产品还有铅、铜等金属以及大理石和木材（图 3.1）。

地中海商业中心的位置随着时间的推移而演变。公元前 5 世纪，雅典是东地中海的主要商业中心，雅典在比雷埃夫斯（Piraeus）的港口挤满了来自西地中海马赛和东黑海的船只（卡松［Casson］，1981：38）。公元前 3 世纪，托勒密王朝的埃及成为地中海东部主要的海上贸易中心，特别是作为古地中海的粮食供应国。尼罗河是一条重要的贸易干道，粮食通过尼罗河从肥沃的法尤姆（Fayum）地区运往亚历山大港，然后运往罗马和地中海的其他枢纽港口。罗马在地中海的霸权始于第一次布匿战争（公元前 241 年），当时迦太基的制海权被粉碎。但后来在 5 世纪中叶，罗马在地中海的领导地位被汪达尔人的征服所打破（沙伊德尔［Scheidel］，2011：29）。

公元前 1 世纪下半叶，罗马帝国的政治统一使海盗活动大大减少。组织良好的军事舰队保证了货物和人员在地中海的安全通行。埃利乌斯·阿里斯蒂德（前面提到过）写道，由于来自地中海各地的密集海上贸易，罗马变得繁荣富饶：

> 这里（罗马）拥有所有人种植或制造的所有东西。许多的货船从各地驶来，载着各种各样的商品，一年四季，直到秋末……船只的到达和离开从未停止，以至于人们可能会怀疑，在港口乃至整个地区，如何才能为货船找到足够的空间。
>
> （瑞克曼，1996：3）

在罗马于奥斯蒂亚（Ostia）和之后于波图斯（Portus）建立港口之前，普特欧里（Puteoli）是罗马共和国晚期和帝国早期的港口。普特欧里港著名的拱形防波堤很可能是遵照奥古斯都的命令建造的。它不仅是水利工程的奇迹，拥有防止内港淤

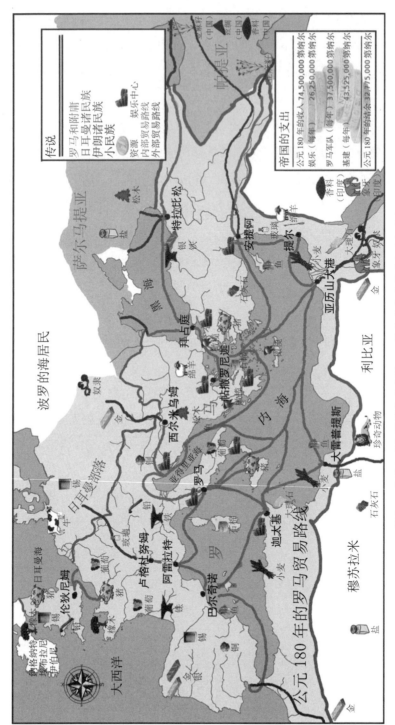

图 3.1 公元 2 世纪的贸易示意图。© 维基共享资源（公共领域）。

塞的冲洗通道，而且还是一个旅游景点（瑞克曼，1996：9）。在庞贝附近的穆雷辛（Murecine）发现的蜡片证实了公元 1 世纪在盖乌斯·卡利古拉（Gaius Caligula）的统治下，来自亚历山大港的谷物商人乘船到了普特欧里港（同上）。这种谷物是运往罗马的最重要的商品，可以养活不断增长的人口。

谷物贸易遍及地中海地区。一些俄克喜林库斯古卷（Oxyrhynchus papyri）提供了有关谷物贸易以及谷物如何到达尼罗河港口的重要信息。显然，大量的谷物河运发生在收获季节。这些古卷提到，在从 Choiak（古埃及历法的第四个月——译者）9 日到 17 日的 9 天时间里，在俄克喜林库斯诺姆（Nome）的一些港口，大约有 1 万 artabas（一种计量单位，有说法认为，1 artaba 约合 27 升——译者）谷物装在船上，被运到亚历山大港（亚当斯［Adams］，2018：187 和表 6.2）。当谷物货物到达亚历山大港时，需从 naukeros（船主/船长）的权威机构转移过来，以检测杂质（同上：188，n67）。小麦样本被送到位于尼亚波利斯（Neapolis）（亚历山大港的一部分）的 cheirismos[①]。

木材贸易

在古代，木材是造船、大型建筑、昂贵家具、浴室取暖、烹饪和其他各种工业所需的另一种重要的贸易商品。金属生产需要大量的木材来加热熔炉。在地中海东部，木材主要来自现代黎巴嫩（古代比布鲁斯）、叙利亚和土耳其地区。萨尔贡二世（Sargon II，公元前 722—前 705 年）的亚述浮雕（现藏于卢浮宫博物馆）是最早的木材海运贸易的图像证据。原木用典型的腓尼基河马船装载和运输（图 3.2）。

两次布匿战争期间，亚平宁山脉大量的木材砍伐促使罗马人寻找新的林地来为他们的木材工业提供补给。罗马共和国时期人口的急剧增长加剧了对木材的需求。因此，公元前 192 年在特里格米纳港（Porta Trigemina）外建造"木匠之间的过道"（porticus inter lignarios）是为了将木材从台伯河上运到罗马（梅格斯［Meiggs］，1980：186）。可能木材货物来自拉齐奥海岸，因为木材运输确实发生在公元 4 世纪

---

① *Cheirismos* 可能指的是官员和官僚程序，而不是实体场所（亚当斯［Adams］，2018：189）。

图 3.2　木材海运；萨尔贡二世在霍萨巴德（Khorsabad）的宫殿。© 维基共享资源（公共领域）。

（哈里斯［Harris］，2018：218）。奥斯蒂亚企业广场（Piazzale delle Corporazioni）木材托运人办公室的马赛克地板（公元 3 世纪）说明了罗马帝国已建立了木材商业和有组织的贸易。两艘相对的帆船被画在一个设在凸起矩形基座上的大型圆形结构的两侧。火焰从圆形结构的顶部冒出，可能说明这是灯塔。铭文板（*tabula ansata*）上的两行铭文表明了办公室的功能——*Naviculariorum Lignariorum*（船东协会）（弗里德曼，2011：94，图 3.7.3）。

　　各个行业都需要大量的木材。由于瓦和砖是屋顶和建筑的标准材料，这些用于公共和私人建筑的经烧制的瓦片和砖块的生产需要大量用于焚烧的木材（梅格斯，1980：187）。造船业也非常需要木材来建造商船和战舰。

　　哈利卡纳苏斯的狄奥尼修斯（Dionysius of Halicarnassus）（约公元前 60—前 7 年）在描述意大利的农业财富时，提到意大利仍然拥有丰富的木材供应（同上：190 和 n25）：

> 她（意大利）在陡坡、峡谷和未耕种的山丘上的林地最令人印象深刻；它们提供了大量的船舶木材和用于其他用途的木材。

狄奥尼修斯还提到木材可以毫无障碍地得到运输：

> 半岛各地河流密集，使土地产品的运输和交换变得容易……被称为茜拉（Sila）（意大利南部）的山区盛产木材，适合建造房屋和船舶以及其他各种类型建筑（20.5）。这种最靠近大海和河流的木材从根部被砍伐并保留全长，被运到最近的港口，其数量足以为全意大利的造船和房屋建造服务。生长在内陆的植物被切成几段，由人们扛在肩膀上运送，用来制作桨、杆和各种家用器具和设备。
>
> （20.6）

阿尔卑斯山的木材从达尔马提亚的亚得里亚海沿岸港口（阿奎莱亚［Aquileia］和萨洛纳［Salona］）运到罗马（梅格斯，1980：192）。木材，特别是米西亚（Mysia）的塞托鲁斯山（Mount Cytorus）的黄杨木，也从黑海周围的森林被进口到罗马（同上）。到了公元4世纪，木材的供应大大减少，因此，公元364年，瓦伦斯（Valens）皇帝和瓦伦丁尼亚斯（Valentinianus）皇帝发出了一道命令，允许北非的船运商运送用于浴室炉的木材（同上：193）。

海上金属贸易

希腊人曾从马其顿南部斯塔格里亚（Stageria）附近利普萨达（Lipsada）矿区的丰富矿藏中开采金、银和铅。早在公元前6世纪，就开始主要在阿提卡的拉乌里翁（Laurion）开采银。银矿是在接近地表的地方被发现的，因此最早是在沟渠和浅洞中采矿（怀特［White］，1984：114）。其他金属，比如铅、金、银和铜，都是罗马人进口的贵重商品。在整个罗马帝国，铸造硬币、生产军事装备和昂贵的珠宝都需要这些金属。关于罗马矿业最有用的信息来自一个时间上有限的跨度，即从公元前1世纪后期到公元1世纪。作为塔拉科西班牙行省（Hispania Tarraconensis）的财务长官（procurator），普林尼（*NH* 32II 和 34）有在西班牙西北部大规模开采金矿的第一手经验（埃德蒙森［Edmondson］，1989：85）。早期的基督教作家也提供了一些关于公元 3 到 4 世纪的采矿作业的线索，他们谈到了被宣告有罪的基督徒在努米迪亚（Numidia）的金矿和银矿，塞浦路斯、巴勒斯坦和奇里乞亚的铜矿做苦工的情况（同上：86）。公元 365 年至 392 年之间以及公元 424 年的《狄奥多西法典》（*Codex Theodosianus*）中出现了有关金矿开采的某些规定（同上）。伊比利亚半岛的西北部，尤其是加莱西亚（Gallaecia）和阿斯图里亚（Asturia）的遗址是罗马人已知的储量最丰富的金矿之一，在奥古斯都最终征服该地区后不久就开始了开采。这些金矿是公元 1 世纪和 2 世纪罗马帝国非常重要的贵金属来源，是罗马国家的财产。矿区由 *procuratores metallorum*（金属官）控制。财务长官根据适应当地条件的帝国政策管理矿山，或根据授权将单个矿山租给个人或协会（希利［Healy］，1978：130；埃德蒙森，1989：88）。财务长官还负责收缴国库应得的收入，他们通常是骑士阶层（最初组成罗马骑兵队、后来在政治上具有重要意义的公民）或自由人（希利，1978：131）。*Tabularii*（抄写员）记录开采的金属数量。奴隶和当地人负责采矿的技术任务（同上）。最近对古代矿业的研究表明，一个地区（杜尔纳［Duerna］）在 130 年间每年生产 3000 公斤黄金，因此，据估计，罗马西班牙西北部地区总共提供了弗拉维王朝大约 7% 的国家收入（埃德蒙森，1989：88）。罗马人还从伊比利亚半岛的拉斯马杜拉斯（las Medulas）的金矿中开采黄金。拉斯马杜拉斯位于阿斯图里卡奥古斯塔（Asturica Augusta）军事殖民地以西约 60 公里处，即现在的西班牙阿斯托尔加市（Astorga）（怀特，1984：116）。公元 43 年罗马入侵不列颠后，不列颠的矿业组织良好。富含铅的地区是门迪普、威尔士和米德兰兹。不列颠的矿业及其开发受到法律限制（同上：124）。普林尼（*NH* 39.49）提到，在西班牙和所有的高卢地区行省，开采黑铅（用于管道或板材）需要花费大量的劳动；但在不列颠尼亚，人们在地表附近就发现了大量的黑铅，因此通过了一项限定开采量的法律。在不列颠，多劳科西（Dolaucothi）金矿在克劳迪亚斯（Claudius）征服后不久就开始了高强度的开采，一直持续到安敦尼（Antonine）时期，但钱币证据表明，至少晚至格拉蒂安（Gratian）统治时期（公元 375—383 年）仍进行了一些开采（埃德蒙森，1989：92）。

图 3.3　在岸边称量铅锭或金锭。© DEA PICTURE LIBRARY/ 盖蒂图片社。

　　一些马赛克镶嵌画和浮雕的图片证据提供了对罗马时期金属贸易的更好理解。在突尼斯苏塞（Sousse）附近发现的一幅镶嵌画（公元 3 世纪）中就有这样一个画面，现在在巴尔多博物馆（Bardo Museum）展出（图 3.3）。在浅水中行走的装卸工人暗示船停靠在岸边，同时桅杆放下甲板时船的静态位置（也看不到系泊或锚线）也表明应该在靠岸边的地方抛锚；这艘船刚刚带来了一批铅、铁或金锭，由装卸工卸下，他们将金属条带到岸边称重。

　　在北非海岸、西班牙、克罗地亚和意大利以及地中海东部的几艘沉船中发现了许多铅锭。1994 年，在以色列该撒利亚马里蒂马（Caesarea Maritima）的 K 区沉没的北部防波堤附近发现了 5 块铅锭。这些铅锭是在图密善（Domitian）皇帝（公元 81—96 年）统治时期铸造，铅块顶部的长铭文"IMP. DOMIT. CAESARIS. AVG. GER"（图密善·奥古斯都·日耳曼尼库斯皇帝）证明了这一点（图 3.4）。锭上不同的标记表明它们的制造和重量（每锭重 200 罗马 *libra*，约合 70 公斤）。铸字"MET. DARD"（*metallum Dardanicum*，达达尼亚人的金属）证明它们产自科索沃地区罗马达达尼亚省的丰富铅银矿（拉班，1999: 70）。这些铸锭提供了确凿的证据，表明在公元 1 世纪的最后十年，希律港西北防波堤相当大的面积被淹没，使得进入港口的船只落入陷阱。

双耳罐的运输及其装载

　　双耳罐提供了有关在古代被大量消费的货物的海运交易证据，特别是葡萄酒和油，以及咸鱼干、橄榄、枣、鱼露等各类食物。为了管理运输的内容，双耳罐被用

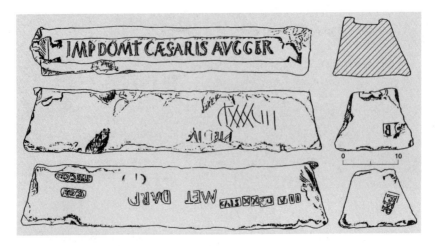

图3.4　以色列该撒利亚马里蒂马的铅锭。©萨拉扎·弗里德曼（作者）。

来方便地、系统地记录装载的东西。希罗多德称，在公元前 500 年波斯征服埃及之前，大量的葡萄酒贸易从希腊和东腓尼基传到了埃及。埃及人重复使用进口空酒罐的事实，表明了国王命令控制下的良好体系：

> 盛满酒的瓦罐每年两次从希腊和腓尼基以南的地方运到埃及；但可以有把握地说，这个国家没有一个空酒罐……每一个地方的长官必须从本乡收集所有的瓦罐，带到孟菲斯，孟菲斯的居民必须将瓦罐装满水，运到叙利亚的无水之地。这样，被带到埃及并在埃及卸下或倾空的瓦罐被运到叙利亚，和已经运到那里的瓦罐存放在一起……

（希罗多德，3.6）

海上贸易中双耳罐货物的运输和包装可以通过几幅马赛克镶嵌图来证明。其中一些展示了用黏土盖或塞子密封的双耳罐。地中海不同地点的三幅马赛克镶嵌画可追溯到公元 3 世纪至 6 世纪，展示了商船如何包装双耳罐货物：

1. *Fortuna Redux*（归来的福尔图娜女神）马赛克镶嵌画（公元 3 至 4 世纪），来自现代阿尔及利亚的塞贝萨（Thebessa）：北非的瓦罐在一艘商船（*navis oneraria*）的甲板上垂直排列成两排，它们的颈部和边缘露出舷缘。从白色的瓶盖推断，这些蛋形肩、长颈、外倒缘的瓦罐用黏土塞密封。它们可能与装葡萄酒、橄榄油和鱼露的液体容器——德雷塞尔（Dressel）1B 型或 2B 型（费迪［Ferdi］，1998：172，文末）有关。船上有一些希腊化战舰的装饰：上刺（*proembolion*）装饰着狼或狐狸的青铜头，有三根张开向上弯曲（*aphlaston*）的艉柱（弗里德曼，2005/2006：126）。这些元素成为罗马商船的特色装饰。船头指向左边，因此纵向露出了整个左舷。九只大的划船桨从悬臂桨箱下方的方形桨口伸出。船尾两边（quarter）各安装一个大舵桨。左舵的舵杆穿过支臂桨箱末端的方形桨口。在右舷也有同样的布置，因此，这艘船配备了十八个划桨和两个舵。船桨是商船的辅助设备，用于进 / 出港口时划桨，也用于远洋风况不利时划桨。这艘船已装配妥当，主桅杆仍在船中，帆已卷起，但固定的索具（前支索、后支索和侧支索）仍在原地，因此将桅杆固定在垂直位置。这艘船还装有前桅（artemon）和船帆。桅杆在船首柱上方前倾，帆卷在帆桁下。这种船的载重能力从 20 吨到 150—200 吨不等。

2. 哈迪塞 / 路德（Haditha/Lod），以色列（公元 6 世纪上半叶）。画中帆船正在离开海岸，船上载着被称为加沙（Gaza）型的、用锥形盖子密封并被叠成两排的鱼雷状瓦罐（在以色列海法的国家海事博物馆可以看到）。这批双耳罐可能也被装在船舱里。这艘船正驶离锚地，根据尼罗河地区植物群推断，船很可能是在尼罗河三角洲，船的行驶则是舵手努力拨动舵桨使船在航行中保持稳定的结果。前甲板上的人举着从他肩膀上方穿过的前支索的下端，负责在船只到达开阔水域时正确安装帆具。站在岸边的人面对着船，向船上的船员挥舞右手，也表明船要离开锚地。圆形的匙形船体用长而薄的木板建造，这可以从浅棕色和深棕色的镶嵌条看出。船首下方描绘了一个象征性的扭曲破浪艏柱，这可能是由于镶嵌画作家缺乏航海知识，也不理解这个元素的功能。这个元素是龙骨的前延，是为了给船体更好的流体静力学和流体动力学性能。这种船可能与一种称为 linter 型或 kerkouros 型的特殊船有关[①]。

3. 约旦尼波山圣罗多和普罗科比乌斯教堂（the Church of Sts. Lot and Procopius）的马赛克地板（公元 557 年），描绘了一个海上的场景。一名面向船尾的桨手划着船，船舷两侧各有一支桨。他使用双桨 / 坐 / 拉技术，背对着船头和航行的方向。在划艇的船舱里，在桨手的前后，堆着袋形的瓦罐，用锥形盖子密封（皮奇里洛［Piccirillo］，1993：160，图 209）。船载着酒或油到一个被城墙包围，并有通往河流或海边的大门的城市。这种船可能代表 scapha[②] 或 stlatta[③]。

---

① 商船不仅用于运送货物，也用于运送乘客。kerkouros 这个名称是希腊语对亚述语 qurqurru 的转写，是指一种美索不达米亚河船。通过埃及的希腊文纸草文献可以更好地了解 kerkouros 船。他们还指出，这种船只是尼罗河上装载谷物的标准交通工具（卡森，1971：164）。P. Teb. 857 提到，在托勒密王朝，kerkouroi 在公元前 171 年被动员来沿尼罗河运送每年的粮食收入到亚历山大港；这部纸草文书集中还提到，最小的一种船的载重量为 225 吨，大多数船的载重量为 250 吨到 275 吨，最大的一种载重量为 450 吨（同上：167，和 n40）。

② 卸货并将货物运送到港口仓库或上游的船只在希腊语中被称为 hyperetikai skaphai/ 服务船，在拉丁语中被称为 scaphae（卡森，1971：336）。

③ Stlatta 是一种小型河船（卡森，1971：333）。突尼斯阿尔提布鲁斯（Althiburus）可以追溯到 3 世纪的镶嵌画描绘了"轮船和小船目录"，其中出现了一艘 stlatta 船（同上：图 137/15）。

沉船提供了有关古代商船（*navis oneraria*）载运的货物和货舱内装载的双耳罐的考古证据，在水下调查和挖掘中发现的双耳罐仍然保存着沉船的轮廓。货物装载的效率取决于最大化净体积重量比，尤其是液体货物。蛋形双耳罐有着稳固的结构，可以支持和分散其内容物的重量和运输阻力，以及它们在船舱和仓库中被反复搬运和紧密堆放所带来的压力。瓦罐的把手和底部采用符合人体工程学的设计，搬运者将手指握在这些把手上以获得更强的抓握力。最早的用软木盖或塞子密封的希腊或罗马双耳罐可以追溯到公元前 3 世纪，在海底被发现（特瑞德［Twede］，2002：184）。双耳罐的形状使它们能够分层叠放在甲板上的储藏室或船舱内。一般来说，第一层罐子的罐脚（尖头）用沙子、鹅卵石或垫料固定。一旦第一层被固定并支撑到位，就可以通过将罐脚放入下面一层颈部之间的空间来填充第二层（同上：186）。

罗马在希腊、小亚细亚和北非扩张的结果之一就是能够从意大利的拉丁姆（Latium）和坎帕尼亚（Campania）地区向世界出口葡萄酒。由于篇幅有限，本文仅讨论两个带装载货物的沉船事例，以供比较。⁷⁰

1. 凯里尼亚（Kyrenia）沉船于 1965 年在塞浦路斯北岸被一名采集海绵的潜水员发现。1967 年至 1969 年，宾夕法尼亚大学在迈克尔·卡采夫（Michael Katzev）的指导下，在离岸 1 公里、30 米深的地方对该遗址进行了发掘。大约 75% 完好的船体提供了有关船体构造的信息，表明在航行过程中对船只进行了维修，直至失事。反面印痕和小块铅证明了船体的铅壳至少达到了吃水线，这部分也经过了修理。铅板用铜钉钉在船体上。碳 14 分析表明，这艘船大约是在公元前 385 年用阿勒颇松（Aleppo pines）建造的，土耳其栎（Turkey oak）则用于制造榫头、钉子和假龙骨。这艘船用传统的地中海方法建造，即用榫眼将木板连接在一起做成船体。这艘船原来的长度是 14 米，宽度为 4.2 米，预计承载能力为 25 吨。船上货物由 400 多个不同类型的瓦罐组成，其中 343 个来自罗德岛。在龙骨的前后发现了 29 块来自科斯（Kos）岛的磨石，它们也被用作压舱物（穆克罗伊［Muckelroy］，1980：43，中段）。这艘船上有四个船员，这从他们的私人物品就可以看出。船上硬币的年代表明，这艘船在地中海东北部航行了 80 年后，于公元前 305 年左右失事。

2. 1967 年，法国海军潜水员在马赛南部海岸发现了沉没于公元前 70—前 65 年的 "吉安大鱼笼"（Madrague de Giens），这是迄今为止发现的最大的古代沉船之一。发掘工作在 1972 年至 1982 年由法国国家科学研究中心（CNRS）和法国普罗旺斯大学进行（穆克罗伊，1980：55，底部）。这批货物中有 6000—6500 只德雷塞尔 1B 型的罐子，在意大利制造，大多盖有普布利乌斯·维维乌斯·帕普斯（Publius Veveius Papus）的印章，他的陶器店在罗马南部拉丁姆的特拉奇纳（Terracina）附近（切尔尼亚 [Tchernia] 等，1978：14）。在罐子的下层发现了用作压舱物的拉丁姆当地石头。双耳罐堆叠了四层，高 3 米。瓦罐还显示出密封塞的残留物。在船上的货物中发现了三块铅锭。这些铅锭可能可以追溯到公元前 2 至前 1 世纪，产自迦太基（同上：69，71）。每锭重 30/34 公斤，刻有铭文：L. CAVLI. L. HISPALLI. MEN（Luci CARVLI luci Fili HISPALLI MENENIA tribu）、C. VTIVS. C. F.（Caius VTIVS Cai Filius），和 C. VTI. C. F. MENEM（Cai VTIVS Cai Fili MENENIS tribu）（同上：71）。马内尼亚（Menenia）家族可能起源于坎帕尼亚南部地区，并在他们开采铅时来到迦太基地区（同上：70–71；Pl. XXIV）。厨房用具、餐桌用具和其他物品的出现表明船舱被放置在船的尾部。双层木板船体采用地中海传统的先做船体的技术建造。外板上的铅板至少达到了吃水线的高度。复原后的船体尺寸显示，原来的长度约为 40 米，横桁为 9 米，船舱深度为 4.5 米；货物总重量为 400 吨，排水量为 520 吨。该沉船是一艘非常大的罗马商船，可能与古代文献中已知的 *myriophoroi* 型有关，能够装载大约 10000 个双耳罐（德尔加多 [Delgado]，2001：252）。

港口活动

我们对海上贸易的理解与目的港的港口活动直接相关，例如船舶进入港口的方式、货物装卸设施或其税务和有效性记录（弗里德曼，2005/2006：126–127，131–132）。对这些活动的视觉感受在几幅可以追溯到公元 2 世纪至 6 世纪的马赛克镶嵌画和浮雕中保存得很好。

船只进出港口时由与现代拖船很相似的拖船引导。里米尼（Rimini）港的马赛克镶嵌画（公元 2 世纪至 3 世纪）由黑白马赛克石头制成，描绘了复杂的港口景象。在一艘拖船的引导下，两艘正在收起船帆的大型商船来到港口入口附近的一座两层建筑，那里可能是进港海关机构（意大利里米尼市市政博物馆）。在这座两层建筑的平顶上，一名男子正在设置或控制一座圆而短的建筑物内的火焰。这座建筑的平顶也可能起到灯塔的作用。

三名桨手在左舷划着拖船，舵手握着长舵桨。我们可以假设这只船由六个人划桨，两边各三人。左边的商船（拖船后面）用一根从船头拉到船尾柱根部的绳子拖着一条没有桨的小划艇，从上面可以看到几个挡板。在船的艉甲板上放置了一个没有工作杆的大绞盘。左边那艘船的帆仍然完全张开，船员们正在卷帆。右边船的船帆收在帆桁下，船员们仍在操作索具。两艘船上都看不到前帆（*artemon*）和帆桁，可能船员将它们放到甲板上了。每艘帆船都装有一个向前突出的、几乎与艏柱垂直的船首斜桅。这是一种用来固定前桅（*artemon*）索具、并在公海航行时系紧航行索具的装置。每艘商船上有三名工作人员，正在用索具收帆。每艘船上都有一个建筑，其长长的倾斜屋顶几乎占满了甲板，即储藏室。右边船的艉甲板升起。这个甲板上有一个高大而别致的斜屋顶结构。左舷墙上画有舱室的拱形入口，在舱室下方是三个方形小窗。这种地方可由舵手 / 船长使用，也可以作为一个额外的储藏室或厨房。左边船的艉舱室有一个平顶，一个水手跪着在那里操作卷帆索和右舷转帆索。

土耳其的卡伦德里斯（Kelenderis）马赛克镶嵌画（公元 6 世纪）上描绘了一个更详细的港口综合体。一艘大型帆船停泊在内港，船头朝着拱形柱廊码头（弗里德曼，2011：43，图 3.4.7）。尽管看不到系泊用具或锚线，但船舶的静态位置表明它已锚定。在中间甲板上描绘了一个带有平顶的大型矩形建筑，可能是船上货物的储藏室。帆仍然完全张开，在桅杆前翻腾，因此可以推断风是从船尾或左舷吹来的。大型帆船在完全张开帆的情况下是不能进港的，因为这对操纵船驶近码头系泊是一个负担。这种不合时宜的描绘具有象征意义，因为画家想要展示一艘进入港口的装备齐全的帆船。从进港船的艉部可以看到港口的景象。船后面拖着两条小艇，一条是没有桨的划艇（左边），另一条是装有完全张开的四角帆的小帆船（右边）。

每条小船的拖缆都固定在大船的一边船尾。这些小船被用来将货物和／或乘客运送至大船或码头。

记录和装卸货物

必须通过海路运走的货物首先被记录在案，以供海关和纳税参考。在奥斯蒂亚企业广场第 51 号托运人办公室的黑白马赛克镶嵌画上可以看到这一罕见的场景。坐在商船艉甲板上的公证员（*tabularius*）膝上放着一块巨大的木制蜡板，木板的另一端由搁在甲板上的两条腿支撑着。他右手拿着一支手写笔（*stylus*），左手数甲板上袋子形状的罐子（图 3.5）。船舱里也会存放差不多数量的罐子。记录完成后，记录板被存放在海关，作为存货清单供在港口入口进行检查时使用，这与现代的做法非常类似。当船到达目的地时，货物由装卸工人从船上卸下，然后运往仓库。与此同时，公证员再次进行记录，在波图斯港发现的浮雕（现藏于罗马的托洛尼亚博物馆［Torlonia Museum］）（公元 3 世纪）表明了这一点。每个装卸工都有一份计数表，以记录他们扛下跳板和扛去储藏室的每个双耳罐。装卸工的报酬是根据他们计数表上的数字来支付的（卡松，1994a：103，图 76）。

大型商船到达罗马时，不能在台伯河上航行，因为这条河很浅。大型船必须在

图 3.5　公证员在记录袋状罐子货物：意大利奥斯蒂亚企业广场。©奥斯蒂亚安蒂卡考古公园（Parco Archeologico di Ostia Antica）。

台伯河口对面的公海上抛锚。*schaphae*、*lenunculi*（小船）和 *caudicaria*（驳船）等小型服务船被用来从商船上卸载货物，然后通过台伯河将货物运送到奥斯蒂亚或罗马。在奥斯蒂亚第 25 号托运人办公室的地板上，可以看到双耳罐的卸货和转移也是由装卸工人以类似的方式进行（弗里德曼，2011：110，图 3.7.23）。商船系泊在码头上或锚泊在仓库附近时，就用起重机进行进出港口的船上货物的装卸。在奥斯蒂亚的纳博讷（Narbonne）（法国）托运人办公室的马赛克地板上，出现了一个独特的场景，展示了码头上起重机的使用。船只面对着一座两层塔楼建筑。在一楼的平屋顶上，有一台起重机正对着船，正在往 / 从船上装 / 卸一大堆货物（同上：113，图 3.7.27）。在托洛尼亚浮雕中可以看到，当船停靠在码头时，*artemon* 船桅（前桅）或主桅也可以用作起重机（卡松，1994a：112–113，图 84）。这些使用起重机在船只和码头之间装卸货物的做法与维特鲁威（Vitruvius）所述的操作一致 [①]。

绞盘

当条件不利于在台伯河上游航行或在港池内进行不同的作业时，则采用由拖缆牵引的服务船。拖缆这种绕在桅杆上的绳索通过安装在 *schaphae*、*linter*（小船）、*caudicaria* 等服务船艉甲板上的绞盘来控制。在奥斯提亚企业广场的 25 号站所画的左边的船上，可以看到安装在艉甲板上的绞盘和插入绞盘轴中的盘杆（弗里德曼，2011：111，图 3.7.25）。船只由人或牛用拖绳从台伯河岸边拖来。里米尼马赛克镶嵌画中，左边商船的绞盘没有盘杆，表明当时它的绞盘没有投入使用（意大利里米尼市市政博物馆）。

商船

罗马商船的船身是圆形的，被称为 *navis oneraria*。这些船的长宽比为 5.5 或 6.5 比 1（卡松，1971：158）。它们装备了一根主桅和一面横帆。可以看到有作为辅助索具的 *artemon* 索具（前桅杆和帆）以及四到六个排桨，特别是在出港或进港时

[①] 这种有许多滑轮的机器叫做 *polyspaston*（复合滑轮）。使用一根杆的优点是，通过预先倾斜，它可以将负载物放置到所需的右侧或左侧（维特鲁威，10.2.10）。

使用，因为完全打开的主帆是操纵船只的负担。在船尾两侧安装了一对大的舵桨或舵头，以便在航线或港口活动中操纵船只。船锚定后，这些舵都从水中被提起，固定在船的上半部，或者被拿开并放到甲板上。

最常见的商船类型是 keles（Gr.）/celox（Lt.），专为追求速度而建造，没有桨手，运载少量货物；akatoi（Gr.）/actuaria（Lt.）则是指商船，有时也指小船（卡松，1971：160）。它由桨推动，但它的主要装备由一根桅杆和方帆组成。一份关于海事贷款的纸草书（Sammelb. 9571.2；公元2世纪）提到 akatos 类型的船出现在阿斯卡隆（Ascalon）和亚历山大港之间（同上：159 和 n11）。lembos（Gr.）/lembes（Lt.）通常与大船的小船（拖在船尾）、渔船、河船或战舰舰队的辅助船有关。它可以由坐成一组或重叠的两组的 50 名桨手推进。lembos 用于在开阔水域和河流上运送货物（同上：162 和 n36）。Kerkouros（Gr.）/cercurus（Lt.）被证实为海军辅助装备（见第 88 页脚注）。埃及的一些希腊文纸草文书证明这种类型的船只是尼罗河上标准的大型谷物运输船。Phaselos（Gr.）/phaselus（Lt.）穿越地中海，可运送多达600 名乘客，但不运输货物。约瑟夫斯在公元 64 年前往罗马时写道，一艘载有 600名乘客的此类船在亚得里亚海失事：

> 我在海上冒了极大的危险才到达罗马。我们的船在亚德里亚海中沉没了。我们一行约有 600 人，整夜在水里漂流。大约在天快亮的时候，蒙神的好意，我们看见了一条昔兰尼（Cyrene）人的船。我和另外的约 80 人比其他人先上了船。

（《生活》[The Life]，15.3）

萨勒斯特（Sallust）提到一群士兵坐上了一条大的 phaselus（卡松，1971：167和 n55）。这艘 phaselus 由一个大方形帆和 artemon 帆推动，只在风况不利或进出港口时才使用桨。这种船在公元前 1 世纪到公元 2 世纪之间在地中海使用（托尔，1964：120）。

古代商船的大小没有通用单位。谷物运输船的大小可以通过不同的谷物度量单位得知：埃及的阿尔塔布（*artab*），雅典的米蒂纳斯（*medimnus*），或罗马的莫迪奥斯（*modius*）。罗马商船的载货量从 70 吨到 600 吨不等。萨索斯（Thasos）港口规则证明，在公元前 3 世纪，3000 塔兰特（talents）即 80 吨的船的大小可以忽略不计，5000 塔兰特即 130 吨的船才是商船的平均尺寸（卡松，1971：183）。大多数船舶的载货能力为 100 吨至 150 吨；150 吨是一艘船运输 3000 个双耳罐的运力（同上：183–184）。载货 450 吨的船长 35—40 米，宽 10—12 米。罗马人能够建造 300—400 吨的船只，而且很有可能还建造了 1000 吨以上的船只。

在罗马帝国时期，包括 *liburna*（用于袭击和巡逻的帆船）和 *triremes*（三层桨战船）的罗马海军巨型战舰在地中海巡逻，以防止任何海盗袭击，并护送其他大型商船，这种情形很常见。地中海贸易路线一直很安全，直到公元 5 世纪西罗马帝国灭亡。

结论

本章的目的是阐明海上贸易的不同方面，以及我们可以从历史、考古学和图像学的资料中学习到的知识。从希腊化时期到拜占庭时期的沉船及其货物、保存完好的马赛克镶嵌画和浮雕图像证据，为我们提供了各类信息，让我们得以更好地了解古代地中海海上贸易，以及其中体现的造船技术。这些船只也让我们联想到古代文献中已知类型的船只。目前对沉船及其货物，特别是双耳罐的研究表明，地中海贸易的鼎盛时期与公元前 200 年至公元 200 年罗马对地中海的统治相对应。这一时期的标志是罗马帝国稳定和自由的海上贸易，没有海盗的威胁，人们不必恐惧。贸易商、商人和企业家是经济体系的核心，满足了罗马帝国所有省份的人民和统治者的需求。所有艺术方面的图像证据，尤其是马赛克镶嵌画、浮雕，以及沉船及其货物的考古遗迹，都为"航海实验考古学"的发展作出了贡献。重建的凯里尼亚二世（Kyrenia II）号和凯里尼亚自由号（Kyrenia Liberty）商船（图 3.6）以及双耳罐和磨石货物的装载实验让我们更好地了解了古代货物的运输方法和航海条件。描绘航海和海上场景的马赛克镶嵌画和浮雕可以被认为是古代地中海海事社会的一个窗口。

图 3.6　塞浦路斯，凯里尼亚自由号航行试验。© 萨拉扎·弗里德曼（作者）。

航海术语表

aphlaston：　　　艉柱，艉柱上的装饰品

artemon：　　　　前帆，艏帆

船首斜桅：　　　　突出在桅杆上的大圆木，用于固定前桅。船首斜桅本身由固定在
　　　　　　　　　船首两侧的侧支索固定到位

转帆索：　　　　　连接到帆桁末端的绳索，其用途是平直或水平穿过帆桁

卷帆索：　　　　　控制风帆受风面积和用来快速收帆的绳索

绞盘：　　　　　　（古代船只中）有直立轴的绞车，安装在前甲板或后甲板上，用
　　　　　　　　　于起重，特别是锚和缆绳作业

假龙骨：　　　　　假龙骨由几片拼接而成，用铜钉或铁钉固定在龙骨的底部

前支索：　　　　　固定索具的一个部分，是从桅杆往前伸的一根绳索

跳板：	临时从船上延伸到岸边、用于上下船的木板
船舷上缘：	船舷上最上面的一层木板，用于覆盖在主舷板和前舷板之间的原木头部
船体：	船壳
内龙骨：	内部的一段纵向木头或几段木头为一排，沿龙骨的中心线安装在框架顶部，它为船体底部提供额外的纵向强度，类似于内部龙骨
lembos：	用桨或帆或两种桨推进的一般级别的小船，又叫划艇，将人们送到停泊在深水中的船上
lenunculu：	由几个桨手操纵的较重的船
桅杆：	通过相关索具来支撑帆的帆桁
榫孔及榫舌连接：	木板或木头接合形成的联合体，将突出的一块（榫舌）装入一个或多个相应尺寸的空腔（榫孔）中
桨箱：	多层桨战船（polyreme）每边的突出部分，为桨系统各处所需
桨口：	船舷上的一个开口，供船桨或扫桨的柄穿过
厚板（plank）：	长而平的木料，比木板（board）厚
左舷（port）：	面对前方时的左手边
proembolion：	上刺
船尾（quarter）：	靠近船尾的船的两边
后舵：	靠近船尾两侧的一个或一对舵。它们被永久固定在一个固定轴上，并围绕该轴转动
尖刺：	战舰船头突出的厚喙或刺，用于穿透敌舰的船体
索具：	系在桅杆、帆桁或帆上的绳索
舵：	可以绕轴旋转以控制航行中船只方向的木头或木制组件。直到中世纪中期，流行做法是在船尾的一侧或两侧安装舵，这些舵被称为后舵
活动索具：	控制帆和桅杆运动的绳索
侧支索：	直立索具，用于横向支撑桅杆
方帆：	让船侧朝风的帆
直立索具：	支撑桅杆的索具

右舷 （*starboard*）:	面对前方时的右手边
艏柱:	垂直或向上弯曲的一根木头或数根木头的组合，系在龙骨上，将船首两边连接在一起
船尾:	船的尾部
艉柱:	垂直或向上弯曲的一根木头或数根木头的组合，插入或接龙骨或龙骨后端
吃水线:	船正常漂浮时，水达到船体上的线
帆桁:	一种大的木制或金属柱，水平或对角穿过桅杆，用以扯帆。通常情况下，帆桁由两块木头拼接在一起，从而提供所需的长度来适应大的方帆

第四章

冲 突

_____

古代世界的海洋冲突

约里特·温杰斯（Jorit Wintjes）

简介——或，在定义的海洋中漂泊

海洋对古代的重要性与它对 21 世纪全球化世界的重要性大致相同。一旦贸易越过国界，人类总是将海洋作为连接本地和区域网络的一种手段，从而获得在他们自己的群落无法获得的商品。海上航线使远距离接触成为一种可行的方案，并使很难通过陆路运输，或由于其来源的位置而根本无法通过陆路运输的大量商品的运输成为可能。因此，在人类早期文明史上，出海探险是交通和互联互通领域最伟大的革命之一，快速发展的群落很快就可以直接或间接地与遥远的地方建立联系。早在公元前第三个千年的上半叶，古近东群落就与阿拉伯半岛建立了贸易联系，成为这种发展的早期证明（玛吉［Magee］，2014：89–93；波特［Potter］，2009：31）。

尽管航海会带来巨大的机会，但并非一切都一帆风顺：对于查看海上贸易路线图的 21 世纪的人来说，海上贸易相当了不起；但对于那些真正参与建立和维系这些贸易路线的人来说，这是一场乘坐小船在大海中航行的危险之旅。而古代航海者在途中所遇到的最大危险始终都是他的同类。也许可以有把握地假设，一旦有人意识到通过艰辛的航海可以获得物质利益，其他人就会认识到，凭借武力就可以在不付出艰辛努力的情况下获取这种物质利益。换句话说，第一批航海者出现之后不久（实际上是很快），就出现了第一批海盗，从而将人类的冲突延伸到了海洋①。

因此，海上冲突的历史可能是从一个不知名的海盗强行（想必是相当不友善地）夺取一个不知名的渔民或商人的财物开始的。这就要求"冲突"具有一个极其宽泛的定义，但至少就本章而言，这种定义非常不现实，因为人们不太可能找到这

₈₀

---

① 关于海盗的起源，见德索萨（de Souza），1999：14–17。

101

种遭遇的证据。对海上冲突的现代理解经常着重于国家行为者和非国家行为者之间的区别，按照这种区别，国家行为者之间的海上冲突历史通常被称为海军史，而非国家行为者之间的则往往被视为犯罪史 ①。

虽然将这种区别应用到古代的做法颇具诱惑力，并会让我们专注于更有可能产生有形证据的有组织的群落行动，但这种区别并不像人们希望的那样明确。事实上，一直到 19 世纪后半叶，国家行为者和非国家行为者的活动中还存在着巨大的灰色地带，比如《巴黎宣言》中所述的 1856 年之前私掠船的雇用 ②。而且，海上冲突中经常见到的是国家行为者和非国家行为者站在对立面，虽然这种冲突往往只涉及象征性的部队或单艘船只之间的战斗，但有时可以调动大量资源来打击非国家行为者。庞培在公元前 67 年针对奇里乞亚海盗的著名行动经常被视为一个典型的例子（但生活在海上的奇里乞亚人也可能被归类为国家行为者）③，而且这样的行动在现代也并不陌生：英国皇家海军在 19 世纪 40 年代末、50 年代初的鼎盛时期，其西非中队曾执行过一项打击奴隶制的任务，其兵力几乎相当于英国皇家海军和平时期兵力的六分之一。④

当前的这篇概述是对古代海上冲突的关键时期，即从公元前第三个千年出现有书面记载的有组织的群落开始，直到公元 6 世纪晚期或 7 世纪早期的古代终结，进行一个简要的按时间顺序的概括；这篇概述基本上描述的是从埃及法老佩皮一世（Pepi I）及与其大致同时代的阿卡德国王曼尼什图苏（Maništušu）和纳拉姆辛（Naram-Sîn），到罗马皇帝查士丁尼及其同时代盟友阿克苏姆国王卡莱布（Kaleb）的时代的情况。传统上，对古代航海的研究主要集中在地中海地区的发展，但由于青铜时代地中海文明的兴起显然是受东方的影响，似乎明智的做法是，至少应该将古代近东纳入概述，因此应包括曼尼什图苏和阿卡德的早期航海史。

81

---

① 鉴别"正宗"海盗的问题的讨论见奥蒙德（Ormond），1924：59–74；德索萨，1999：2–12。

② 关于现代私掠活动历史的简单回顾，请见斯塔克（Stark），1897：49–136。

③ 关于奇里乞亚海盗，见德索萨，1999：97–148，特别是 98–101；关于庞培最终对威胁的镇压，见德索萨，1999：149–178。

④ 参见劳埃德（Lloyd），1968 中关于西非中队参与镇压奴隶贸易的描述。

至于本章的总体结构，在关于现有证据和古代海军作战能力的两个概论小节之后，我将主要遵循两条发展路线，即海军技术（包括舰艇和维护舰艇及其支持船员作战所需的专业基础设施），以及围绕该技术发展的作战能力。纵观历史，海军技术和作战能力往往会相互影响：当技术推动新战术的发展时，作战程序又会促进专门设计以满足作战所需之技术的发展；这种技术和战术之间的相互依赖可以通过罗马军队中专门建造的登陆艇的发展来说明，这方面我们将在下文阐述。

本章认为在古代的海军历史上有一条相当明显的发展路线，即简单的作战逐渐被更复杂的作战补充，在罗马帝国时期达到了迄今为止从未见过的复杂程度。早在罗马帝国时期之前，海战就已经有了惊人的规模。也许就参战人数而言规模最大的海上战役发生在公元前 256 年的西西里海岸，比罗马帝国诞生早了 200 多年（拉赞比［Lazenby］，1996：87）。但到公元前 1 世纪末，罗马海军已经掌握了可能最复杂的海军作战，即两栖攻击。在接下来的几个世纪里，罗马人定期进行两栖作战，其规模和复杂性前所未有，只有 20 世纪才能与之匹敌。当前的概述并非仅仅是对从埃及法老佩皮和阿卡德国王曼尼什图苏到查士丁尼和卡莱布时代在海上所发生冲突的综合说明，其重点阐述的是海军能力的发展和维持这些能力所需的技术。

知识及其局限性——古代海军史的来源

总的来说，古代海军史的来源和古代史的来源相同。除了所有重要的文学或文献书面证据，考古学在理解一般的海洋史和特定的海军史的资料方面作出了巨大的贡献。沿海设施、沉船和贸易货物遗迹的出现不断增加了可用证据，并让人们深入了解单个群落和整个贸易网络通过海洋连接的过程，以及这种连接的基础设施（船舶和港口）在现实中的模样。对于这个问题，图像证据相当关键。因此，我们有可能需要对至少一段时间内的船舶类型、港口结构和许多海上运输的商品有一个合理的了解。

虽然我们已经有至少相当可观的资料，但还有一个严重的限制，这在很大程度上限制了人们可以从中获得的对古代海军史的深入了解。大多数保留下来的证据，无论是图像学资料、物质文化资料还是书面资料，通常都无法为作战事项提供线索。对船只或海军基础设施的描述可以产生关于海上战争技术方面的有价值的信息，然后这些信息可以得到考古资料的支持。然而，这仅仅提供了对执行古代海战所用的单个元素的洞察，也就是说，仅从图像和物质证据是不可能理解这些元素实际上是如何一起运作的（即便有可能获得有关单个元素功能的信息）。如果想要获得有关作战问题的信息，人们会本能地求助于书面来源，结果却感到非常失望。我们了解古代海上实际情况的主要资料来源是古代历史学家，但他们不太对作战细节感兴趣，虽然有一些直接参与了主要军事行动的作者写作这方面内容，例如，有关尤利乌斯·恺撒（Julius Caesar）在公元前 55 年和前 54 年入侵不列颠的记录，但这样的事例很少。一般来说，古代文学资料通常局限于对事件的描述，很少涉及作战细节。其他关于古代海战的书面资料，如海军战术手册，也曾存在过，但除了罗马极晚期文本的一小部分，没有任何文献留存下来。

有人可能会说，作战问题只是细节问题，因为最终只有海军作战的结果才可能对一个古代社会的历史进程产生影响。但事实上，关于古代海军行动的证据的缺乏（在某些时期几乎完全缺失）是一个相当严重的问题：了解海军行动是了解海军能力的关键，而对这些能力的评估肯定在涉及海上冲突群落的政治和军事决策过程中发挥了重要作用。由于我们不能正确理解古代海军行动，我们也失去了理解一般政治史的一个重要元素。

近几十年来，对古代战舰的全面重建已经成为古代海军史的又一信息来源。原则上，重建应该提供一些关于特定船只技术能力的见解，然后可以得出关于该船只作战使用的结论。然而，虽然重建确实能提供重要的信息，但这些见解大多局限于战术能力。这并不令人惊讶，因为关于一个特定船型通常只有一种重建可用。

毫无疑问，这种重建最重要的例子是奥林匹亚斯号（*Olympias*），它试图重建一艘从 6 世纪晚期开始投入使用的希腊三层桨战舰。正如鲍里斯·兰科夫（Boris Rankov）的名言（兰科夫，2007），奥林匹亚斯号最初是作为一个"浮动假设"，是为了弄清这艘特殊战舰的桨的工作原理而重建，它的重建不仅最终结束了持续一个多世纪的关于三层桨战舰设计的争论，而且严格的测试也证明了它的战术能力。这反过来也揭示了一些操作上的问题，但操作三层桨战舰舰队的关键方面仍未可知，因为它们超出了仅用一次重建就能发现的范围。

83

例如，目前许多关于一个三层桨战舰中队的后勤物流的问题只能从奥林匹亚斯号的情报中推断出来，虽然几乎不可能获得有关大量船只运输的所有问题的信息。特别是像站位保持、船与船之间的最小距离或队形变化这样的问题，如果通过实验进行研究，将需要至少三次奥林匹亚斯号式的重建，而这是不可能很快实现的。然而，也许单次重建无法回答的最重要的问题是，古代的海军指挥官如何控制多达数百艘船、覆盖大片区域的编队。现有的文献证据有力地表明，他们确实做到了，但几乎没有提供任何其操作过程方面的线索。事实上，如果古代海军指挥官**不能**发挥指挥作用，那么发起在不同时期被证实的大规模行动是极其困难的，尽管并非完全不可能。

近年来，重建已经变得相当流行，因上述问题，当涉及有关作战的信息时，它有相当大的局限性：仅基于单艘船只的重建来重建古代的作战程序，充其量是一个令人生畏的提议，而且也许是不可能做到的。此外，还有另一个对重建可以产生的关于古代战舰战术能力的信息造成影响的重要限定条件，即作战环境和操作者本身可谓都是"现代的"。在作战环境方面，这一点十分明显，例如，在莱茵河和多瑙河上进行的重建罗马船只的实验不得不面对这样一个事实，即如今的河流在许多方面都与古代不同，这可能会对作战、战术以及罗马战舰的作战能力产生直接影响 ①。同样，从事现代重建工作的人员与古代船员有着非常不同的背景，正如大卫·萨普斯（David Schaps）所说："关于古希腊和古罗马的世界，最显著的事实是它已不复存在……我们永远不能和古希腊人或古罗马人交谈，永远不能到他们家里拜访，永远不能在他们熟悉的街道上走过。它们属于过去……"（萨普斯，2010：176）这同样会对重建船的能力产生重大影响。

至于一次只能进行一次重建的局限性，数字方法在未来可能会提供对古代海军行动的进一步了解。对军舰中队的计算机模拟可能会产生关于站位保持或最小距离等问题的信息，同时，让一位观察者（至少是虚拟的）站在更大规模舰队内的一艘古代战舰的甲板上，有助于更清楚地了解古代海军指挥官面临的指挥和控制挑战。

上述关于古代海军史的评论听起来并不乐观，这是因为现有的资源几乎总是无

① 关于最近在多瑙河上进行的长途航行实验，请参阅希姆莱（Himmler）、科宁（Konen）和洛夫尔（Löffl），2009。

法提供正确理解古代海军行动所需的充分信息。这并不妨碍现代观察者有时对古代海军行动的复杂性和古代海军指挥官面临的作战挑战有一个相当清晰的了解，但我们不应忘记，有关如何克服这些挑战的信息非常少。

不能强人所难——古代海军的作战能力

鉴于现有证据的局限性，从作战角度讨论古代海军史充满困难也就不足为奇。然而，也许正确理解古代海军作战的唯一最重要的障碍并不是证据的缺乏，而是一套关于海战的本质是什么或应该是什么的现代先入之见，而目前的这些先入之见与古代海军能力（实际上就是一般航海能力）的现实大相径庭。换句话说，过去，现代观察者经常使用现代早期或现代海上战争的概念作为分析工具来理解古代海战，这种做法至少在方法论上是有问题的。

在理解海战和衡量海军行动成功与否时，现代观察员总是被海上控制和海上封锁的互补战略概念所吸引[1]。事实上，在当今世界，很难想象有什么比在战争时期与和平时期保卫航线，以及在战争时期攻击敌人并可能阻止敌人进入航线更重要的海军议程。过去三个世纪中，对海上通信线路的控制不仅成为所有大型和许多中型海军的中心任务，还推动了技术的发展，使原本具有其他用途的武器系统（比如潜艇）主要被用于控制海洋。稍微直接一点来说就是，海上控制对 21 世纪的海军来说非常重要，最迟自 18 世纪以来一直如此。

过去三个世纪中，为了保卫或争夺制海权，作战能力的发展与海上控制在战略层面上的重要性相匹配。使用专为对付敌方商船而设计的突袭舰、实施护航和巡逻战术来对抗突袭舰的使用以及使用海军力量封锁敌方海岸是海上控制思想对发展作战能力影响的关键事例。这证明了以海上控制为导向的任务的重要性，与护航或封锁行动相比，两栖作战的历史还相当短暂，实现了登陆和支援部队的某种程度整合的军事行动直到 19 世纪后半叶才首次出现[2]。即使在那时，两栖作战仍然缺乏特定

---

[1] 朱利安·科比特（Julian Corbett）在他的海战理论开头就明确表示："海战的目的必须是直接或间接确保对海洋的控制权或防止敌人对海洋控制权的夺取。"（1972：86）

[2] 第一次真正意义上的两栖攻击是在 1877 年的太平洋战争中，智利军队占领了沿海城市皮萨瓜（Pisagua）；见萨特（Sater），2007：172–176。

任务技术，这种技术直到第一次世界大战期间才真正开始发展①。

海上通信线路的重要性以及与之相关的海上控制和海上封锁任务对试图理解古代海战的现代观察者构成了重大挑战，**因为在古代没有海上控制这一说**。乍一看，这似乎是一个大胆的说法，因为海洋对许多古代航海群落非常重要。事实上，对于像雅典这样的群落来说，进入海洋和利用海洋的关键作用再怎么评价也不为过，由于海上商业和通信的重要性而试图统治海洋的企图亦如此。雅典在公元前5世纪和前4世纪对爱琴海的广大地区产生的影响，是海洋对一个城市的重要性的直接结果，其财富在很大程度上建立在海上贸易之上，换句话说，如果真的有雅典帝国，那也是一个海军帝国。因此，不足为奇的是，古希腊人不仅在实践中区分了陆权和海权，而且他们还看到了主要控制内陆地区的群落与控制沿海和岛屿的群落之间在概念上的根本区别，为后者创造了"制海权"（thalassocracy）一词②。

但即便如此，古代海军帝国与现代早期和现代的海军帝国还是有很大的不同。古代的海上强国通过直接或间接控制入海口来控制海洋。此外，他们还可以通过运送士兵穿越海洋和打击敌方舰队来显示实力。通过击毁敌方舰队，他们甚至可以在某种程度上阻止敌人利用海洋，只要敌方不愿意或无法建立新的舰队。例如，在第一次布匿战争结束时，迦太基在公元前241年的埃加迪（Aegates）群岛战役中失去了最后一支舰队，又无力资助新的舰队，在经过了23年的斗争后，不得不求和（拉赞比，1996：156–158）。然而，古代海军强国无法做到的是阻止能够进入海洋的敌人。

但现代早期和现代海军力量可以通过在海上巡逻、追捕敌方商船和军舰，并最终维持对敌方海岸的封锁来实现这一目标。事实上，从21世纪往回看，通过封锁数量上处于劣势的敌人或使用突袭舰攻击处于优势的敌人的商船来争夺海权的海军行动，至少从18世纪以来一直是海战的核心。保卫或争夺海上通信线路也许是今天使用海权的唯一最重要的方式。军舰执行此类任务的主要技术要求是能够在海上

86

① 加里波利战役通常被看作专门登陆艇发展的起点，参见斯佩勒（Speller），2004：137–142。
② 这个词最初被希罗多德用来描述传说中的克里特岛国王米诺斯的统治，参见希罗多德，3.122.3。

长时间停留。只有让船只长时间"驻守",才能封锁敌人的海岸,而使用突袭舰则需要更强大的海上驻守能力,例如,一艘针对数量上占优势的敌人海军基础设施的突袭舰可能无法进行补给或修复损伤。

因此,海上停留是行使和争夺制海权的必要条件,**而古代军舰是无法在海上停留的**。用古代战舰无法执行18世纪到21世纪的海军史上经常出现的巡逻和封锁行动,因为它们基本上需要与陆地基础设施相连。古代战舰是围绕其在战斗中的主要推进元素,即大量桨手而设计的,因此,古代战舰的设计特点使我们毫无意外就可得出上述结论。为了平衡重量、速度和机动性,古代战舰往往是相当长、吃水浅的轻型船。其结果是,它们既没有值得一提的储存能力,也没有适航性,这一点可以用大量的古代战舰不是被敌人的行动而是因天气损毁的史实证明①。这并不是说古代的战舰不能进行短暂的、长达一天的航行,事实上,有许多需要船只航行数天的例子,下面将给出其中一些。然而,两栖作战需要军舰能够穿越广阔水域一次,这与维持封锁的军舰有根本区别,这将要求船只必须在海上连续停留数周、数月,而这方面的证据为零。

另一项技术要求仅比驻守海上的要求稍逊,即远距离探测和识别潜在敌人的能力。20世纪中叶出现超视距技术之前,这方面完全依赖于人类的视觉。尽管古代和现代战舰基本上都采用了相同类型的"传感器",即瞭望者,但他们的能力却有很大的不同:古代的瞭望者只能依靠他们的视力,而现代早期和现代的瞭望者在必要的时候可以使用望远镜,从而大大增加了探测距离。在巡逻和封锁作战中,能够尽早确定威胁所在至关重要,即使古代战舰能够在海上驻守更长时间(实际上不能够),但它们在这方面的作战效率低下:因为它们的构造通常比现代战舰低,使得观察点较低,造成效率低下。

当然,缺乏适用于上述作战的适航性和远程探测能力等关键技术并不意味着古代海军作战通常没有复杂性而简单易行。事实恰恰相反,正如一些古代海军作战的规模所显示,船只的数量可能远超1000艘,而参战人员的数量则可达到惊人的六

---

① 在两次大风暴中,罗马可能损失了400多艘军舰,参见波利比乌斯,1.37.2和1.39.6。

位数。虽然古代海军无法封锁海岸，但他们能够以围攻的方式封锁港口，形成另一种围攻战。古代海军在作战中也能覆盖相当远的距离，因此为军事和政治决策者提供了一种能够远程投送部队的工具。也许最重要的是，在两栖作战领域，罗马帝国时期的古代海军已经达到了很高的合作程度，军舰为登陆部队提供直接支持，这种方式要到 20 世纪初才再次出现。特别是在两栖作战领域，在近三千年的发展过程中，我们可以清楚地看到一个发展趋势，即从具有挑战性但操作上相当简单的作战，到即使在 19 世纪晚期也几乎无法克服其规模和复杂性所提出挑战的作战。

战舰出现之前——海战，约公元前 2300 年到公元前 600 年

虽然海上战争的起源已被人类遗忘，但有记载的古代海军史始于公元前 3 世纪后半叶。在古埃及古王国时期，法老佩皮一世（公元前 2295—前 2250 年）用船只向黎凡特（Levantine）海岸投送军队，他的一位名叫尤尼（Uni）的将军（碑文中记录了他如

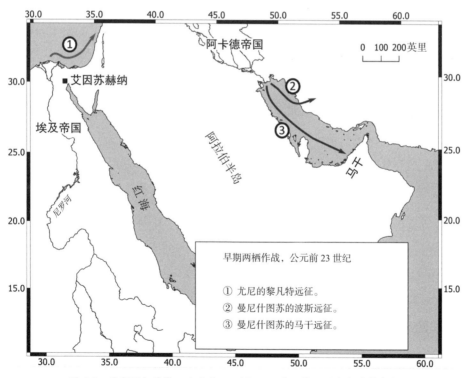

图 4.1　早期两栖作战，公元前 23 世纪。©约里特·温杰斯（作者）。

何通过海路将法老的军队转移到敌人的腹地）可能在卡梅尔山（Mount Carmel）附近登陆（普里查德［Pritchard］，1969：228）。虽然碑文没有给人一种完全不同寻常的印象，但不清楚这样的远征是普通远征还是特殊远征，当然，埃及和黎凡特海岸之间早在公元前 27 世纪就有贸易往来。埃及法老之所以能够通过派遣军队越过海洋来投送力量，部分原因在于有了基础设施，这些基础设施使得在短时间内或无需太多准备就可以发动战役。古埃及古王国时期，在艾因苏赫纳（Ayn Sukhna）建设了大规模存储设施，有效地将其变成了世界上或许第一个海军基地（塔莱特［Tallet］，2012：148–151）。

在更远的东方，古代美索不达米亚，阿卡德帝国的统治者从帝国建立者萨尔贡大帝（约公元前 2334—前 2284 年）开始就非常喜欢黑色闪长岩，这种闪长岩是阿卡德国王雕像和石碑的首选材料。然而，这种材料对古代美索不达米亚来说是外来材料，必须从阿卡德帝国以外的地方进口。在萨尔贡统治期间，有证据表明波斯湾沿岸已经开始了海上贸易，尽管其确切的范围未知（波茨［Potts］，1993：384–394）。萨尔贡的继承者曼尼什图苏（约公元前 2270—前 2255 年）显然决定直接前往宝石的来源地，并为此诉诸武力①。在对波斯湾北部海岸或附近群落的战役中取胜后，他率领军队横渡大海，击败了各种敌人的联盟，开采了大量闪长岩，最终回到了家乡。在家乡，他将成功的战役铭刻在用国外缴获的闪长岩雕刻的雕像上。从铭文上看，军队的规模和目标都不明确。军队的规模可能并没有那么庞大，被阿卡德国王击败的城市很可能只集结了几百个能力相当低的人，这使得能够派出经验丰富战士的曼尼什图苏，即使在己方人数较少的情况下也能获胜。然而，对于这场战役的预期目标，有来自曼尼什图苏的继承者之一纳拉姆辛（公元前 2254—前 2218 年）统治时期的额外证据，根据在苏萨（Susa）发现的他的雕像上的铭文，为了获得闪长岩，他与马干（Magan）（地域大约相当于今天的阿曼）交战（波茨，1989：131–137），因此，很有可能曼尼什图苏也曾与古马干交战。

尽管曼尼什图苏和纳拉姆辛的兵力可能只有几百人，但即使阿卡德人的船只在航行过程中紧贴着海岸线航行，也能行驶远超 1000 英里的距离，这是一个相当大

---

① 关于萨尔贡的继承者曼尼什图苏，参见哈塞尔巴赫（Hasselbach），2005：5；关于他的战役，参见波茨，2015：98，和玛吉（Magee），2014：116。

的成就。在如此远的距离上通过海路投送兵力的能力说明了阿卡德的海军有着相当丰富的航海经验，由于波斯湾一直有海上贸易，这并不令人感到意外。从作战的角度来看，对阿卡德国王的战役的最佳描述就是运输作战：他们的目的显然是将阿卡德军队的分遣队运送到一个让他们可以在陆地上前进的地点，在陆上战斗中击败不冒险出海的敌人，这与埃及人在黎凡特沿岸的作战非常相似。

在接下来的一千年中，可能会有许多这类型的作战，由可走海路的大小国家发起，它们将陆地部队带到一个可以击败敌人陆地部队的地方。同时，以登舰行动展开的海上实际战斗也将变得更加重要。虽然在公元前第三个千年晚期和第二个千年早期的大部分时间里，几乎没有证据表明存在这样的海军行动，但这是唯一一种可以用于舰对舰行动的战斗战术，而且是非常简单的一种：作战方只需控制敌方的船只，然后打败敌方的船员，同时避免被敌方过早打死。在公元前第二个千年中期，爱琴海地区出现了一些群落，他们的权力和财富显然是基于他们利用海洋从事商业和展示力量的能力，因此，制海权的概念在以克里特岛和爱琴海南部为基础的米诺斯文明和它的后继者迈锡尼文明中得到了不同的应用 [1]。

虽然有米诺斯和迈锡尼船只的图像学和手工艺品证据——其中最著名的一件可能是锡拉（Thera）壁画描绘的几艘米诺斯船只（瓦克斯曼［Wachsmann］，1998：86–99），但我们对米诺斯或迈锡尼海军部队的行动一无所知。由于一般缺乏关于米诺斯和迈锡尼时期的文本材料，这并不令人惊讶。现存的来自迈锡尼文明的文本证据完全是文书性的，大部分是与当时中央集权的宫廷经济有关的材料。值得注意的是，虽然武器和其他军事装备在遗存的证据中占据了相当重要的地位，但海军行动所需的船只和装备却没有。因此，人们可能会想，海上军事行动是否真的在米诺斯和迈锡尼文明世界发挥了非常重要的作用，除非出现文本材料，否则米诺斯和迈锡尼文明力量的确切性质很可能仍需探索。

无论米诺斯文明和迈锡尼文明的真正能力如何，在公元前第二个千年的最后三

---

[1]　斯塔尔（Starr），1955 的描述已经表明，任何证据都无法支持米诺斯拥有海上霸权的观点，而且这实际上是"专利虚假"（283）；关于米诺斯船的信息，请见瓦克斯曼，1998：83–122；关于迈锡尼船的信息，请见瓦克斯曼，1998：123–162。

分之一时间中，海上活动一直在发展，最终导致了大规模海上冲突，这是自佩皮一世和阿卡德国王的战役以来第一次在现有的证据中留下了切实痕迹的冲突，而且相当有纪念意义。在哈布城（Medinet Habu）的埃及神庙墙上的浮雕和铭文中，法老拉美西斯三世（约公元前1186—前1155年）讲述了他对抗入侵尼罗河三角洲的外来者的伟大胜利[①]。根据铭文，数千入侵者搭乘着大量舰船。而埃及人不仅有海军，还有陆军，他们的计划是把敌人引诱到三角洲的浅水区，然后用陆军及隐藏在三角洲芦苇和纸莎草迷宫中的船只攻击敌人。从铭文中可以看出，埃及人不想与三角洲以外的敌人交战，这可能是因为他们认为敌人在舰对舰作战中更占优势。因此，他

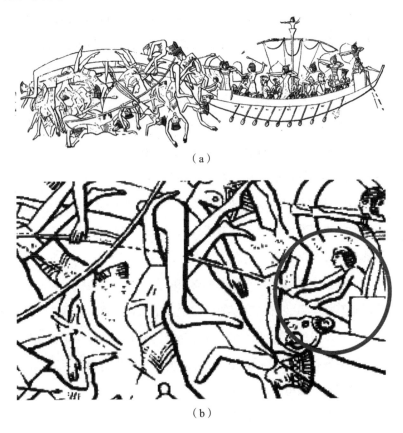

（a）

（b）

图 4.2　三角洲之战。（a）埃及战船倾覆一艘满载士兵的敌船（哈布城浮雕局部）；（b）埃及水手使用绳索或抓钩倾覆敌船。©约里特·温杰斯（作者）。

---

① 关于哈布城浮雕，请见雷德福特（Redford），2000：8–20。

们尽量将敌军引入陷阱，并取得了相当大的成功，至少从铭文来看是如此。必须承认，铭文代表了埃及官方说法，不太可能提到埃及方面犯错。

正如人们常说的，三角洲战役在最终击退地中海东部其他地方、大量占领了群落和文明的外来入侵者方面起到了关键作用。虽然他们军队的确切组成还不清楚，但他们通常被统称为"海人"（sea people），这表明，在他们的袭击和战役中，海洋扮演了至关重要的角色，即使没有任何迹象可以使之被解释为东地中海的新"制海权"。事实上，从其他地方的证据可以清楚地看出，这些突袭的规模差异可能是悬殊的，例如，叙利亚沿海城市乌加里特的最后一位国王阿姆穆拉皮（Ammurapi） 在一封信中描述了敌舰对他的王国造成的严重威胁：敌舰共有 7 艘，最多运载了几百名战士（瓦克斯曼，2000：104）。虽然这支军队的规模比在拉美西斯三世手中遭受灾难性失败的军队要小得多，但显然仍足以终结阿姆穆拉皮和乌加里特。

作战方面，"海人"发动的大规模突袭表现出相当程度的复杂性。调动任何一支庞大的军队不仅需要收集足够的运输工具，而且还需要建立有关士兵及其装备的登船和上岸的某些惯例。此外，必须具备相当丰富的航海专业知识，包括编队航行的能力，以及如何选择一个适合在陆地上部署大量士兵的登陆点等。如上所述，埃及人和阿卡德人在公元前第三个千年就已经具备了所有这些能力，公元前第二个千年的地中海青铜时代文明也具备了这些能力。

但，除此之外，铁器时代早期带来了一个重要的变化，即大规模海战的证据在公元前 12 世纪之后就基本消失。直到公元前 8 世纪开始，才有使用船只来投送兵力或对无法用陆地部队进攻的敌人发动战争的确切证据。在公元前 8 世纪的最后几十年里，亚述国王萨尔贡二世（公元前 722—前 705 年）为了支持他的一个盟友[①]，对塞浦路斯采取了行动，而在一代人之后，他的儿子西拿基立（公元前 705—前 681 年）在腓尼基发动了一场成功的战役，使用的船只被描绘在他在尼尼微城的宫殿的墙壁上[②]。腓尼基人那时已经开始探索地中海，建立了贸易站和殖民地，其

[①] 拉德纳（Radner），2010：435–440；1844 年在塞浦路斯发现的皇家石碑是亚述国王活动最令人印象深刻的见证（同上：429–435）。

[②] 关于西拿基立的腓尼基战役，请见加拉赫（Gallagher），1999：91–104。

中最著名的是迦太基——它将最终成为西地中海最重要的海上力量。到公元前 7 世纪下半叶，希腊大陆和爱奥尼亚的希腊群落中都出现了海上强国。根据希腊历史传统，第一次海战大约发生在公元前 660 年（修昔底德，1.13.4），而在接下来的一个世纪里，波斯帝国的崛起导致了东地中海陆上和海上冲突范围的扩大，著名的例子包括佛卡亚人（Phocaeans）的逃亡，根据希罗多德的说法，他们撤离了城市，并把整个群落迁到他们在意大利的一个殖民地（希罗多德，1.164–168）。

虽然海上冲突（即使更好的说法是**来自**海上的冲突）可能已经具有相当大的规模，但在铁器时代早期的几个世纪里，一个通常被视为海军活动首要关键的因素才慢慢出现：军舰。在第一个千年早期，从早期法老的船只、阿卡德国王的船只，到地中海航海者的船只，造船业本身已经有了相当大的发展①。尽管早期阿卡德船只的图像证据几乎没有留存下来，但埃及船只似乎是捆绑结构，没有龙骨，需要拱形桁架来保持结构完整性。在青铜时代晚期，船只出现了龙骨，从公元前 10 世纪开始，船舶具有一个明显前足的图像证据开始出现。除了船帆，船只最初是由桨手排成纵队推进的，尽管到公元前 8 世纪，船只还是只有双层桨手②，到公元前 6 世纪出现了双层桨战舰（penteconter），这是一种有 50 个桨和双层桨手的船，已经成为东地中海的标准战舰类型。

尽管有了这些关键的发展，但当涉及冲突时，船只的唯一目的仍然是输送在陆地上攻击敌人或登上敌人船只的战士。除了这种运输功能，速度和运载能力等特性也需要平衡，因为船本身既不是武器系统的运载器，也不是武器系统本身，换句话说，攻击一艘船意味着攻击船员，而不是试图破坏或摧毁这艘船。

到了公元前 6 世纪，由于两项关键技术的推出，情况开始发生变化。第一种是桨推进，这不是一种新技术，对战舰的发展只有间接作用。桨推进不仅使船只具有一定的不受风影响的运动能力，而且根据船体结构的不同，它还允许船只以相当高的速度行驶，即使只能维持很短的时间。在古代的大部分时间里，帆船依靠的是方帆，而没有导航能力，与之相比，有桨船在机动性上有明显的优势，这使得它们对

---

① 有关古代战舰设计演变的最新概述，请参阅兰科夫（Rankov），2007：15–26。

② 早期的文字证据保存在荷马《伊利亚特》2.509–510 中，其中提到了一艘有 120 名桨手的船。

那些需要快速航行，而且还想捕杀其他海员的人很有吸引力。第二种是新技术，是船成为战舰的关键，即撞角①。在航海历史上，撞角第一次为舰船提供了一种可以严重破坏甚至摧毁敌人舰船的武器系统。虽然登船仍然是一种选择，并且在古代一直被使用，但撞角的发明使攻击船可以直接攻击敌人的船只，而不必与后者的船员进行直接战斗。因此，撞角的发明为发展出主要或甚至唯一目的就是在海上用撞角与其他船只作战的船只开辟了道路，由此诞生了军舰，这成为海上冲突史上一个新的里程碑。

战舰崛起——海战，约公元前 600 年到公元前 300 年

大约在公元前 6 世纪中叶，可能是在前 546 年，希腊城市佛卡亚（Phocaea）被波斯帝国的创始人居鲁士大帝占领（希罗多德，1.164.1–2，斯特拉博，6.1.1）。94如上所述，佛卡亚人撤离，登上了一支双层桨战舰舰队，因为他们的大部分财产都是可移动的，而且很轻。佛卡亚人首先迁往南科西嘉的阿拉利亚（Alalia），很快就遇到了伊特鲁里亚人和迦太基人的联盟，他们试图遏制希腊人在西地中海的影响，特别是要结束佛卡亚人海盗般的生活方式。大约在公元前 540 年，一支由 120 艘船组成的庞大的伊特鲁里亚-迦太基舰队袭击了佛卡亚人，有关这场战斗的记述首次提到了撞角舰。虽然伊特鲁里亚人和腓尼基人在数量上有二比一的优势，但佛卡亚人最初成功地将他们赶走，只是付出了沉重的代价——损失了三分之二的船，剩下的 20 艘船严重受损，正如希罗多德（1.166.2）所述："他们的撞角舰毁了。"结果，佛卡亚人再次把他们的财产装上船，撤退到意大利南部，最终建立了埃利亚（Elea）城。

佛卡亚人对撞角舰的使用表明，撞角舰使用所必需的技术和战术早在公元前 6 世纪中叶就已具备，它们可能早在几十年前，也许是公元前 6 世纪初就已经被发明。当佛卡亚人的船仍然是普通的双层桨战舰时，仅仅在阿拉利亚战役后的一代人左右，萨摩斯人的暴君波利克拉底（Polycrates）就将三层桨战舰引入了萨摩斯人的

---

① 参见兰科夫，2017：27–33，以了解有关撞击战术发展的最新概述。

舰队。三层桨战舰是一种吃水浅的细长有桨船，桨手们坐在三层甲板上，它是第一艘真正意义上的战舰，它开创了古代海战史的一个新阶段[1]。

在战术层面上，三层桨战舰是第一艘不需要登船行动就能击沉敌方船只的战舰。虽然最初的三层桨战舰上仍有分遣队的战士，但到了公元前 5 世纪中叶，这些战舰上的人数已经减少到最多 12 人，其主要武器是撞角。在早期的几个世纪里，战士的能力或绝对数量将决定各种登船海战的结果，而三层桨战舰交战中关键的因素是船只本身的性能，特别是船只的可操作性，或如果没有这种可操作性，则是船员开发这些性能的能力；因此，复杂的阵型（如圆形 [kyklos]，即撞角朝外的防御圈）和打破阵型的复杂战术都得到了发展。换句话说，登船战的胜败由战士的战斗力决定，而三层桨战舰交战的胜败则是由船员的能力决定[2]。

作战方面，当时规模较大的战役总是需要大量的后勤支援。其他非军舰船只不得不承担运输水、食物和其他必需品的任务，因为军舰本身无法携带维持更长时间作战所需的粮草。然而，即使如此，一个中等规模的三层桨战舰舰队也需要大量的人力，因此，长距离的行动必须提前计划，以便可以靠岸及船员可以在海岸上过夜。

95　在战略层面上，建造一支三层桨战舰舰队意味着需要投入大量的资金和资源。造船需要木材、绳索、沥青、油漆、皮革、布料和青铜，而且必须花钱才能获得这些资源；因此，有抱负的海军大国开始将力量投放到能找到这些资源的地区；雅典人从公元前 5 世纪中叶起在希腊北部的活动就是一个很好的例子，它的外交政策至少在一定程度上是为了确保维护三层桨战舰舰队的资源。此外，为了保护战舰不受天气和船蛆的影响，必须在战舰长时间不活动期间将其拖上岸。早在公元前 6 世纪，为了保护这一巨大的资金和资源投入，人们就开始建设停船棚，以便让战舰免受恶劣天气的影响，也可以进行维修工作[3]。最晚到公元前 4 世纪，开始出现完全

---

[1] 有关三层桨战舰发展史的最新概述，请参阅兰科夫，2007: 16–18；更详细的讨论，参见莫里森（Morrison）、柯蒂斯（Coates）和兰科夫，2000。

[2] 有关三层桨战舰战术，参见泰勒（Taylor），2012。

[3] 有关希腊停船棚，参见布莱克曼（Blackman），2013；有关停船棚建设，参见兰科夫，2013: 91–99。

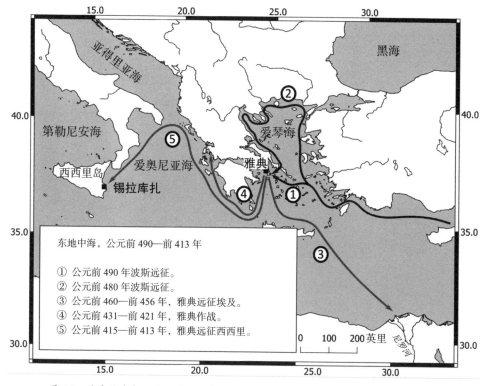

图4.3 地中海东部，公元前490年至公元前413年。© 约里特·温杰斯（作者）。

专门用于为舰队的军舰提供支持的港口，并有单独的港口设施供商业航运使用；建造这样的基础设施只会增加三层桨战舰舰队本已巨大的成本，因此只有富裕的群落才有能力维持大量的军舰。但对于那些有能力负担海军军费的人来说，海军则是他们投放力量的极其有用的工具。

因此，这一时期的多数大规模冲突都与海军有很大关系：公元前490年的波斯战争本质上是一次大规模的海军远征，即使它是因为希腊重装步兵的战斗能力（至少在雅典人看来如此）而告终；十年后薛西斯的战役中海军也扮演了重要的角色，他的舰队未在萨拉米斯战役中打败希腊人，这促使他回到波斯（希罗多德，8.97.1）。如果没有雅典在爱琴海和地中海东部的实力，提洛同盟接下来几十年的战争是不可能发生的，而伯罗奔尼撒战争中，可以说海上的行动比陆地上的更为关键。在伯罗奔尼撒战争之后，爱琴海继续是主战场，雅典很快就试图恢复其作为希腊最重要海军力量的地位。同样，西西里希腊人与迦太基之间的战争也包括重要的海军行动，海军行动在公元前310年锡拉库扎暴君阿加索克利斯（Agathocles）的大规模入侵中达到高潮，他派遣了1.4万人的精锐部队越过海洋，试图攻击迦太基本土（最终徒劳无功）（狄奥多罗斯，20.3.1–18.3）。

就实际使用新战舰而言，它与前几个世纪有很强的连续性。大量的船只被用来通过转移部队直接展示力量（例如，最终导致了马拉松战役的公元前490年波斯人在南爱琴海的战役），或者是支持在海岸上或海岸附近运动的军队（例如，10年后波斯人的战役，当时薛西斯率领一支庞大的舰队从侧翼包抄阻断其道路的敌人，并防止波斯军队被包抄，佩皮法老的将军尤尼完全能理解这场行动）。在接下来的几十年里，雅典人不仅发动了几次大规模的远征（约公元前460年对埃及、公元前415年对锡拉库扎），而且还广泛地使用他们的战船去骚扰那些无法与他们抗衡的敌人的海岸。伯罗奔尼撒战争早期，雅典的战船袭击了伯罗奔尼撒的海岸，而斯巴达人领导的伯罗奔尼撒陆地部队对阿提卡发动了徒劳的入侵，他们本打算在陆地上与雅典人作战，但从未成功。在战争的后半段，当波斯–斯巴达联盟给予伯罗奔尼撒人金钱、资源和军舰的时候，海战的性质发生了细微变化，因为雅典的敌人试图迫使雅典舰队参战。他们最终成功了，雅典在公元前404年的羊河（Aigospotamoi）战役中舰队尽失，导致雅典的崩溃和战争的结束（色诺芬［Xenophon］，《希腊史》［*Hellenica*］，2.1.21–28）。

整个公元前4世纪的运作模式与公元前5世纪大体相似。舰队被用来将士兵从一个地点转移到另一个地点，即使没有被实际使用，三层桨战舰舰队也可以构成强大的威胁，除非敌方自己有可以与之抗衡的舰队。因此，搜索和攻击敌方舰队，摧毁它们，从而消除它们的威胁，是公元前5世纪和前4世纪常见的第二种主要行动类型。虽然这可能导致海战，但在相当多的情况下，希腊指挥官实际上在海岸避难的同时，还设法攻击敌人的舰队；因此，在公元前5世纪60年代早期的欧里梅敦（Eurymedon）战役中，雅典将军西门（Cimon）几乎完全摧毁了波斯舰队，而在早些时候的一次海军交战中被击败的波斯船只则被拖上岸（狄奥多罗斯，11.61）。

公元前5世纪和前4世纪之交，新的战舰被开发，与三层桨战舰一起形成了在接下来的几个世纪里的标准战舰类型（巴哈［Bugh］，2006：275–276）。四层桨战舰（tetreres）有两层桨手，每根桨配备两个人，桨手的数量与三层桨战舰大致相当；与较旧的舰型相比，四层桨战舰更重，可以容纳更多的士兵。锡拉库扎发明了五层桨战舰（penteres），它有三层桨手，上两层每根桨配备两名桨手，最下一层每桨一人[①]。这不仅导致船员比三层桨战舰多得多，也使船比四层桨战舰更宽敞，为士兵提供了更多的空间。舰上可用空间的增加带来更强的作战灵活性，因为舰上士兵数量的增加不仅使登舰行动再次有了相当大的吸引力，而且还使用军舰运送大部队成为可能。

复杂性加强——希腊化时期的海战，公元前 300 年到公元前 30 年

除了前面提到的船舶设计上的进步，公元前 3 世纪初希腊化时期的技术进步（最终对陆地战争产生了重大影响）也导致了海战技术的进步（萨宾［Sabin］和德索萨［De Souza］，2007：441–443）。炮，特别是弩炮，最初是为攻城而设计，很快就在陆地和船上的战斗中得到了运用（马斯登［Marsden］，1969：169–173）。在公元前 306 年亚历山大继业者之战中，德米特里奥斯一世在萨拉米斯与托勒密一世的舰队的战斗中使用了炮。德米特里奥斯的战舰使用投石机和弩炮，能够击中几百米外的对手，因此能够在战舰直接攻击对方之前造成伤害（狄奥多罗斯，20.51.2）。这种弩炮可以轻易超出弓箭手的射程，它的打击能力给海战带来了一个新的维度，而在此之前，海战一直都是近距离进行的。虽然在希腊化时期，战斗的结果仍然由近距离战斗决定，但那时，近距离战斗通常只会在互射投掷物之后进行，在此期间，船只本身就会受到损害，船员也会有伤亡。然而，就作战而言，更重要的是打击陆上目标的可能性，这最终将发展为真正的海军火力支援，这是最早的真正的"联合"行动，在这种行动中，军舰不仅运送士兵、提供后勤支持，而且还与友军地面部队一起直接与敌方交战。回顾恺撒在公元前 55 年入侵不列颠的行动，他的战舰

98

[①] 根据狄奥多罗斯 14.42.2–3 中的描述，四层桨战舰和穿刺舰都是由锡拉库扎的狄奥尼修斯一世发明的（r. 405–367）。

提供的火力支援被证明是战斗成功的一个关键因素，因此，在军舰上引入弩炮是古代海军史上的一个关键发展，因为它开辟了一个全新的作战体系。

在公元前4世纪的最后几十年，海上战争最初与前几十年没有什么不同。公元前334年，马其顿军队越过赫勒斯滂（Hellespont）海峡时获得的支持，以及公元前326年至前324年，尼尔科斯（Nearchos）带领亚历山大军队中一支相当规模的分遣队回家时的巡航所获得的支持，都与150年前波斯军队的行动非常相似[①]。事实上，尼尔科斯的巡航，虽然距离非常遥远，但在行动上与法老佩皮一世或阿卡德国王的军力投送行动没有什么不同。在亚历山大的阿拉伯战役准备期间使用军舰收集情报（在他于前323年去世后被取消），同样是一种常见的行动。

整个公元前3世纪，海上冲突也遵循着相似的模式，舰队或者运送士兵，或者试图摧毁敌人的舰队，以防止对手利用军舰实现其作战或战略优势。在战术层面上，如前所述，互射投掷物、撞击和登船是司空见惯的事：在西地中海，罗马人在第一次布匿战争期间一度采取了极端的登船战术，他们在船只上装备了登船桥，如果使用得当，就可建立迦太基敌人和罗马船只之间的永久联系，并使得罗马指挥官可让自己的士兵布满敌方的甲板。乌鸦船（corvus）（一种又大又重的装置，显然对罗马战船本来就很差的耐波性造成了灾难性的后果）最终获得了超乎寻常的声誉，甚至在21世纪，它也可能是罗马海军技术最具标志性的东西[②]。罗马人自己使用了乌鸦船大约十年，但当他们建造出在速度和机动性方面可以与迦太基人匹敌的船只时，他们就抛弃了这种船。地中海的其他地方，公元前3世纪后半叶，罗得人（Rhodians）尝试使用火作为进攻武器，他们在船上装备了"火盆"，这是指装满沥青或焦油的容器，从战舰的船头以类似19世纪晚期投掷石鱼雷的方式把它们投射到敌人的甲板上（卡松，1971：122–123）。显然，这些武器在一段时间内被证明相当成功，尽管我们尚不清楚罗得人是否为他们的新武器系统开发了特殊战术。罗得人的例子很好地说明了一个普遍的问题：虽然希腊化时期人们出版了涉及陆地战

---

① 尼尔科斯的巡航在古代就已经引起了相当大的关注，沃思（Wirth），1972：629–635；另请参见巴迪安（Badian），1975。

② 有关现有证据的完整讨论，参见瓦林加（Wallinga），1956。

争各个方面的专门军事手册，其中一些实际上得以留存，但几乎没有什么关于海战的资料幸存至今。这有点讽刺，因为对很多希腊化时代国家来说，海洋往往非常重要，海战则尤其重要。

值得注意的是，尽管希腊化时代海军确实基于现有新技术开发了新战术，但旧战术远未过时。第二次布匿战争期间，罗马和马萨利亚的一支舰队在西班牙海岸附近与迦太基的一支舰队交战，可能就在埃布罗河（Ebro）河口附近。希腊历史中唯一留存下来（纯属偶然）的关于汉尼拔对罗马战争的残篇描述了该次战斗中发生的事情，并指出，马萨利亚的指挥官用了一种战术来对抗迦太基人的战术，这种战术在公元前 480 年的亚底米（Artemision）战役中已经被米拉萨的赫拉克利得斯（Heracleides of Mylasa）成功用于对抗波斯人[1]。虽然文中留下了许多问题没有回答，例如，马萨利亚指挥官是如何获得这些战术知识的？是否存在一本代代相传的战术手册？但这仍然是一个重要的证据，它表明，希腊化时期有新发展也有很强连续性，两个世纪前的战术在公元前 3 世纪 10 年代仍然被证明非常有用。

除了战术层面，人们还会发现之前几个世纪的大的军事行动在规模上肯定会被地中海希腊化时代列强冲突期间数百艘战船的大规模战斗所超越。前 5 世纪时，雅典拥有 200 艘三层桨战舰，是希腊最强大的海军力量，但两个世纪后，托勒密王朝的国王们集结了 1000 多艘战舰（亚当斯，2007：42）。其结果是，舰队行动可能涉及数百艘船和数千人。因此，公元前 256 年，一支由 330 艘战舰组成的罗马入侵舰队与一支由 350 艘战舰组成的迦太基舰队在西西里岛海岸发生了冲突，这场所谓的"埃克诺穆斯（Ecnomus）海战"很可能（至少从参与人数来看）是人类历史上规模最大的海战，近 30 万人参与了规模宏大的战役[2]。两个多世纪后，罗马共和国的最后一场内战在两支敌对舰队之间的另一场大规模战役中达到高潮（这次是在伊庇鲁斯［Epirotian］海岸），即公元前 31 年的亚克兴（Actium）海战，双方有近 400 艘

---

[1] *FGrHist* 176 F 1=P. Würzb. Inv. 1；维尔茨堡（Würzburg）纸草文书是希腊历史学家索西洛斯（Sosylos）唯一独立流传的残篇，参见威尔肯（Wilcken），1906；舍本斯（Schepens），2004。

[2] 概述请参见拉赞比（Lazenby），1996：81–96；兰科夫，2010：154–156；波利比乌斯相信这场战斗"将让……听众对这场战斗的规模以及两国的巨额开支和巨大的力量感到震撼"（波利比乌斯，1.25.9）。

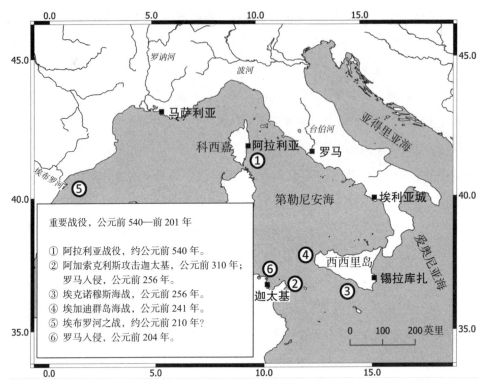

图 4.4　重要战役，公元前 540 年至公元前 201 年。© 约里特·温杰斯（作者）。

军舰交战，除船员外，还有近 4 万名海军士兵参战[1]。

在战略层面上，海战延续了许多前几个世纪的传统。公元前 4 世纪到前 1 世纪的许多冲突都涉及海军活动，在某些情况下，海军活动与陆地战争同等重要，甚至更加重要。因此，托勒密王朝在公元前 3 世纪早期建立爱琴海南部霸权的企图（最终失败），完全依靠托勒密海军在爱琴海的实力[2]。在西地中海，罗马和迦太基之间的第一次布匿战争（公元前 264—前 241 年）本质上是一场海战，即使在西西里岛和北非也有重大陆战，但战争的最终决定性战役还是公元前 241 年的埃加迪群岛海战（拉赞比，1996：152–156）。第二次布匿战争（公元前 218—前 201 年）期间，

[1]　关于这场战斗的文献非常丰富。有关基于可用来源和实验数据的最新概述，请参阅舍费尔（Schäfer），2006：222–230。

[2]　关于托勒密王朝在爱琴海南部的活动，见梅多斯（Meadows），2013。

虽然这场战争现在主要因迦太基将军汉尼拔和他的罗马对手大西庇阿的功绩而闻名，但也发生了重要海上事件，罗马人最终在公元前 204 年将一支庞大的军队从海上转移到北非 ①。在地中海东部，罗马人在对抗塞琉古国王安条克三世（Antiochus III）的战争中取得成功，部分原因是在公元前 190 年的两次关键战役中，罗马的罗得盟友充分利用了他们的"火盆"，从安条克手中夺取了爱琴海的控制权 ②。在公元前 1 世纪下半叶共和国末期的内战中，交战双方的海军包围了整个地中海 ③，最终，内战结束于前面提到的亚克兴海战。

海军规模和组织范围的增长对卷入海上冲突的国家产生了三个重要后果。首先，101海战的成本变得极其高昂。船只、船员和支持他们行动所需的基础设施需要大量的资金，因此，只有非常富裕的国家才能派出大型舰队，但如果遭受重大损失，富裕国家也不得不采取近乎绝望的措施，比如向贵族征钱（波利比乌斯，1.59.6–7）。第二个后果，即其价值的直接结果在于，战舰被视为重要的战略资产，和平条约可包括关于战败者战舰数量的具体规定。然而，也许最重要的后果是大规模海战可能对社会产生的潜在影响。由于每艘船有几百名船员，战斗损失很容易达到数千人。此外，由于古代战船的适航能力有限，暴风雨时常带来危险，例如，公元前 255 年，一支由 270 艘船组成的罗马舰队和超过 10 万人在卡马里纳（Camarina）附近的一场风暴中丧生。根据波利比乌斯的记载，罗马人在第一次布匿战争中损失了惊人的 700 艘五层桨战舰和当时船上的 20 多万名桨手；迦太基人损失了大约 500 艘五层桨战舰、15 万名桨手。如此大规模的损失不仅会对遭受损失的社会产生重大的人口影响，而且对日常生活也有明显影响，大量缺乏年轻男子，还会产生心理后果：它使关于敌人对自己群落所作所为的记忆鲜活起来，在可能的和解道路上设置了相当大的障碍。也许最著名的例子就是"无法平息的仇恨"——老加图（Cato the Elder）在

---

① 李维（Livius），29.25.1；大西庇阿调动了大约 3.5 万人的部队，这将需要数百艘船。

② 有关两次交战，请参阅李维，37.23.4–24.10 和阿皮安，《叙利亚》（Syriaca），6.27，他提到罗得人成功使用了火攻。

③ 迄今为止，罗马共和国末期的内战中海军力量使用的问题只得到了少许关注。有关概述，请参阅格雷福（Gray-Fow），1993。

每次宣称必须摧毁迦太基的演讲结束时都说到这句话（弗洛鲁斯［Florus］，1.15.4）。

虽然舰队行动和长距离的大规模部队运输行动都遵循了早期的模式，但希腊化时期也发展出了一种新型海军行动：海军围困 [1]。其中最著名的例子是公元前332年亚历山大大帝对提尔（Tyre）的围攻，提尔是一座只能乘船进入的岛屿城市（阿里安，《远征记》，2.16.1–24.6）。船只不仅用来运送军队，而且还可以带着攻城器靠近城墙。这就是说，古代海上冲突史上首次使用了船只来直接支援进攻的陆地部队。虽然涉及海军火力支援的全面两栖攻击行动仍是未来的事情，但海军围困是此类行动的第一步。

突破边界——海战，公元前 30 年到公元 600 年

公元前 30 年的亚克兴海战标志着古代海军史上最被低估时期的开始。事实上，解释者甚至声称，随着地中海变成一个平静的湖泊，庞大的多层桨战舰舰队试图通过复杂的演习来智胜对方的日子一去不复返，"专门的"海军历史实际上已经结束，海军部队被降级为执行次要任务，即运送人员和商品，并在边境执行单调的日常任务 [2]。更确切地说，从亚克兴海战到 7 世纪早期的几个世纪里，海军已经回归到执行简单任务的简单生活。

虽然上面概述的推理思路有一定的吸引力，但对这一时期的进一步考察表明，海军史基本上随着元首统治的开始而停止的概念是完全错误的。恰恰相反，在公元纪年最初的五个世纪里，海战达到了一种前所未有的、到了中世纪的后半叶才再次出现的复杂程度。罗马海军非但没有被降级去做次要任务，反而在远至波罗的海和红海南部的水域开展活动（其规模通常可与现代大规模行动相媲美），同时对于任何一个皇帝来说，海军都扮演着关键的角色。这种角色由于以下事实而得到了强化：非军事化的意大利不仅是罗马禁卫军的所在地，也是驻扎在米塞努姆

---

① 有关最新概述，见兰科夫，2017：33–34。

② 见罗杰斯（Rodgers），1937：538，他在研究的最后明确指出："经过几个世纪的海战，亚克兴战役确立了地中海盆地的经济统一，此后……罗马的和平笼罩了这些水域，在此期间，罗马海军退化为纯粹的海岸警卫队，以保护公众免受海盗侵害。"

（Misenum）和拉文纳（Ravenna）的两支强大的海军部队的所在地，他们的主要任务是保卫意大利和罗马皇帝免受来自意大利以外地方的任何可能的威胁（这种威胁在内战时期会迅速成为现实）[1]。虽然在公元纪年最初的几个世纪里，罗马帝国缺乏与其海军组织水平相当的敌人，因此不太可能发生大型海战，但内部冲突可能导致大规模的海战，例如公元 324 年君士坦丁和李锡尼之间的战争，当时君士坦丁的 80 艘战舰打败了李锡尼的 200 艘战舰[2]。

在组织层面，罗马海军有三个支柱：第一个由常设海军部队组成，称为克拉西斯（classes，即海军舰队），驻扎在意大利和一些边境行省。意大利的克拉西斯是一支庞大的部队，有几十艘船和数千名士兵，他们的指挥官都是高级军官，相比之下，各行省的克拉西斯（从留存的有关他们的有限证据可以看出）大多是能力有限的小部队，由相当低级的指挥官领导[3]。虽然意大利克拉西斯规模庞大，而且可能装备精良，但即使是他们也无法仅凭自己的资源来执行帝国初期和早期的一些典型大规模行动。相反，要在一大片水域上投放几个军团，需要大量的船只，而这些船只在战役准备阶段才会提供。

因此，罗马海军的第二个支柱是专为特定战役而建造的船只。虽然罗马海军的这一方面对于涉及 1000 多艘船只的大规模作战至关重要[4]，但它不像常备海军那样受到那么多的关注，因此对它的理解也相当贫乏。特别像招募船员这样的关键问题（对于数百艘运输船来说，可能需要数千名船员），或从作战中幸存下来船只的最终命运的问题，从来没有得到妥善解决[5]。尽管从现存的少量证据可以清楚地看出，

103

---

[1] 有时，米塞努姆和拉文纳的海军部队也可以是额外的人力储备，可从中招募陆军，参见塔西佗，《历史》（Histories），1.6.2，四帝之年（公元前 69 年）。

[2] 佐西姆斯（Zosimus），2.23.3—24.3；其他例子包括公元前 69 年米塞努姆的海军部队对南高卢海岸的蹂躏，见塔西佗，《历史》，1.87；有关这些作战，另见基纳斯特（Kienast），1966：63—64。

[3] 关于罗马帝国克拉西斯指挥官的职业生涯，参见热罗姆斯基（Zyromski），2001。

[4] 公元 16 年，日耳曼尼库斯（Germanicus）拥有 1000 多艘战舰，而在公元 43 年将罗马入侵军队运送到不列颠所需的舰队需要大约 1000 艘战舰。

[5] 不得不说，现有的证据极其稀少；除了恺撒将从其他地方招募的船员带入他的战区的记载（恺撒，《高卢战记》，3.9.1），很少有关于船员招募的信息。

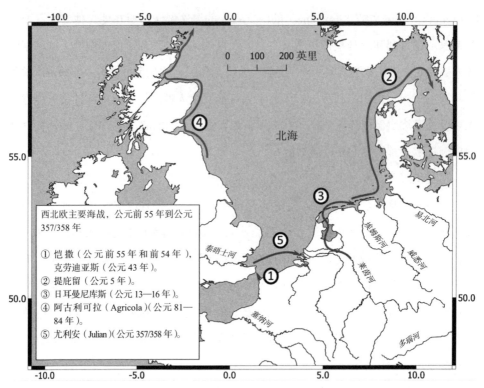

图 4.5　西北欧的主要海军行动，公元前 55 年至公元 357/358 年。© 约里特·温杰斯（作者）。

对于更大的战役，船只既可以根据目的新建，也可以从现有商船征集，但船员的来源基本上未可知。此外，为短期服役而招募的船员的确切法律地位以及适用于他们的酬劳支付和奖励系统都未可知。在罗马帝国境内和周边运送罗马士兵的船只上的船员充分说明了我们实际上对罗马海军行动知之甚少。

罗马海军的第三个支柱也是如此，人们对它的关注程度甚至比上面提到的船只和船员还要低。虽然罗马皇帝基本上垄断了只效忠于他的常备军的军事力量，同时也不允许普通公民召集和保持武装力量，但这并不意味着罗马军队之外就不存在有组织的军事力量。恰恰相反，在高度城市化的希腊语地区，城市维持着当地的武装部队，其主要任务是打击盗匪。沿海群落的一些武装部队实际上是执行类似任务的海军部队，尽管庞培著名的打击海盗行动消除了大规模、有组织的海盗的威胁，但在更局部的层面上，海盗仍然是一个问题，就像陆地上的盗匪一样（德索萨，1999：195–210）。地方海军基本上是某种民兵类型的海岸警卫队，在某种程度上，他们的存在是为了对抗海盗带来的威胁，但它也有两个重要后果。在沿海群落，它强调了罗马帝国最低层次的"区域化"（regionalized）特征：对于任何被限制在自己群落的沿海水域的人（当地渔民、船夫等），保持水域安全的力量权威都有希腊"面孔"。

上述三层结构使得在较长的准备期和较短的通知时间内执行大规模行动成为可能。这种大规模行动在公元纪年头五个世纪的罗马海军史中相当典型，而且发生的频率相当高。虽然"传统"的舰队行动不像罗马共和国时期的那样引人注目（在地中海或其邻近水域没有拥有强大海军能力的主要敌人），但确实发生了这样的舰队行动。在267年，赫鲁利人（Herulian）海盗曾跨越多瑙河进入帝国，在黑海海岸捕获大量船只，设法穿过达达尼尔海峡进入爱琴海，然后在那里被罗马将军维内里亚努斯（Venerianus）率领的当地仓促聚集的部队击败[1]。大约半个世纪后，君士坦

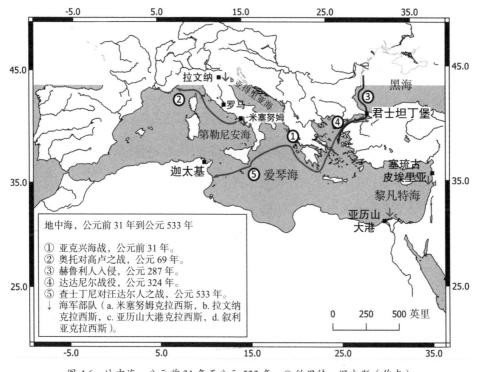

图 4.6　地中海，公元前 31 年至公元 533 年。© 约里特·温杰斯（作者）。

---

[1]　Hist. Aug. Gall. 13.7；另请参见德索萨，1999: 222–223。

丁大帝在324年的内战中击败了他的对手李锡尼，消除了帝国独裁的最后障碍。君士坦丁在海上的胜利对他在卡利波利斯（Callipolis）之战中在陆上的最终胜利至关重要，而其海上胜利就在于他在赫勒斯滂战役中击败了敌人。当时，双方都提前几个月准备建造新船，并从当地征集船（基纳斯特［Kienast］，1966：133–154）。达达尼尔战役提醒我们，尽管大规模的舰队行动可能很少见，但它的威胁并非如此，尤其是在内战期间，这就是奥古斯都在意大利部署极其强大的海军部队的原因所在。

除了舰队行动，罗马人还经常用船只运送更大规模的部队。有充分的证据表明，不列颠省的建立尤其使军队得以定期进出大陆，而驻扎在北非的部队也是如此。运输行动可以覆盖很长的距离，在公元2、3、4世纪，为几个罗马皇帝的帕提亚（Parthian）战役提供的大部分后勤运输都要经过叙利亚海岸的关键港口塞琉古皮埃里亚（Seleucia Pieria），运输行动包括军队的运输（基纳斯特，1966：133–154）。公元6世纪初，查士丁尼皇帝在公元533年发动了一次长途行动，收复了沦陷于汪达尔人入侵的罗马北非，其中大约15000人的部队成功从小亚细亚经希腊和意大利南部被运送到现代突尼斯的海岸（普罗科皮乌斯［Procopius］，《哥特战争》［Gothic Wars］，3.12–13）。

虽然运输作战在原则上可以追溯到佩皮法老的尤尼将军和阿卡德国王时期，但在两栖作战方面，罗马人在范围和复杂性上都超过了他们的所有前辈。第一个有记录的两栖攻击海滩的例子是公元前55年恺撒第一次入侵不列颠，在不列颠，他的士兵遇到了誓死阻止他们在海滩立足的敌人。在罗马第一次登陆后的混战中，由罗马战舰提供的直接火力支援对罗马最终的成功至关重要（恺撒，《高卢战记》［Bellum Gallicum］，4.24.2–26.5）。虽然公元前55年的入侵是有记录的最早的海军火力支援的例子，但恺撒已经在第二年准备了一支庞大的舰队，准备再次入侵，其中包括为方便骡子和马登陆而专门建造的登陆艇，以及为入侵舰队提供火力支援的军舰（同上，5.2.2）。大约半个世纪后，公元16年，在日耳曼北部的战役中已经大量使用了海军力量的罗马将军日耳曼尼库斯（Germanicus）率领一支超过1000艘船的庞大入侵舰队驶往易北河口，还包括大量专门建造的带有炮台、提供火力支援的炮舰（塔西佗［Tacitus］，《编年史》[*Annals*]，2.6.1）。恺撒大帝的登陆艇和提比略时代的火力支援舰都证明了罗马人有意愿和能力为两栖作战大规模生产特定任务装备，而这直到 20 世纪才再次出现。

虽然现有的关于 1 世纪后各种军事行动的证据非常不完整，但很明显的是，罗马人已经克服了一些关键的挑战，比如在敌方海滩上保持对大部队的指挥和控制，或者在战斗中舰载炮的目标识别和火力控制，或者至少对上述做法充满信心。在地中海之外，阿克苏姆国王卡莱布在公元 525 年左右领导了一场成功的战役，越过红海，征服了南阿拉伯半岛的希木叶尔（Himyar）王国（无名氏，《阿瑞莎殉难记》［*Marthyrium Arethae*］，43）。虽然卡莱布的入侵部队显然不具备炮，但这次行动在两栖作战历史上占有重要地位，因为希木叶尔国王试图使用类似 1944 年盟军在诺曼底海滩遭遇的海滩障碍物来阻止阿克苏姆人登陆，这是此类障碍首次在文学资料中的记录。

公元纪年的头五个世纪，罗马人不仅在作战上不断扩张，而且地中海之外的水域也成了战场，不时有大规模的战役发生。因此，不列颠周围的水域经常会有大规模的军队调动或发生海军部队支持的重大战役，在随后的公元 77 年，罗马海军一直推进到设得兰群岛①。今德国海岸之外，罗马海军不仅支持上述大规模的两栖作战，而且在 1 世纪早期还在日德兰半岛周围航行，并在远程侦察任务中渗透到波罗的海②。在红海，在奥古斯都的领导下，罗马将军埃利乌斯·加卢斯（Aelius Gallus）试图征服阿拉伯半岛，但最终没有成功（斯特拉博，16.4.22–24）。后来在 2 世纪初，罗马似乎在法拉桑群岛（Farasan Islands）建立了军事基地，将军事力量投送到红海南部；虽然关于该驻军点的几乎所有细节都不清楚，但很明显，即使只是在红海南部（距离罗马埃及最南端的港口大约 1000 英里）派驻一支规模很小的部队，肯定也涉及相当多的海军活动（斯派德尔［Speidel］，2007）。到 6 世纪初，罗马海军在红海的部署可能已经减弱，但如上所述，罗马的盟友阿克苏姆通过自己的大规模行动轻松填补了缺口。

107

108

---

① 塔西佗，《阿古利可拉》（*Agricola*），38.3；见沃弗森（Wolfson），2008：47–62。

② 奥古斯都，《奥古斯都功德碑》（*Res Gestae*），26.1；普林尼，《自然历史》，2.167。

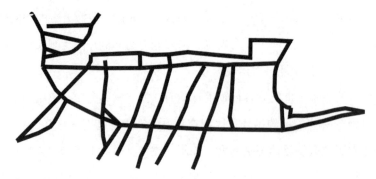

图 4.7　维克滕（Vechten）的罗马堡垒上的涂鸦，可能描绘的是一艘罗马战舰。© 约里特·温杰斯（作者）。

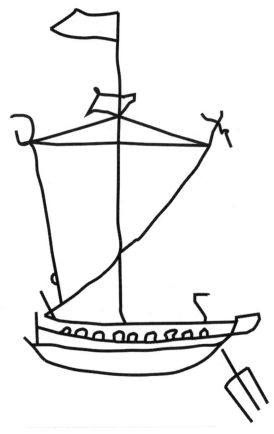

图 4.8　罗马帝国港口贝列尼凯（Berenike）（埃及）的涂鸦，可能描绘了一艘印度航线上的商船，约公元 25 年至 50 年。© 约里特·温杰斯（作者）。

结论

回顾查士丁尼的北非远征和阿克苏姆国王卡莱布的希木叶尔战役，再回溯到法老佩皮和阿卡德国王，这四个统治者横跨三千年时间，我们可以清楚地看到，在这三千年中，既有伟大的传承，又有重大的进步。从技术上来说，这种进步是由海军技术的发展所推动的（有强力前脚的龙骨船的发展是撞角舰发明的先决条件，这反过来又对真正的战舰的发展产生了重大影响），以及源于海上世界之外的技术进步，弩炮的发明不仅使古代战舰能够有效地在相当远的距离之外与敌人交战，还使在海上封锁和两栖作战期间提供海军火力支援成为可能。新技术的实施推动了战术和作战的进步，这种进步反过来又可能导致更多的技术进步。例如，罗马登陆艇的发展导致了海军作战的进一步复杂化。在罗马元首统治时期，海军常备部队的组织和基础设施都与他们复杂的行动相匹配。但同时也有很多经验传承，例如，将士兵运送到外国海岸进行作战是早在公元前 3000 年的帝国就已经具备的能力。

第五章

岛屿与海岸

加布里埃拉·库萨鲁（Gabriela Cursaru）

岛屿是古希腊的文化现实而非物质现实。希腊人并非都是岛民，我们下面的评论不仅是基于地理和历史学的经验性观察，而且主要是对过度的地理决定论所作出的解释的反驳。此外，空间是人类思想的基本概念之一，它始终由社会和文化决定。因此，相对于询问"对于古希腊人来说，岛屿是什么？"我们必须具备一种更为细致入微的观点，以避免走向将此类启发式概念的一致性强加于希腊人的潜在危险。我们只能希望试着追溯"希腊人看待 νῆσος（岛屿）的方式，以及他们对岛屿乃至岛国的**表现方式**"①。

　　表现有时比现实本身更真实。从定义上几乎就可以看出，空间和景观的表现在语义上被赋予丰富的内涵，以至于它们获得或激发了象征性联想的集群，有时，这些集群的重要性使得我们所看到的是想象空间而非真实空间。在整个文学传统中，希腊的岛屿风景是一个特别强烈的具有象征意义的形象（维拉特［Vilatte］，1991：21）。理解神话／想象中的岛屿的形状、结构和功能（例如奥德修斯穿越神话世界的旅程中的那些岛屿）比理解真实岛屿更有启发性。这就是为什么我们将在神话而不是历史地理的背景下讨论岛国的概念。即使是对希罗多德、斯特拉博或包萨尼亚的简单解读，也能让我们看到地理／历史／游记作品在多大程度上将神话和地理知识重叠在不同的地形和地标上，并在沿途每一个岛的关键点、在其具体叙述的每一步解锁微型神话故事。尽管作为文学比喻，神话岛屿具有"想象的"和"传统的"特征，但作为文化建构，它们更倾向于定义希腊人对岛屿景观的设想，并通过最准确的希腊空间思想表达形式（神话、诗歌和意象）来表现它。

110

---

① 关于希腊古代思想中的岛国性，见切卡雷利（Ceccarelli），1989；维拉特（Vilatte），1991；加巴（Gabba），1991；拉奇（Lätsch），2005：21–47；康斯坦塔科普卢（Constantakopoulou），2007：1–19；安波洛（Ampolo），2009b。

岛屿的形成过程

起初，每个岛屿都只是一片陆地，一直漂浮在大到难以形容的无边水面上。由于"原始"岛屿（或即将形成的岛屿）为半大陆、半海洋的形式，没有根，也没有与大陆的联结，被海洋环绕、随波逐流、无处不在，因此，它们继承了世界萌芽阶段的漩涡性质，仍未分化。

这些漂浮岛屿的原始名称 Πλανησία/Πλανασία（源自 πλαν，"（使）漫游"）直接限定了它们"游荡"的性质。漂浮岛屿的概念与《奥德赛》和"埃俄罗斯（Aeolus）岛"一起出现在希腊思想的早期 [1]（*Od.* 10.3：πλωτῇ ἐνὶ νήσῳ）。埃俄罗斯是风神，只会生活在一个随波浪"移动"的岛屿上，其性质反映了"风神的"居民的性质。漂浮并不是魔法，而是被永久地赋予了埃俄利亚（Aeolia）岛，因为漂浮是其状态之一，指向其形成早期阶段的无结构空间状态。只有神的行为或英勇的"开化"事件等特殊的干预才能结束这种运动。帕特莫斯（Patmos）是爱琴海中的一个小岛，它一直隐藏在大海深处，直到俄瑞斯忒斯（Orestes）建立阿尔忒弥斯（Artemis）崇拜，这是一种建立和"开化"的表示。当宙斯和奥林匹斯山众神在划分陆地的时候，罗得岛并不在浩瀚的海面上，而是隐藏在咸水的深处。直到赫利俄斯（Helios）把它夺去，在拉克西丝（Lachesis）"正确而诚挚地宣读了众神的伟大誓言"并同意宙斯的意见之后，这座岛屿才"从海中生长出来"并被分配给了赫利俄斯（Pind. *Ol.* 7.54–71）[2]。只是由于神 / 英雄的干预，这两种"看不见的"岛屿才静止，并将自己固定在一个确定的地方。

卡利马科斯（Callimachus）的《提洛岛赞美诗》（*Hymn to Delos*）（30–35）展示

---

[1] 有关主要来源的清单和漂浮岛屿问题的概述，请参阅库克（Cook），1940 III.2: 975–1015；莫雷（Moret），1997。

[2] 另请参阅提洛 / 奥提伽 / 阿斯忒里亚（Asteria）——阿波罗诞生之前的一座漂浮岛屿的情况：Pind. *HZeus* (frr. 33c–33d Race) & *Pae.* 7b.43–52 (= fr. 52h); Call. *HDelos* 4.11–18, 30–54, 191–194, 213; Apollod. *Bibl.* 1.4.1; 库克，1940 III.2: 14–18。该岛的名称从阿斯忒里亚（"星岛"）更改为奥提伽，即提洛岛（Δᾶλος "从远处可见""像星星一样闪耀的岛屿"），奥提伽则用于表达该岛屿状态的改变。平德尔没有具体说明造成这种转变的神的名字，他只是将其限定为"由众神建立"（fr. 33c.1）；其他后来的史料指定宙斯或波塞冬为提洛岛的起源。

了岛屿"制造"过程的完整图景，将其过程描绘为一种有关世界元素和空间结构秩序的奥林匹斯统治下的宇宙"程序"的创立行为（巴基耶西 [Barchiesi]，1994；迪普 [Depew]，1998；西村-延森 [Nishimura-Jensen]，2000）。"一开始"，是波塞冬"用忒尔喀涅斯（Telchines）为他打造的三叉剑砍山，在海中制造岛屿，从最深处的地基用像杠杆一样的东西将岛屿举起并滚入海中。然后他使岛屿扎根在深处的地底，让他们忘记大陆"。因此，岛屿形成的完整周期如下：

1. 一种预先存在的元素材料（大陆）被切分为性质相同的实体；

2. 没有了根，这些实体被抛入水中，注定随着海浪游荡；在原始状态下，这些石块失去了一切形式，从而也失去了与稳定、限制和秩序有关的一切；因此，它们代表了一种陆地和海洋还没有明显分开的混合空间的形式；

3. 一个神圣的工匠使新创造的实体与陆地相接（和海底相接的地基）。

这三个步骤说明了岛屿宇宙的渐进结构过程。最初的／"原始的"材料（山）被分解成脱离支撑的碎片，脱离位置并开始运动，然后被连接到性质上类似于第一个基底（陆地的水下底座）上。确保从一个固定结构过渡到另一个固定结构的中介是洋流，它有着变化、通道（但也紊乱、无序）的最典型形象。结束这种混乱过程的神的工作由双重对立定义：面对"湍急而汹涌"的海浪，波塞冬与大海深处的向心的、无声的力量抗衡，岛屿的不断漂浮与岛屿的生根抗衡。于是，神匠创造了空间和新秩序。

这幅图景很宏伟：我们看到位于海洋深渊的陆地基底与被地表之水抛掷的具有相同矿物性质的实体建立了联结。因此，岛屿永远固定不动，根植于其本质所属的材料并与之结合。它所获得的稳定和平衡只不过是根据宇宙学的轴向原理来进行的世界秩序进程的标志。向心力来自下面，来自海底，来自支撑整个宇宙并保证其秩序的尘世基础。

由于波塞冬具有与大地根基的稳定和秩序相关的作用，他在卡利马科斯的《提洛岛赞美诗》的叙事体系中被赋予创始性干预的角色便不足为奇。波塞冬的传统形象是一位能撼动大地和海洋、用他的三叉戟把岩石劈开和粉碎的暴力神，他还被尊为一位支撑大地和大地根基的神。他的神圣介入通常与根基和宇宙的调节过

111

程有关：根据阿波罗多罗斯（Apollodorus）的《巨人之战》（*Gigantomachy*）（1.6.2）所述，波塞冬从科斯岛向与奥林匹斯诸神对立的傲慢的早期生物波吕玻忒斯（Polybotes）砸下一块石头，想要惩罚并击溃他，但结果他在那里建立了尼西罗斯（Nisyros）岛（离科斯岛约60斯塔迪亚［stadia］），那里有一座供奉波塞冬的神庙；根据斯特拉博（10.5.16）和各类有关具体创造的故事描述，科斯岛的一块碎片被取下，变成了一个投掷物，即尼西罗斯岛，巨人躺在岛的下面，另外"有人说他躺在科斯岛下面"（图5.1）。因此，波塞冬完全控制了陆地和海洋空间，这并非偶然。他是在海浪中将岛屿扎根于大地的岛屿奠基人，也是岛屿周围海域的统治者。此外，通过这种具有神圣起源和性质的创始行为，新的奥林匹斯宇宙秩序（*ordo*）获得稳定和平衡，整个宇宙的建筑坚固性得到保证。

图5.1 波塞冬手持三叉戟，肩上扛着尼西罗斯岛，与巨人（可能是波吕玻忒斯）战斗。© 维基共享资源（公共领域）。

（岛屿）陆地和海洋，岛屿和大陆

岛屿的形成过程导致了其独有的特点：岛屿经常被描述为被海洋环绕的陆地，远离大陆，四面临水，位于浩瀚无垠的海洋中心。可以这么说，正是海洋的存在将岛屿封闭在其自身的界限内，并使其与周围环境分开，同时界定了自己的领土并形成了自己的身份——一种领土身份，由于这种身份，任何一座岛屿都是孤立的。一个被海洋包围的世界，对外是封闭的，对内是折叠的。任何岛屿的本质都包含独特性、独有性、孤立性和自我封闭性（费弗尔［Febvre］，1932：207；布罗代尔［Braudel］，1972：150；麦凯奇尼［Mckechnie］：2002：127；康斯坦塔科普卢［Constantakopoulou］，2007：3）（图5.2）。

图 5.2　基克拉泽斯（Cyclades）群岛地图。丹麦制图师约翰·劳伦堡（Johann Lauremberg）（1590—1658）绘制。© 维基共享资源（公共领域）。

岛屿从海底出现并扎根于海底，最终通过与大海的对立来定义自己：岛（νῆσος），尤其是它的海岸线（ἤπειρος）将岛定义为与大海相对的土地（切卡雷利[Ceccarelli]，2009）。ἤπειρος 有很广泛的语义，包括"海岸线""陆地""大陆"和"大洲"，甚至包括"岛屿"；νῆσος 没有被它同化，最终被它自己的 ἤπειρος 所识别或与之等同，并且两者都由与海洋的划界来定义。两者互为依存。为了解释岛屿出现的方式，普林尼（NH 2.88）强调了陆地和岛屿之间的"大地的"亲缘关系，这两者都被定义为与海洋相对，也被定义为大地的延伸："陆地有时以不同的方式形成，突然从海中升起，仿佛大自然正在补偿大地的损失，在一个地方恢复她在另一个地方吞没的东西。"大地（The Earth）（岛屿和大陆的结合）被周围有着完美圆形水域的俄刻阿诺斯所环绕，因此大地就是岛屿[①]。通过在某种程度上颠倒 ἤπειρος 和 νῆσος 的概念比例，形成了岛屿的形象，这种形象作为一种智力工具（通过类比）把大地想象和思考为岛屿的放大图像，一个被俄刻阿诺斯包围的呈完美圆形的大陆实体（维拉特，1991：165）。

在古希腊的空间和概念视界中，我们绝不能低估边缘、边界或界限概念的重要性，更别说岛屿——超越界限的微观宇宙了。虽然人们普遍认为大地的最外层被神秘的河俄刻阿诺斯所包围，但任何岛屿的四周也都被大海包围[②]。卡吕普索（Calypso）之岛是一个"被海包围之岛"（Od. 1.50，198 和 12.283），伊萨卡岛（Od. 1.386=1.395=1.401=2.293）、塞浦路斯岛（Hes. Th. 193）、克里特岛（坐落在"酒色深海的中央"的一片美丽多石的环海陆地）（Od. 19.173–174）或利比亚岛也一样（Hdt. 4.42.2）；帕罗斯岛矗立在"环绕的水之中"（HHDem. 492）；神话传说中的厄律西亚（Erythea）岛"被水包围"（Hes. Th. 290 和 984）；利姆诺斯（Lemnos）岛和罗得岛"被水包裹"（Pind. Ol. 7.61 和 Soph. Phil. 1464）；西西里岛周围流淌着贫瘠未开发的大片海洋（Eur. Phoen. 209）等。

---

① 斯特拉博，1.1.8，2.5.5–6。另请参阅马多利（Maddoli），2009，关于斯特拉博对岛屿／岛国性的看法和科尔达诺（Cordano），2009，关于环球航行与被海洋环绕的有人居住的世界之观念的关系。

② 大海的包围最常通过术语 ἀμφίρυτος、περίρρυτος、ἀμφίαλος 或简单地用 περὶ 来强调。

岛屿的孤立，以及"自力更生"的自给自足政策，引起了将岛屿视为一个连贯封闭生态系统的想法，有关岛屿位置的乌托邦故事对此高度重视。海洋的包围经常被以岩石、沙地或植物环绕的形式来保护岛屿的内陆空间的其他类型的包围所重复甚至倍增。这些连续的"带"都将岛屿限制在一个完全封闭的空间内，加强了它们的独特性，进而加强了它们的岛屿性。

岛屿的内陆

　　由于希腊水手普遍担心"无边无际的大海"是危险的荒地，他们倾向于在接近海岸的地方旅行（Thuc. 1.7），因此将标记了边缘的海岸线视为熟悉的和有方向的空间。从远处或一定距离外看，这些岛屿几乎毫无例外都像坚不可摧的城堡，因为崎岖的海岸线形成了第一个岩石带，环绕并包围了岛屿内陆空间，同时又倍增了海洋环绕带。乍一看，费阿喀斯人（Phaeacians）的岛的海岸线风景相当荒凉："没有港口，没有船主，甚至连港外锚地都没有"，但它被"突出的海岬、岩石和暗礁"所包围（Od. 5.404–405 和 416），海岸"崎岖不平"（425），有"光滑锋利的岩石"和"汹涌的海浪 / 咆哮在他们周围"（411）。埃俄罗斯之岛被由"陡峭向上延伸的光滑岩石"组成的一道牢不可破的铜墙包围（Od. 10.3–4）。这些岩石的特征突出了岛屿的"大陆"性质、岛屿的大地质感以及岛屿与海洋的"对立"。

　　岛上的岩石海岸的意义往往因占据了岛屿中心的、树木繁茂或荒凉的山地景观的出现而倍增。伊萨卡岛的主要景观是树木繁茂的尼力顿山（Neriton）（Il. 2.632 = Od. 9.22）；克里特岛的景观是白雪皑皑的山脉（Od. 19.338）；特罗亚岛（Troia）的景观是"朦胧的艾达山"（HHAp. 34）；马利亚岛（Maleia）的景观是其陡峭的山脉（Od. 3.287 = Od. 4.514）；等等①。这些岛屿引人注目的景观、崎岖的内陆高山和臭名昭著的荒凉海岸线增强了它们的孤立性。然而，由于被大海和海岸双重包围，同时由于主导景观的标志性山脉的中央高点，岛屿都象征性地有一个中央圆心。

　　石礁和岩石山脉与其说是一个地方的野性的标志，不如说是用来表示它的与

---

① 无一例外，这些物理特征均由常规术语和公式化表达指定。

众不同，表示有质的不同的地方的特殊性质和地位。卡尔佩（Calpe）和阿比拉（Abyla）的陡峭岩石形成了从大西洋到地中海的狭窄入口，即著名的"赫拉克勒斯之柱"：它们原本是一座山，后被赫拉克勒斯撕成两半 ①，它们伫立在一起但彼此相对，就像一个名副其实的世界之轴（*axis mundi*），标志着希腊"有人居住的世界"的东端：禁止驶过赫拉克勒斯之柱，因为这是对神圣领土的不当入侵 ②，或只有"在神的指引下"才能进入（Hdt. 4.152.2）——根据希罗多德对萨摩斯的柯莱欧司（Colaeus of Samos）穿过赫拉克勒斯之柱的描述，在柯莱欧司和他的船员通过之前，持续不断的风"没有减弱" ③。两座陡峭的悬崖、风和"无形"的神圣存在标志着狭窄海峡的神圣性质及其作为已知世界边缘的特殊地位，其外围位置和贯穿其中的海流的强度，揭示了这个地方的"原始"本质及其与起源神话的时空联系。

海岸线是岛屿外围最重要的元素，因此在希腊人的概念视野和他们认知的岛屿景观中是不容错过的。海岸线是陆地和海洋的分界线，是海洋的定向边界。早期的"海岸指南"和航海或殖民探险以沿海岸线点对点旅程的形式构建故事主体 ④，很少有从沿海地区到内陆的冒险。从岛屿内陆来看，海岸既是一个外围地方，也是一个出海起始地，它的作用是加强内外部之间的定性区别。这就是为什么海岸线很容易成为各种各样完全通过记述水手行为构建的航海探险文学描述的边界。每当奥德修斯或阿尔戈号到达一个新的陆地——通常是一座岛屿，故事都以动态的方式跟随主角英雄 / 叙述者回顾的目光展开描述，就像跟踪镜头：一开始是扩展的全景空间，一般从海岸线到岛屿的海角（ἀκτή），最终叙事框架则越来越集中在英雄周围——

---

① Strab. 3.5.5; Plin. *NH* iii.4; Apollod. 2.5.10; Diod. Sic. 4.18.5; Sen. *HF* 235–238. 见戴维斯（Davies），1992。

② Pind. *Ol.* 3.43–45, *Nem.* 3.20–23, *Isthm.* 4.29–31; Eur. *Hipp.* 742–750. 见罗姆（Romm），1992：17–18。

③ 其他通过或越过赫拉克勒斯之柱的探险，见波琉，2016：2–5。

④ 有关 *porthmeutike*（被渡过），见迪尔克（Dilke），1998：30–33；马尔金（Malkin），1998：1–31；哈托格（Hartog），2001：88–89；康斯坦塔科普卢，2007：222–226。有关岛屿殖民化理论（在西地中海和东地中海）的概述，请参见马尔金，1987 和 1998；拉奇，2005：49–74；道森，2016：42–68。

协助英雄在功能性或非功能性的天然 ① 或人工港口登陆。非功能性港口针对特定的虚拟地理网络：人们不能主动将船停在那里，只能被撞到或被驱赶到那里 ②。这种港口，还有崎岖的海岸、多岩石的海岸和海角，表示一个矛盾空间逻辑中的阈界位置和工作 ③：它们实际上是真正的断裂点和叙事边界，相互隔开，同时又连接到一个本质上不同的空间。作为主要地形边界，海岸线（连同它的特定元素）既是陆地和海洋之间的边界，标明从一个到另一个（以及从外向内、从一个空间/时间/叙事层面到另一个空间/时间/叙事层面，有时从一个领域/世界到另一个领域/世界）的通道，而且还标明或分类它所界定的岛屿空间的性质/特性。

最后，浓密的灌木丛、森林或小树林形成了另一种带状地带，即稠密而紧凑的植物带 ④。它们是神秘岛屿的永恒景观，覆盖了峰顶 ⑤，环绕岛屿的中心区域，将外围与中心分开，同时确保这些端点之间的空间联系。卡吕普索之岛有大片森林，繁茂的树木生长在卡吕普索居住的洞穴周围（*Od.* 1.51，5.63–64）；喀耳刻的宫殿也被"浓密的灌木丛和森林"所包围（*Od.* 10.150，197 和 251），宫殿将在两个方向上被人类（奥德修斯和他的船员）和神（赫尔墨斯，也是一位匿名的神［τις θεός］，10.157）多次穿越。

---

① 以安科纳（Ancona）为例，它坐落在一个有醒目的曲线或肘部（弯头）形状的海角上，从而保护并几乎包围了它的港口，因此这个殖民地的希腊名称为 Ἀγκών "肘"（Mela, 2.4；Plin. 3.13.18）。它的港口是意大利亚得里亚海沿岸唯一的天然港口，它的重要性甚至可以从希腊殖民地时期的安科纳的硬币上看出来：在它的背面，有一只弯曲的胳膊或"肘"，暗示它的名字。

② 见独眼巨人的神话岛屿的港口（*Od.* 9.125–129，136–139），或者拉斯忒吕戈涅斯的矛盾岛的港口（*Od.* 10.87–97），在那里，"白天和黑夜的道路紧靠在一起"（10.86），它们既分隔了西方和东方、一个世界和另一个世界，也为其提供了通道。

③ 仿佛是为了尊重和确认提洛岛的神圣，达提斯（Datis）和阿塔弗涅斯（Artaphernes）**并没有停**在那里，而是转到了雷涅亚（Rhenaea），参见 Hdt. 6.97。

④ 例如，"树木繁茂的扎辛萨斯（Zacynthus）"（*Od.* 1.246，9.24，16.123，19.131，*HHAp.* 430）；树木繁茂的普拉科斯（*Il.* 6.396 和 425，22.479）；修尼姆（Sunium）的突出高原（Soph. *Aj.* 1218），在《伊利亚特》（13.12）中是波塞冬的封地；希奥斯岛的名称取自松树林，其早期的名称是皮图萨（Pityusa）或松树岛（Plin. *NH.* 5.31）等。

⑤ 例如，爱琴山（Hes. *Th.* 484）；费阿喀斯和它的"朦胧山脉"（*Od.* 5.279 = 7.268）；这个无名的小岛"离独眼巨人的土地不近不远"，地势崎岖，树木繁茂（*Od.* 9.116–118）。

这种数条同心圆状的"带"的手法描绘了一个追求完美的几何图形，特别是在神话事件的完美布景神话岛屿的情况下。与描绘出一个由分散元素组成、致力于乘法的零碎空间截然不同的是，这种严格排列的空间分区模型是一个真正的"秩序的图形符号"（图 5.3）。在对岛屿景观的描述中出现的空间主题和居住在其中的角色交相辉映，共同提供了对叙事意图描述的情节的重要支持。

图 5.3　表现地中海城市和岛屿的海得拉（Haidra）（突尼斯）马赛克镶嵌画（约公元 3 世纪末或 4 世纪初）。© Fathi Bejaoui. 突尼斯国家遗产研究所。

岛屿和死后世界

在古希腊思想中，特殊性是岛屿空间认知模型的一个主要特征，除此之外，另一个主要特征也很突出：岛屿位于遥远、孤立且有时无法被定义的位置，可能在海的中部的某个地方，也可能在无限"遥远"的海上，在"真实"世界的边缘，在海洋的另一边，或在"文明世界"的尽头 [①]。因此，从这个角度来看，岛屿景观可以用来协调现实和想象（福勒［Fowler］，2017），并成为构建和绘制"死后世界"的完美工具。

岛屿越偏远/孤立，其"想象"度就越高；它在希腊想象地理学网络中的"虚构"地位越高，其遥远/孤立/未定义的位置就越被强调。距离是作为假想地形和岛国的岛屿的前提条件，因为岛屿是典型的偏远地区（麦凯奇尼，2002：128）。偏远也有助于加强"世界之外的"岛屿的不受影响性，岛屿的不可接触性或不可侵犯性强调了它们的独特地位：例如，提洛作为阿波罗诞生地的地位因赫拉发誓让她的竞争对手"只在一个永远不会有阳光到达的地方"分娩而得到加强（Hyg. *Fab.* 140）。

偏远、孤立的岛屿是被放逐或自愿自我流放的流亡者的理想地点 [②]：被放逐的英雄留在荒岛上，成为猛禽的猎物，死后没有葬礼，就像被埃癸斯托斯（Aegisthus）放逐的歌手一样（*Od.* 3.270–271），或像被留在利姆诺斯岛上的菲罗克忒忒斯（Philoctetes）一样，岛屿见证了他的苦恼（*Il.* 2.721–723）[③]。这些荒凉的

---

① 例如，奥吉吉亚岛（Ogygia）（*Od.* 5.55 和 7.244），特里纳西亚岛（Thrinacia）（*Od.* 12.135），广阔的克里特岛（*Od.* 13.256–257），"几乎在欧洲的边缘"（Eur. *Thes.* fr. 381）等。关于克里特岛的极限状态与偏远状态，请参阅吉兹（Guizzi），2009。

② 例如，安科纳大约在公元前 380 年由锡拉库扎流亡者建立，他们逃到这里以躲避老狄奥尼修斯的暴政，参见 Strab. 5.1.3；Solin. 2.10；Juv. 4.40。关于适合流亡者的岛屿及其"对面"地区（*peraiai*），参见拉奇，2005：217–221；康斯坦塔科普卢，2007：129–134，249–253。

③ 历史例子包括：公元前 422 年，雅典人驱逐了提洛岛的所有居民，在雅典人看来，驱逐他们是完成该岛净化的必要条件，这在公元前 426 年就已完成（Thuc. 5.1；Paus. 4.27.90）；多努萨岛（Donussa）是纳克索斯岛附近的一个小岛，曾在罗马帝国统治时期为流放地；阿莫尔戈斯岛（Amorgos），即爱琴海中的斯波拉德斯岛情况也一样（Tac. *Ann.* 4.30）。

岛屿景观、偏远荒凉之处的孤独和隐居，反映了英雄们的孤独和绝望（Soph. *Phil.* 686–706 和 1452–1467）；同样，就像那些注定要与世隔绝的岛屿一样，被放逐的人也变成了"岛屿"，把自己的内心封闭。由于空间被海洋包围并往往是由连续同心圆状"海洋带"形成的几何结构，因此，这些岛屿很容易就变成真正的监狱①：墨涅拉俄斯和他的船员们被"绑"（*Od.* 4.380=469）到法罗斯（Pharos）岛上（*Od.* 4.351–357，373–381，466–480），二十天不能上路，他们不能离开，直到墨涅拉俄斯伏击了普罗透斯（Proteus），把他绑起来，停止了他的变形循环，并强迫他说出如何结束对他们的囚禁。除在大地边缘绕了很长时间试图回家之外，奥德修斯从"诺斯托斯号"（*nostos*，意为"返回"）离开，被困在卡利普索岛（七年，参见 *Od.* 5.13–15，7.259–263）和喀耳刻岛（一年，参见 *Od.* 10.467–471），而潘尼洛普（Penelope）则被伊萨卡的追求者囚禁。

完全隔绝、封闭、不受影响的岛屿也是乌托邦故事的完美背景。事实上，与"真实"世界的距离和分隔是想象的或天堂般的岛屿、乌托邦甚至反乌托邦的先决条件（参见本书中苏利马尼所述）。这些叙述的主要元素是什么？（1）首先是"自然"的元素：特殊的土壤肥力、一年多次收成的美味庄稼、节制的气候和温和的空气、奢华的植被和野生动物、海风和芬芳、明媚的阳光和滋润土地的泉河②；（2）永恒的幸福、永恒的宁静、永远纯粹的善，无尽的歌舞和音乐；（3）超自然

---

① 更糟糕的是，岛屿的圆形有时与死亡的圆形象征融合在一起：在狄俄尼索斯的证言中，阿尔忒弥斯在"被大海环绕的圈"杀死了阿里阿德涅（*Od.* 11.325）；赫拉克勒斯在"被水包围的厄瑞西亚"上杀死了格里昂（Hes. *Th.* 983–984），因为格里昂偷了他的圆蹄牛。

② 参见《奥德赛》中的"极乐世界"（4.563–568，另见 Luc. *VH* 2.14–16），奥吉吉亚岛（5.59–74），斯刻里亚岛（Scheria）（7.110–133）；福岛（Hes. *Op.* 167–173；Pind. *Ol.* 2.68–75 和 fr. 129 Mahler；Luc. *VH* 2.5–6，11–13）；欧赫迈罗斯的潘查岛（*FGrH* 63F3）和 Diod. Sic. 5.42–46（另见德维多［De Vido］，2009 和苏利马尼，2017）；阿伯德拉的赫卡泰厄斯（Hecataeus of Abdera）的赫利索亚（Helixoia）岛（*FGrH* 264F7）；狄奥尼修斯·斯托布雷奇翁（Dionysius Scytobrachion）的赫斯珀拉（Hespera）岛和尼萨（Nysa）岛（*FGrH* 32F7–8）；Diod. Sic. 2.57–59 中亚姆布鲁斯的岛；土星岛（the Isle of Saturn）（Plut. *De faciae* 26）；琉刻（Leuke）岛（Pind. *Ol.* 2.62–83 和 *Nem.* 4.49–51；Eur. *Andr.* 1259–1262 和 *IA* 432–438；Arr. *Per.* 21；Paus. 3.19.12–13；Ant. Lib. *Met.* 27；Phlstr. *Her.* 51.7–53.2；Quint. Smyr. *Posthom.* 3.770–787；普林尼，*HN* 4.93）；等等。

的、奇异的现象，空间和时间上的矛盾增强了岛屿的孤立性和其自身的岛国性，强化了它们和常态（大陆和"真实"世界）、和任何正常感觉之间的遥远距离（拉奇[Lätsch]，2005：222–228），也强化了它们作为替代生活方式之地的潜力。

在这些遥远的、古怪的岛屿上，没有什么是自然的，它们位于空间和时间的物理范畴之外、在人类和死亡的边界之外。虽然所有这些岛屿看起来都是位于大地尽头的、让我们见证了基本地标和世界水平融合（和混淆）的真正奇境／仙境，但它们实际上是封闭的、永恒的空间，是时空边界被拉伸、时间被暂停之地。他们都是异世界（Otherworld）／亡者世界（Neverworld）的时空形象。遥远的奥吉吉亚（Ogygia）岛（*Od.* 5.55）是卡利普索的神圣居所，具有世界西部边界之地的特征，在大洋之外，但位于"海的肚脐所在之地"（*Od.* 1.50）。这个岛屿也呈现出许多来世的面貌①，因为在那里，卡利普索向奥德修斯许诺了不朽和永恒（*Od.* 5.135–136）。因此，它以诗意的形式为被锁在生死轮回中的人生提供了一个替代选择。这个封闭并以自身为中心的岛屿的孤立、偏远的标志显然非常重要。奥吉吉亚岛完全脱离了"现实"世界，没有任何东西也没有任何人能打破它永恒的平衡：没有来回的运动，同时卡利普索也不能把奥德修斯带到广阔大海的任何地方，因为"她没有带桨的船只，身边也没有伙伴"（5.140–142）；"没有任何神或凡人与她来往"（*Od.* 7.246–247）。美丽的赫斯帕里得斯河岸盛产苹果，她显然没有与黄金时代决裂，因为"神圣的大地，以她的祝福礼物，滋养着众神的幸福"（Eur. *Hipp.* 750–751），位于世界的边缘（Soph. *Trach.* 1100）——有时在日落时，在一座美丽的岛屿上；有时在遥远的北方，在希柏里尔人（Hyperboreans）的土地上；有时在大南方，或在利比亚②。波塞冬禁止穿越大洋洋流之上的通道，他划定了天空的神圣边界，即赫斯帕里得斯和卡利普索的父亲阿特拉斯举起的柱子。灵魂必须穿过一座狭窄的桥才能到达祝福

① 关于奥吉吉亚与冥界（Hades）、极乐世界或福岛之间的距离，参见安德森，1958；巴拉布里加（Ballabriga），1986：118–123；谢默丁（Shelmerdine），1986：55–57；贾拉德（Jaillard），2007：31–33。

② 西方：Hes. *Th.* 275；Eur. *Her.* 395。北方：Pherec. *FGrH* 3F17；Apollod. 2.5.11。利比亚：Hdt. 4.204；Ap. Rhod. *Argon.* 4.1390–1399；Diod. Sic. 4.26；Plin. *NH* 5.3–4 和 31.5–7，Ptol. *Geogr.* 4.4.9–10。

之地，但这座岛位于"死亡边界之外，即在冥界和来世"（波琉，2016：30）①。

作为传奇景观的岛屿

海上旅行、岛屿和男性仪式的起始

无论何时，只要是关于一座岛，就会有一个故事。在希腊人的思想和形象中，岛国性非常宝贵，它与卓越、非典型、神话的观念如此密切相关，以至于大多数希腊英雄是岛民，岛屿在英雄旅程的神话叙述中扮演着特殊的背景和框架的角色，同时也是命运剧变的象征性角色。到目前为止，在神话中的海上探险中，最常见的目的地或中转站是一个遥远而难以到达（或只有拥有特权的英雄才能到达，并在神或他们的神圣代理人的指引下才能到达）的岛屿②。事实上，在这些叙事中，岛屿凌驾于大海之上：虽然大海作为场景、风景的背景和行动的次要叙事框架发挥着作用，但岛屿构成了主要舞台和主要场景。

在穿越大海的过程中③，神话中的英雄们所面临的风暴不仅仅是一个背景，他们必须超越的界限也不仅仅是他们通往目的地道路上的偶然障碍。如果出海航行到米洛斯岛（Melos），就会接近伯罗奔尼撒半岛东南海岸的马勒斯角。海角周围的海域非常危险和难以航行，有高高的悬崖和强大的风暴，这从《奥德赛》中提到的几位希腊英雄的故事中就可以清楚地看到：几位英雄的海上旅行都在这个阈界位置中断或偏离，如奥德修斯（9.80–81，19.186–187）、墨涅拉俄斯（3.284–290）或阿伽门农（4.514–518）。马勒斯角是典型的叙事和时空点之一，由此引发一种完全混乱和秩序完全毁坏的状态，它绕过了神话英雄海上旅行的线性路径，打断了叙事线索。另一个象征海上危险的传统地点是回旋角（Gyrae），人们从阿贾克斯（Ajax）的故事中得知它的存在（Od. 4.500–511）。许多学者试图在地理上将其定位，但都

---

① 关于平德尔的福岛的末世论内涵，见索尔姆森，1982；布朗（Brown），1998；卡辛（Cousin），2012，第4节。

② 见波琉，2016：59–89以了解对珀尔修斯、忒修斯和伊阿宋的海上航行的详细分析（分别为Pind. *Pyth*. 10，Bacchylides 17和Pind. *Pyth*. 4）。

③ 参见莱斯基，1947：188–214有关在古老的希腊抒情诗中大海是危险的永恒象征的描述。

是徒劳，因为回旋角和马勒斯角一样，都不是真实的地理位置，而是一个**介于**空间和时间之间的点，这里是关卡中断和虚幻闯入现实的地方。英雄们就在**彼时彼地**经受着大海的考验，他们经历着成年仪式，他们的成年仪式被压缩到海上旅行的仪式中。因此，穿越大海、到达一个位于已知"世界"界限之外的遥远岛屿的海岸，是英雄们苦难的一部分，并揭示出其角色是从一个空间和/或时间域到另一个、从一个英雄的人格层面到另一个、从一个"社会角色"的地位到另一个的阈界和过渡通道（苏尔维努-因伍德［Sourvinou-Inwood］，1995：115–117），无论目的是获得荣耀（κλέος）、永生还是一个新的或更新的身份和条件。

岛屿、神与人的性结合和女性仪式的起始

神与人之间的违禁结合，尤其是神和 παρθένοι（"少女"）的结合，特别容易发生在与世隔绝的岛屿和茂盛的草地/花园——在名副其实的令人愉快的地方（*loci amoeni*）（莫特［Motte］，1973：198–232）和神与人结合叙事中象征性地形的地方群落（*loci communi*）。这些非凡的结合不仅导致了少女的性启蒙，而且还导致了少女地位的根本改变，因为她们通常会生下非凡的后代，这些后代最终在与该岛屿相关的古老种族或城邦的历史上占据了应有的位置。

少女们在被绑架并与神交合之前，通常在海边或河岸上玩耍或采花。这些场景发生在一个因仪式舞蹈、合唱和女性游戏而活跃起来的仪式环境中。处女（*parthenos*）剪花的姿势描绘的是在她被绑架到一个偏远孤岛的未修剪草地上以及她的少女身体被"毁坏"之前。在尼萨平原上，珀尔塞福涅（Persephone）正在"与海神厄西诺斯胸部丰满的女儿们玩耍，在柔软的草地上采集花朵"，这时哈迪斯突然扑向她，把她带走了（*HHDem.* 5–21）；在欧里庇得斯的《海伦》（*Helen*）（1310）中，哈迪斯把珀尔塞福涅从仪式上处女们的循环合唱中拖了出来。克鲁萨（Kreousa）被阿波罗绑架到一个神圣的洞穴，当时她正在采花（Eur. *Ion* 885–901）。克罗斯（Chloris）/弗洛拉（Flora）被西风之神杰佛瑞斯（Zephyrus）抓走，并被带到福岛（Ov. *Fasti* 5.193–222）。埃伊娜（Aegina）是河神阿索普斯（Asopus）的小女儿，宙斯装扮成一只鹰抓住了她，并从佛里奥斯（Phlios）飞到一个"未开垦的"、未受侵犯的、尚未有人居住的岛屿上，岛屿以她的名字命名为埃伊

娜（Aigina）；她和宙斯一起躺在岛上，然后生下了后来成为岛上国王的艾阿克斯（Aiakos）①。年轻而狂放的凯里内（Kyrene）被阿波罗绑架，从色萨利的佩利翁山（Pelion）被带到非洲海岸，成为利比亚（公元前620年前后成为希腊殖民地）的女王，在那里阿佛洛狄忒为他们主持了婚礼（Pind. Pyth. 9.5–13）；因此，阿波罗使凯里内成为阿里斯泰俄斯（Aristaeus）的母亲，而这个欢迎神与人结合的地方变成了一片繁荣的景观，它以少女的名字命名，仿佛她的处女之身等同于新定居殖民地的土地，见证了神和处女之间的"婚姻"，处女现在已经是一个驯服的、完全涵化的 *gyne*（"女人"）。欧罗巴（Europa）被变身为克里特公牛的宙斯（或被宙斯派来接少女的公牛）抓住②，从腓尼基被带到大海另一边的克里特岛。在一幅描绘这一场景的图像中，我们甚至看到欧罗巴到达克里特岛的场景是用植有树木的岛屿和一只奔跑的野兔来表示的③。空气和海面之间的界限空间代表了一个过渡空间，它的一边是腓尼基海岸（现在已经不可见），女主人公正在离开；另一边是遥远的克里特岛。这两点之间，欧罗巴悬在远离地面任一点的空中，这个图像象征处女的分离阶段（与她的社会背景、家庭以及她过去生活的分离）以及她的通道（去往她未来丈夫的故乡、去往另一个社会地位、一个新的或重新开始的生活以及另一个世界的通道），没有返回的可能。她被绑架，然后结婚，这被视为她的象征性死亡；空中—水中的空间非常适合用来表示她经历的特殊仪式。作为宙斯所选择的目标，欧罗巴的命运是个特殊例外，那就是，在神话般的克里特岛上与神结合、获得不朽的礼物、改变地位、过上一种完全不同的新生活以及享有死后的荣誉。

122　　这是留给众多美貌出众的女主人公的一切，她们唤起了众神的欲望，并被绑架，随后被运送到神圣诱拐者所希望的岛屿目的地，通常是一个点缀在大地边缘神秘地理上的神圣庇护所。所有这些受到特别优待的、与世隔绝的空间，帮助定义了

---

① Hes. *Cat.* fr. 53; Pind. *Nem.* 7.82–86 和 8.6–8, *Isthm.* 8.16–24, *Pae.* 6.123–183; Apollod. 3.12.6; Hyg. *Fab.* 52; Paus. 2.29.2; Diod. Sic. 4.72.1, 等等。

② Hes. *Cat.* fr. 90; 莫斯库斯（Moschus），《欧罗巴》（*Europa*）；《阿克那里翁集》（*Anacreontea*），fr. 54，等等。

③ 凯尔（Caere）的黑绘水罐（公元前540—前530年），卢浮宫：E696。

原本未被定义的神圣的**别处**，即受到眷顾的凡人的永恒住所，他们被神选中、被从地上抓来、被从他们的存在和凡人地位中释放并提升为拥有不死的生命或死后的英雄荣誉。就这样，所有这些岛屿定义了来世的空间模型。

少女们被神绑架、与神交合、得到神的保护，她们自己、她们的后代和与世隔绝的空间都欢迎这种神圣的结合。神在某个圣地夺取少女的童贞，也占有并圣化处女岛本身（卡拉坎察［Karakantza］，2004：44）。通过一场暴力而非凡的神的干预，创造出拥有神圣血统的合法继承人，新的 *gyne*（"女人"）和她的后代成为一个新地方（现在是供奉神的圣地）的源头和一个新城邦（*polis*）的新社会主体。新城邦利用绑架婚姻神话的叙事核心作为其神圣起源的神话，以使其公民和宗教身份合法化。在其强大的意识形态和政治背景下，关于新城邦起源的同样的神话也通过本土性（autochthony）理念确立了其合法性。此外，由于所有的新城邦通常都是孤立的岛屿，这在很大程度上说明了岛屿在古希腊思想中的代表力量，即在爱奥尼亚海和爱琴海世界中最先定义城市，因为岛屿被视为有中心的圆形的领土表达，是防御和保护、自由、主权和统一的保障。

海岸

海岸是水与地、海与陆、相毗连而又在许多方面对立的领域的中间空间。各种神的行为发生在海岸线上（神与凡人之间的神话相遇、神显、奇迹般的拯救、变形、预兆和预言），海岸线是神的通道、与神沟通的纽带，同时也是神与凡人世界的边界，是今生与来世的边界。对这些行为的研究使我们得以强调陆地和海洋**之间**的空间中的宗教内涵。

海岸是荷马史诗和其他史诗的主要叙事框架之一。在《奥德赛》和其他著名的海上冒险故事中，海岸主要是陆地和海洋、内部和外部、神和人之间的边界和纽带，也是从一个现实层面到另一个现实层面、从一个世界到另一个世界的通道。在《伊利亚特》中，海岸主要是人类阵营之间（亚该亚人和特洛伊人之间或同一阵营的各个不同方面之间）或神与人之间的边界和沟通渠道，特别是在危急情况下，包括生死关头或事情尚未决定的阈界语境中。阿伽门农派去阿喀琉斯居所的使者"在

123

贫瘠的海边"（*Il.* 1.327）违背了他们的意愿，而奥德修斯带领的使团也"在发出雷鸣般咆哮的大海边行走"去找阿喀琉斯（*Il.* 9.182）：考虑到故事的背景、重重风险和双方的僵硬态度，他们的任务非常困难（参见 *Il.* 9.179–184）。有时，在战争的高潮场景中，海岸构成了叙述背景的一部分，通常它为真实的局势逆转和从生到死的通道设置了场景。《伊利亚特》第 15 章写道，船上的战斗发生在海岸上，暗黑的土地被亚该亚人和特洛伊人的血染红（715）。巴库利德斯颂歌第 13 篇写道，特洛伊人在阿喀琉斯撤退后将希腊人赶回了海岸，并用船只与他们作战，海岸的黑色大地被赫克托尔杀死的希腊人的鲜血染红（149–154）：在被视为绝望之地的海岸上，特洛伊人从胜利者变成了受害者。奥德修斯和其他水手高兴地踏上陆地，逃离海上的不幸，逃离死神的代理（风暴、汹涌的海浪、暗礁、尖利的岩石、敌对的神），最终到达他们的家园或其他受欢迎的土地。或者，由于可以愉快地航行、脱离危险、逃离居住在充满敌意岛屿上的怪物，海岸代表着解脱之地，也代表着一个从情况逆转中得到幸福结局的地方。

Ἐπὶ θῖνα πολυφλοίσβοιο θαλάσσης（"咆哮大海的海岸"）往往是一个代表孤独和悲伤的地方。大海的喧闹映衬出几个无精打采沿着海岸行走的内心动荡的人，他们有的无言，有的悲叹。他们的姿势表明，他们正处于危险的情况下，导致他们痛苦的事情还远没有结束或得到解决：在《伊利亚特》第 23 章第 59 节中，阿喀琉斯在"咆哮大海的岸边"为失去普特洛克勒斯（Patroclus）而沉重地叹息，随后，他流着泪哀悼他的朋友，"沿着海岸漫步"（24.12），有时侧卧，有时仰卧，然后又俯卧。菲罗克忒忒斯被遗弃在被海水冲刷过的利姆诺斯岛的岸边，这是一个没有港口、没有人涉足的荒岛（Soph. *Phil.* 1–2，220），他完全孤独地居住在海岸上（145；227–228："如此可怜，如此孤独，一个被遗弃的人，没有朋友，如此悲惨"；1018："没有朋友，被遗弃，没有城邦，在活人眼里是一具尸体"），"他跌跌撞撞，也许是由于曲折的痛苦，或者当看到没有任何船只造访的避风港时，他发出一声深远的嚎叫"（215–217；参见 1456–1461）。在普罗透斯告诉墨涅拉俄斯其他离开特洛伊城的亚该亚人的命运后，墨涅拉俄斯"坐在沙滩上哭泣"，不想再活下去（*Od.* 4.538–542）。在赫尔墨斯造访之后，卡利普索发现奥德修斯"坐在岸边流泪"（*Od.* 5.151，

124

156–158，也见 5.81–84），哀伤于他的归去，因为自从他被迫来到奥吉吉亚岛、女神把他从他的"诺斯托斯号"带回，他就在那里消磨时光；他的处境即将发生根本的变化，而且这也将在岛屿的边界发生（5.238），卡吕普索领路，给奥德修斯看高大树木，他将用这些树做木筏，划着木筏去伊萨卡岛。《奥德赛》（13.220）写道，奥德修斯在"咆哮大海的岸边"徘徊，悲伤地渴望回到他的祖国，甚至没有意识到他已经到了伊萨卡岛，也没有意识到它的海岸线正是他漫长的归途（nostos）中发生特殊的情况逆转的地方。

海岸是独处和反省之地，有时也可以是冥想和祈祷之地，是与守护的神灵进行内心对话的地方。伊利索斯（Ilissos）河岸与海岸相似，被视为哲学思考的完美场所，远离生活的烦恼：苏格拉底感到了这个地方的神圣，并不惧怕在位于城郊的河岸上遇见宁芙（Pl. Phaidr. 238c–d），因为这样一个临界点可以被这些本质上神圣但接近人类的中间人物频繁光顾甚至居住，并拥有神与人之间的中介的力量。除此之外，苏格拉底还注意到有一座供奉宁芙和河神阿刻罗俄斯的圣殿（230b），缪斯女神的祭坛也坐落在河边（Paus. 1.19.5），两组神和对他们的崇拜可能在很多地区是相关的。因此，在具有仪式意义的公共活动期间，在这个空间的中心（海岸和河岸）就会举行仪式。虽然海岸位于城邦中心之外的边缘位置，但净化和祭祀仪式都在海岸上根据神的阈界和特定的地位进行：《伊利亚特》（1.313–316）写道，阿伽门农"告诉他的人民洗去他们的污秽。/ 他们把它洗掉，把洗过的东西扔到盐海里。/ 然后他们用贫瘠的盐海沿岸的公牛和山羊，/ 完成了完美的阿波罗百牲祭"[1]。祭祀很有效："燃烧的味道盘旋着升上明亮的天空"（317），仿佛海、水、天将在这通过在过渡和交流的时空临界点上进行的神圣仪式而与神相遇的特殊时刻合而为一[2]。

海岸和河岸经常居住着自然之神，特别是半神性的生物，他们或位于神界的边缘，或接近人类世界，因此在两个领域之间起着重要的调解作用。因此，（a）这些代表内在而自然的神性的神的矛盾本质之间存在完美的共谋；（b）神栖息的空间

---

① 另见 Od. 2.260–261。

② 另见 Od. 3.4–11, 30–66 中在皮洛斯（Pylos）ἐπὶ θινὶ θαλάσσης（海边）进行的，在内斯特（Nestor）、雅典娜（伪装成门托尔［Mentor］）和忒勒马科斯见证下的献给波塞冬的百牲祭。

的性质和构成神活动领域的海岸**之间**存在完美的共谋；（c）他们的主要特点（即调解，因为他们以不同的方式在人类、英雄和神的世界之间行事）之间存在完美的共谋。喀耳刻岛的岸边有洞穴，洞穴里住着宁芙（*Od.* 10.404，424），洞穴的存在被其**中间**功能所证明，这些功能与登岛／离岛场景的**中间**情况有关：他们欢迎英雄并把英雄们介绍到他们所到达的从一片未知土地的无边无际的海岸变成一个可以定义的诱人地方的土地，为他们的进入提供便利，让他们的到达／离开变得顺利，为他们提供自然的款待，调解陆地和海洋、野生自然及其适应性、凡人和保护神等之间的关系（马尔金［Malkin］，2001）。菲罗克忒忒斯被囚禁在利姆诺斯岛期间，他在海岸上的宁芙的洞穴中找到了庇护（272）：在他离开之前，他向"他发现的岛上的庇护所"欢呼，他发现了宁芙和她们的湿润草地，他的祈祷加入了海中宁芙的合唱，"让她们平安归来"（Soph. *Phil.* 1454–1471）。在《奥德赛》中的伊萨卡岛海滩上，宁芙们的"愉快的黑暗洞穴"是一个名副其实的人与神的"物理"交汇点："它有两扇门，／一扇是通向'北风'的路，另一扇是圣门，通向'南风'，人们／不能进去，因为这是永生者之道。"（13.102–112）洞穴有两个入口，使神和人都能直接进入（虽然有区别），这使洞穴也适合做神的居所以及既是边界又是纽带的阈界空间。

如果神没有住在洞穴，他们则会经常出没在海岸，海岸有时也是他们活动的场所。如果说在《荷马狄俄尼索斯颂诗》第二首（2—3）中，第勒尼安海盗目睹了狄俄尼索斯"在未收获的海岸上／在一个突出的海岬上"的显现，那么当阿尔戈英雄们在堤尼亚德（Thyniade）岛的岸边登陆时（*Arg.* 2.669–693），他们就目睹了阿波罗的显现。海洋和陆地之间的空间间隙是神显的重要场所（*locus*），在多个层面上都引人注目。此外，这个空间的物理属性有利于神显的场景：空气的透明、水的半透明以及彩虹的效果，与神在以人形向世界显现时所喜爱的闪光、光辉和薄雾相匹配。

由于神与人之间存在着不可逾越的鸿沟，神与人之间的接触和相遇绝不寻常，但在特定的地点和特定的时间是可能相遇的。海岸作为一种阈界和**介于两者之间**的空间，可以是神与人之间实际、直接的相遇或人的思想和神的灵感之间的思想接触的舞台。相遇的场景经常在黑暗中、在中午或太阳升起时上演，这给相遇带来了一种神秘性质。相遇与临界时刻以及人类命运中的关键时刻有着密切的联系。在海边，忒提斯（Thetis）听到她的儿子哭泣，她"像灰水里的薄雾一样"出现，来到阿喀琉斯身边，用手抚摸他，对他说话（Il. 1.357–361）。这里的薄雾可能表明女神无形（对她的儿子之外的任何人）的存在，但这完全符合这个地方的临界性和处于神人之间的性质。在墨涅拉俄斯的"诺斯托斯号"在马勒斯角偏离了航道后，他被诸神困在法罗斯港，行程耽搁了二十天。有一天，普罗透斯（海的老人、海神波塞冬的下属）的女儿厄多忒亚（Eidothea）找到墨涅拉俄斯，向他提出了一个逃跑的办法，她策划了一场抓住这位神圣老人的伏击。由厄多忒亚调解的墨涅拉俄斯和普罗透斯的相遇发生在中午（Od. 4.400）、"在海浪旁边"（4.449），当时普罗透斯从海里出来，躺在岸边的空洞穴下睡觉（450–453）。这时墨涅拉俄斯和他的伙伴搂着老人，目睹了他的六个阶段的蜕变（狮子／蛇／豹／野猪／水／树），然后他们开始了谈话。谈话间，普罗透斯劝告墨涅拉俄斯，敦促他向宙斯和当地的众神献上百牲祭，向墨涅拉俄斯透露了其他亚该亚人领袖离开特洛伊后所发生的事情，并预言了墨涅拉俄斯本人的命运。

126

由于海岸的临界性质，海岸的关键重要性被在海岸发生的其他神圣行为所证实——海边和其他靠近海水的空间（被视为野性元素）是绑架和强奸以及神和少女之间的性结合发生的典型场所[1]，他们拥有神圣血统的私生子（以及被放逐的母亲）的暴露，实际上是对他们的救赎和合法化或对他们的死亡的初步临界体验：被遗弃在大海里的年轻母亲们在生与死之间摇摆；至于孩子们，他们必须很早经历成年仪式，因为正是他们的暴露仪式发挥了作用——早在青春期之前，他们或在肉体上死亡（除社会性死亡之外），或根据他们的神圣出生状态获得生命和新的状态[2]。受害者因大海而经历的暴露和磨难构成了这些传说的史诗核心，那是他们的启蒙和成年

---

[1] 例如，天马珀伽索斯（Pegasus）（单独或与克律萨俄耳［Chrysaor］一起）从"环绕海洋源头"的泉水中涌出，作为波塞冬和美杜莎结合的果实：Hes. Th. 278–283; Pind. Ol. 13.63–64; Apollod. 2.4.2; Hyg. Fab. 151; 等等。

[2] 见波琉，2016：90–118 有关被赶出海的适婚年龄女孩的论述；有关儿童的暴露在神话中的例子，请参阅库萨鲁（Cursaru），2014。

仪式，甚至是从一个世界到另一个世界、从一种状态到本质上不同的另一种状态的过渡，这些多重通道的背景都是海岸，即受害者的故乡城市（驱逐他们的城市）的海岸和新的（岛屿）陆地的海岸。遇难者到达或没有到达的海岸线，通过它的临界性质，描述了英雄主人公所遭受的苦难的临界性质。从定义上讲，海岸是幸存者被（海水）沉到海底，然后被（不同的救援人员）救起（所有这些均需神的同意）后带到的陆地，是位于大海和陆地之间的临界空间，是确保他们从过去的生活和潜在的死亡走向新生的通道。

大多数幸存者都是在到达一个安全的地方后才改名或起了新的名字，新名字意味着身份的变化和被卷入大海严酷考验的英雄所经历的彻底转变。那些见证了他们获救的地方，以及那些让暴露孩子合法化的地方，有时都以他们的名字命名。暴露的孩子从此合法化，因此得到重新定位，恰好被所在国家的国王收养（这是规则，而非偶然），成为王位继承人；或者他们自己成为他们所在新土地上城邦的奠基人，并以自己的名字命名该城邦。因此，不足为奇的是，大多数关于新生儿在海上暴露的传说都与来源有关：大海使他们合法化，众神也同意了他们，他们已经准备好成为开国者或杰出国王。其他的新生儿是神圣出生的果实，由神亲自照顾：有些失去了凡人的身份，成为了特定崇拜的英雄或半神；另一些人则凭借自己的力量成为神，尤其是海神；还有一些人成为他们的仆人，特别从事预言艺术。

所有这些例子都表明，仅仅从美学的角度来考虑位于陆地和海洋**之间**的空间是不够的。作为一个神奇的地方和一个真正神圣之地，海岸被赋予了一种非常特殊的神圣性：海岸在各个层面都是矛盾的，但又显然被在海岸显现的众神的存在和行动赋予了宗教色彩。

第六章

旅　人

古代的海上航线和海员

雷蒙德·舒尔茨（Raimund Schulz）

简介

根据荷马的说法，特洛伊城被摧毁后，墨涅拉俄斯、内斯特（Nestor）和迪奥米德（Diomede）在莱斯博斯岛讨论他们应该走哪条路回家："我们应该从我们左边的紧靠锡拉岛（Psyra）的多石的希奥斯岛北面，还是应该从希奥斯南面经过多风的米玛斯山（Mimas）。我们一直求神给我们一个兆头，神也这样做了，告诉我们应该穿过开放水域到埃维厄岛。"（*Od.* 3.169–176）这些诗句中令人惊讶的不是英雄们打算渡过大海回家，而是他们可以从几种航线中选择：短航线是到希奥斯岛，然后沿着北部海岸，经过锡拉岛（普萨拉岛［Psara］）到达埃维厄岛；长航线是沿着希奥斯南部海岸（"向下"），通过米玛斯山麓，并经过基克拉泽斯群岛。另外，神谕告诉他们要走直线从莱斯博斯岛到西方。随着故事的发展，我们发现墨涅拉俄斯决定走第四条路线，即经克里特岛的南行航线（*Od.* 4.514）回到斯巴达，而奥德修斯更喜欢沿着色雷斯海岸航行（*Od.* 9.38–40）。就这样，我们看到了英雄们返回家园或尝试探险的陆海空间连续体内的完整航线网络。

莱斯博斯岛上这场讨论会的传奇事件以对海员航行过的所有地区的了解为蓝本：公元前 8 世纪，经由多条繁忙海上航线，地中海变得触手可及。希腊的船长们驶入黑海，探索西西里岛和意大利的海岸线。一代人之后，一艘希腊船穿过直布罗陀海峡，到达西班牙的大西洋海岸，腓尼基的海员在那里建立了他们的第一个前哨站。这种海上网络不断扩大，到大约 400 年后，阿拉伯和印度的水域也已与地中海航线相连。因此，古代史也是一段航海业不断发展和海上联系日益紧密的历史。人们建立起货物、知识和技术的运输和交流的重叠的海上航线的网络。这些航线的使用者包括商人和殖民者，以及海盗、雇佣兵和军队。航海业遍布广阔地域，连接了相距遥远的文明并促进了文明的发展。索福克勒斯（《安提戈涅》[*Antigone*]，332–338）将航海列为人类文化成就的巅峰：只有这样，人类才获得了全面发展而不受限制（死亡除外）。

这一切并非易事，索福克勒斯在认识到人类的成功，尤其是在海上的成功时感到十分揪心。即使对于最熟练的海员来说，大海仍然是一个恐怖的地方，它对人类充满敌意，而且不可预测。荷马笔下的一个费阿喀斯人承认："没有什么比大海更糟糕的了，不管一个人多么强大，大海都能把他压垮。"(*Od.* 8.138–139) 甚至在荷马时代之后 2000 年，在罗马帝国安全的世界里，圣保罗从小亚细亚到意大利的途中仍遭遇了一场让他和船员几乎丧命的风暴。人类敢于一次又一次出海必定是受到某些特别因素的驱使。以下章节将解释古代海员在广阔海上空间航行的原因及其目的。我将介绍连接地中海与西方海洋、南部和远东的历史阶段。在公元最初几个世纪，人们甚至考虑从西班牙跨越大西洋。为什么这个古代最后的伟大目标从未实现？提出这一问题的目的是对古代航海的成功和限制作出最终和跨越时代的历史评估。

古代航海的一般条件和我们知识的基础

荷马的英雄们沿着海岸、穿过岛屿找到了他们的道路，爱琴海有利于航海的条件在地中海的其他地方也存在：它的北部海岸被分割开来，广阔的半岛将水域划分为更小的海域，并将周围的海岸划分为生态亚空间。水手们能够在看不到陆地的情况下长距离航行，而内陆的山脉（正如莱斯博斯岛上的辩论所表明的）则提供了方向。塞浦路斯岛、西西里岛、撒丁岛以及巴利阿里群岛（Balearic Islands）等大岛是东西方和南北方连接的重要驿站。

除了这些有利的地理条件，还有航海方面的优势：大地中海是一个相对可预测的海域。夏天天空大多晴朗，很少有雾，基本上只有冬天才有雾，这使得海员可以根据太阳和星星来确定自己的方向。潮汐和危险的海流只出现在少数地区（斯特拉博，17.3.20）；虽然有强风暴，但持续时间很短，海浪远没有大西洋的那么大。即使每个分区都有自己独特的水文和生态条件，特别是在地中海东部，但在夏季，人们可以依靠稳定的海流和气流航行（阿尔诺 [Arnaud]，2005：16–68）。大海流从西向东再向北逆时针方向移动，与主要来自西边或西北的风相对应（霍登[Horden]和珀塞尔[Purcell]，2000：137）。因此，沿着北方航线的西向旅行比向南岸航行的东方航线的旅行要花更长的时间。风和海流系统支持了真正的卡雷拉斯（*carreras*）的发展，在内部线路上，卡雷拉斯可比陆路更快、更容易地运输更多的货物。

但这些航线网受到海员必须考虑的区域和季节变化的影响。自公元前7世纪起，船只就能逆风65度行驶，在无风和逆流的情况下，可以在一段时间内恢复划桨（法布尔[Fabre]，2004：117）。在海岸附近，人们利用日出后不久吹向陆地的海风以及夜间的陆风加快速度，并适应海上的主要风向（阿尔诺，2005：22–23）。无论如何，古代航海仅仅或主要发生在沿海地区且从未在冬季进行航海的观点早已被研究人员证明是一个神话（阿尔诺，2005；贝雷斯福德[Beresford]，2012）。实际上，青铜时代中期就存在远洋船只。古人航海时没有磁罗盘、没有航海日志或六分仪和精确的海洋地图，他们只是以星星和"自然迹象"来寻找航向，即通过水的气味、颜色、温度、风和大气，鸟类、鱼类和植物遗骸的运动和外观，以及通过派遣鸟类（以了解离海岸有多远）。穿越开放水域的旅行不仅节省了时间和金钱（入港费），而且还提供了在开放水域度过风暴的机会，而在海岸附近，很可能因为浅滩和珊瑚礁、不可预测的洋流、漩涡和向下的气流（特别是在背风海岸）以及海盗，旅行突然结束。

地中海的水文、航海和地理条件是航运的重要前提条件，但由于允许沿着海岸和跨越公海旅行，为创造性的变化留下了足够的余地。然而，一定有人准备利用由此产生的优势，同时作出合理的风险评估。史诗和（少数）一手资料倾向于把到遥远地方的旅行描绘成个人的英雄事业。然而，在现实中，长途航海不仅有危险，而且是一项昂贵和技术要求高的业务，需要长期规划和有能力的支持者。尤其是，它还需要一个社区的支持，这个社区要维护和传递有关航线和目的地的知识、以社会认可来奖励那些踏上海洋的人，且不会因失败而气馁。这种海员社区大多在城邦中心发展起来。沿海城邦是古代航海的起点和目的地，重要的海上贸易路线大多建立在有城邦提供联络点的沿海地区。两种现象相互支持，并在很大程度上促成了古代覆盖欧亚海域的动态连通。

与以领土为导向的大国合作也很重要。大国从沿海地区聘请船长来购买金属和奢侈品，并寻找可能的未来扩张对象。作为回报，它们为这些事业提供资金，并希望从日益繁忙的海上交通中收取关税。沿海城市的航海技术和陆上大国利益的结合，是开放海洋和海上网络的重要驱动力。它也是航海人群规模不断扩大和航海技术方面改进的一个重要先决条件，事实上，在许多方面，它已达到可以与现代早期竞争的水平。

从另一个方面来说，（经常）赞助去遥远目的地旅行的君主对我们理解更大范围的航海具有重要意义。船长和沿海地区市政当局通常口头交流他们的知识，最多以史诗的形式进行复杂知识传递。但公共赞助者希望探险队负责人提供详细的报告，包括航线和生态条件，以及被探索的沿海地区和腹地的政治、社会状况，因为只有这样才有可能组织征服以及评估风险和成功的机会。在这种背景下，出现了一种描述沿海地区的文学体裁（"periplus"，即"航海记"），这种体裁一方面遵循在近东常见的列出地名和民族名称的原则（ *Gen.* 10；Hes. Frg. 98），另一方面按照航海者自己有时会使用的线性记录沿海地区的原则。这些都包含在国家对信息和规划的全面需要的有意创造的背景中。

在罗马人崛起之前，西地中海还没有这种帝国领土力量，迦太基或马西利亚等港口城市在派遣船长到遥远的目的地探险时采用了这一原则。其中大部分探险记录都保存在档案中并得到了评估。但是，遗憾的是，那些档案中的第一手探险报告并未留存下来。我们所拥有的只是能够追溯原始文件的作者的摘录和重写，而在大多数情况下，这些作者用它们来达到完全不同的目的，将档案整合进新的内容。但至少他们保留了关键的事实和系统安排的原则，比如距离和旅行时间的计算（阿尔诺，2005：63，关于希罗多德）。这就是为什么在古代，这些文本已经是系统化掌握经验和知识的重要来源。在试图对不断发展的世界进行分类和解释时，这些资料与航海者的口述资料一起，成为希腊地理学、人种学和自然科学的基础。由于考古发现往往不够充分，而且难以解读，因此，即使是现在，如果我们不能追溯这些资料，我们对古代航海的成功（和失败）就会了解得更少。

东方列强以及腓尼基人的联系网络

自公元前第三个千年以来，近东的统治者需要许多他们在其直接影响范围内没有（充分）找到的资源：首先是用于制造青铜的锡和铜，以及西班牙南部和努比亚的金和银；然后是用来组建军队、装饰宫殿、制作艺术品和寺庙设备的塞浦路斯、意大利北部和小亚细亚北部海岸的铁；随后就是阿拉伯半岛南部和索马里的香料和没药等外来植物。法老的帝国组织了前往传说中的香料之国（厄立特里亚和埃塞俄比亚）的旅程。但西地中海的金属供应需要高度发达的航海专业知识，因此这个任务被交给了已经有这方面基础的黎凡特沿海城市。最著名的例子是提尔城的"商业寡头"（奥贝特，2001：31–125）。像附近的比布鲁斯和西顿（Sidon）一样，提尔城的居民称自己为迦南人（*Kinahhu*），而希腊人则因他们的一种最著名的产品——紫色蜗牛的红色颜料，称他们为腓尼基人。除了用于远距离运输货物的笨重帆船，他们的工匠大师还建造了更精巧的船只，带有明显的龙骨并在帆之外还由两排桨驱动，每边有 25 个桨手（图 6.1）。这些船对风和海流的依赖较少，可以在拥有相当大吨位的同时具备抵御海盗的能力。

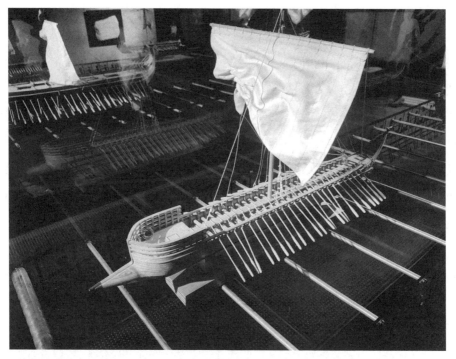

图 6.1　五十桨船（penteconter，意为"五十桨"）模型，古风时代殖民和海战的标准帆船。©维基共享资源（公共领域）。

这种船属于长途旅行的标准船型，甚至可以去红海这样，其危险珊瑚礁、无水海岸和酷热对水手来说是独特问题，且不允许"跳岛游"的海域。此外，在曼德海峡有印度洋的季风系统。腓尼基人被认为是唯一能够克服这些困难的民族。例如，

提尔王希兰（Hiram）（公元前971—前939）据说曾向所罗门王提供船只和水手，他们从以色迦别（Ezeon Geber）（红海旁的亚喀巴［Aqaba］）前往俄斐（Ophir）国，带回了大量的黄金、檀木和宝石。

希腊历史学家希罗多德称，法老尼哥二世（Necho II）派遣腓尼基水手进行了一次更为壮观的远征。他们打算沿着非洲（利比亚）海岸继续向西边前进，到赫拉克勒斯之柱（直布罗陀），然后可以驶入地中海。根据希罗多德（4.42）的说法，这次环绕非洲之行是一次成功的航行，但他还是表示了一些怀疑。然而，我们没有理由怀疑这样的旅程是可能的，即使我们必须假设有一些初步阶段，并且整个过程会包括几个阶段，而传统上则将这些阶段浓缩为一个事件。法老尼哥没有追求任何科学兴趣，史料对此没有任何说明。相反，与其他长途旅行的情况类似（波琉，2016：8），史料表明目标实际存在。《旧约圣经》讲述了一支"他施船队"在离开三年后"装载金、银、象牙、猿猴、孔雀"返回（《旧约圣经·列王纪上》10：22；《旧约圣经·历代志下》9：21）。他施（Tarsis）可能是指遥远的西班牙安达卢西亚的塔特苏斯（Tartessos），这是一个以白银开采而闻名的城市文化。其他产品可能来

自西非，并在塔特苏斯交易（康利夫［Cunliffe］，2002：44）。早在公元前10世纪或公元前9世纪，腓尼基人就通过地中海北方路线到达了西班牙，他们在大西洋沿岸建立了几个前哨站，如韦尔瓦（Huelva）和加的斯，从那里他们可以获得内陆的银矿和铜矿。

显然，法老尼哥是在寻找一条新的南方航线。事实上，这并没有导致持久海上联系的建立，因为旅程很长，而且这条航线无法与腓尼基人的地中海网络匹敌。从一开始，他们的事业就被嵌入一个从黎凡特开始的稳定航线网络。首先，这个网络通向铜矿资源丰富的塞浦路斯。在塞浦路斯，公元前9世纪创立了科新。从那里开始，这条航线通向爱琴海的罗德岛，罗德岛等地方是雅典（劳雷恩［Laureion］）和塔索斯（Thasos）银矿的主要销售地。另一种选择是在克里特岛南海岸的科默斯

图 6.2 腓尼基人和希腊人的古风时代殖民地（约公元前 800—前 550 年）。© 维基共享资源（公共领域）。

黑海

叙利亚

小亚细亚

塞浦路斯

埃及

色雷斯

爱琴海

希腊

伊利里亚

亚得
里亚海

地中海

意大利

爱奥尼亚海

第勒尼
安海

西西里

科西嘉

撒丁

墨西底亚

巴利阿里

伊比利亚

希腊殖民
公元前 8—前 6 世纪

Ionier
Dorier
Achäer
Äolier
Mutterstadt

km
0   500

165

（Kommos）停留，然后返回埃及和黎凡特。然而，五十桨船也可以经马耳他航行到西西里岛和撒丁岛，或经巴利阿里群岛航行到西班牙。

在夏季西风的推动下，沿着非洲北部海岸返回的路并不难走，而殖民地的建立使之变得更容易（图6.2）。在这些殖民地中，迦太基尤其迅速地发展成为一个富裕的港口大都市以及水陆贸易中心。从那里，来自加的斯的船只可以去撒丁岛和西西里岛或更远的东方。此外，中非和西非的贸易路线通往阿尔及利亚海岸。非洲提供了奴隶、象牙和黄金，这也导致了迦太基通过建立远至莫加多（Mogador）的殖民地和进一步向南探索，扩大其在西非海岸的影响。这些探险中最著名的是汉诺将军（*strategos* Hanno）的探险。这支探险队被认为是在建立新殖民地之后，在塞内加尔找到了金矿（舒尔茨，2017）。在塞内加尔河上游航行了三天之后，汉诺沿着非洲海岸移动，可能远至贝宁湾。显然，他想弄清楚从西环绕非洲航行是否也可行。有一次在贝宁湾，他发现，海岸线进一步向南延伸，这与他的预期相反，因此他终止了探险。

从不守规矩的局外人到雄心勃勃的参与者：海上希腊人

即使定期环绕非洲航行的计划失败，但腓尼基人的计划似乎具有惊人的目的性。他们专注于和平收益与有价金属的分配和加工，同时还掌握了几乎无人匹敌的造船技术。这种专业化使得腓尼基城市能够战胜更强大的陆地强国，这也解释了为什么甚至腓尼基人的敌人和嫉妒者也认为腓尼基人的活动是相对和平的。

迦太基古城从公元前6世纪开始改变了这一政策。这座城市独立于竞争的各帝国的主张，可以将腓尼基人的贸易站变成殖民统治，从而将整个海上空间变成帝国的势力范围。东部的腓尼基人则缺乏这样的抱负，即使是在非帝国的外围地带。在爱琴海，他们遇到了一个族群，那里的精英们采用了一种古风时代的方式，通过交换礼物来购买商品。这（迄今为止）与腓尼基人以利益为导向的心态相距甚远——腓尼基人不仅用法定价值，且更重要的是用购买、生产和进一步分配的利润来衡量商品的价值。荷马对这种态度并不认同，史诗类型的文本只在通过冒险或掠夺来证明自己的价值的语境中才会赞扬物品的获得。神话和史诗中充满了青年英雄，他们在外国海岸冒险，在成人精英的社区中找到自己的位置。贵族青年的榜样是奥德修斯，他承认收获（chremata，即"钱"）对他来说比回家更重要（Od. 17.248–250）。当他隐姓埋名地跟他的猪倌欧迈奥斯（Eumaios）说话时，每个人都十分理解（并嫉妒？）：

> 我不喜欢种田，也不喜欢料理家务，不喜欢抚养好孩子。是的，我珍爱的永137远是桨船、战争、光滑的矛和箭，是那些使别人战栗的可怕东西。我想，我珍爱的东西就是神放在我脑子里的东西。（……）在亚该亚人踏上特洛伊的土地之前，我曾接到九次命令，派人和快艇去攻击外国的人民，我得到了许多战利品。

掠夺和海盗活动与另一项也基于跨区域海上航线的活动有关。奥德修斯告诉欧迈奥斯，在洗劫埃及的时候，他被突袭了，只有请求埃及的领主大发慈悲才能保住自己的性命。七年后，他以富翁的身份回归。显然法老已经将奥德修斯视作雇佣兵。根据希罗多德（2.163；参见：2.152–154）的记载，公元前6世纪初，多达3万名爱奥尼亚人和卡里亚人雇佣兵像奥德修斯一样来到埃及，在埃及作战。希腊战士在新巴比伦和亚述帝国也很受欢迎。大部分希腊战士通过海上航行到达部署区域。伯罗奔尼撒半岛南端的泰纳隆角是一个著名的集结区，人们从这里出发，经克里特岛到达埃及，然后沿着海岸航行至更远的地方并到达中东帝国。"塔拉萨，塔拉萨"（Xen. An. 4.7），雇佣兵们一看到黑海就大叫起来。在他们从幼发拉底河穿越亚美尼亚高地的严酷行军之后，只有大海为他们提供了返回家园和从事新工作的途径。

雇佣兵、战士和海盗不仅需要船只，还需要可以出售战利品和把报酬花出去的保护货物周转的场所。我们可以设想，他们中的许多人逐渐了解了腓尼基人海上贸易成功的秘密，并了解了购买有价矿物所能带来的收益。荷马也知道这一点：雅典娜伪装成奥德修斯的塔菲人（Taphian）顾客，说道，"我现在带着我的船和我的同伴来到这里……我要去泰梅斯（Temese）找铜矿，我带着一船闪闪发光的铁"（Od. 1.180–182）。泰梅斯可能是指铜矿资源丰富的塞浦路斯。他的铁可能来自撒丁岛或意大利北部，腓尼基人早在公元前9世纪就已活跃在那里。一百年后，埃维厄的航海家随后。在意大利中部，埃维厄人和腓尼基人可能沿着台伯河逆流而上，到达一个叫作罗马的定居点。迦太基古城也是腓尼基人、埃维厄人和塞浦路斯人都访问的一个贸易场所。在那不勒斯湾伊斯基亚（Ischia）的皮特库萨岛，科林斯人与加入了第一批埃维厄人定居者的罗得人和腓尼基人一起生活。这是一个民族的大熔炉，对他们来说，待在家里什么都不是，而在国外的成功就是一切。也许就是在这个多语言的社会里，希腊人采用了腓尼基文字。腓尼基文字是在公元前第二个千年后期发展起来的，它为商人提供了一种记录和传播他们的知识的更简单的方式，取代了由专业的抄写员书写的楔形文字。

因此，就长途航海而言，腓尼基人在许多方面都是希腊人的重要先驱。早期的希腊殖民地是在希腊城邦本身还处于萌芽阶段时建立的。尽管来自提尔城和其他腓尼基城市（迦太基除外）的人口涌入有限，且人口流入必须依靠本地定居者，但从公元前7世纪开始，一拨又一拨的移民从希腊的港口去往西方、黑海海岸甚至北非，住在城邦里，那些城邦的面积往往在几代人的时间里就超过了他们家乡的城市。移民的动机各不相同：也许是由于占据优势的敌人的进攻导致的越洋逃亡，或者内部问题要求部分公民移民，更罕见的情况是，农业上的困难促使人们移居国外。然而，建立 apoikiae 即殖民地（这是与腓尼基人的事业的另一个区别）只是众多选择中的一个。在建立非洲殖民地失败后，斯巴达人多里欧司（Dorieus）在意大利南部和西西里殖民地寻找更绿的牧场，担任雇佣军领袖。就像奥德修斯一样，每一个带着船员出海的人都必须能够扮演好几个角色，并抓住外国提供的机会。这就是希腊人如此成功的原因，也因为他们并不只是执着于一条道路。

最远至大西洋的海上交通的强化

这种灵活性是超越地中海的海洋动力学的驱动力之一。最引人入胜的例子之一就是小亚细亚爱琴海沿岸的佛卡亚人的冒险行为。希罗多德（1.163）说，佛卡亚人"是第一批进行长途航行的希腊人"，他们不是乘坐"圆形商船，而是乘坐五十桨船"。公元前7世纪，佛卡亚人到达了塔特苏斯，成为当地国王的雇佣兵，获得了丰厚的白银奖励，以至于他们的家乡有能力建造当时最大的防御工事之一（Hdt. 1.163）。

类似的事情也发生在地中海的法兰西海岸。罗讷河口附近的当地国王也需要外国战斗力，并提议让佛卡亚的"年轻人"建立一个定居点。佛卡亚人接受了，他们的决定导致了西部最著名的港口城市之一的诞生：马西利亚。仅仅两代人之后，来自佛卡亚的更多殖民者加入了他们，马西利亚人转向了长途贸易。他们顺着罗讷河、索恩河和卢瓦尔河下游河谷寻找与大西洋锡矿床的陆路连接。与此同时，来自马西利亚的船长们穿过直布罗陀海峡，到达了奥斯特里姆尼克诸岛（Oestrymnic Islands）（可能是布列塔尼）。据说某个米达克里特斯人（Midakritos）（Plin. Hist. 7.197）是第一个"从锡岛（*insula Cassiteris*）提取白铅"的人。一些人认为他来自马西利亚，并认为锡岛是康沃尔或不列颠群岛（舒尔茨，2017: 128–130）。

尽管这些壮观的个人事业也将马西利亚人带到了西非水域（Sen. Quaest. Nat. 4.2.22），但并没有成功地建立使他们熟悉北海水域的跨海常规贸易路线。我们所知道的是，公元前 4 世纪，马西利亚的皮西亚斯开始了寻找锡和琥珀宝藏的旅程，他的旅程远至设得兰群岛，甚至可能走得更远，直至冰岛或挪威（图勒［Thule］?）（康利夫，2002）（图 6.3）。然而，这次探险显得如此令人惊叹，以至于许多人认为它不像真的而拒绝相信，这恰恰说明了几个世纪以来关于这些路线的知识已经被遗忘；皮西亚斯可能只是凯尔特和沿海航线的一位乘客（罗斯曼［Roseman］，1994：148–150；康利夫，2002：54，6）。沿海航线如此发达，来自迦太基的竞争如此激烈，以至于建立自己的海上贸易路线似乎需要付出太多，而且河流系统和东部的"琥珀路线"也已提供了可供选择的陆上路线。

因此，塔特苏斯仍然是希腊航海家的最终目的地。据说在佛卡亚人移居之前或之后不久，来自罗德岛和萨摩斯岛的船长（显然是由其他路线）来到这个地方并将丰富的宝藏带回家（舒尔茨，2017：130–131）。建立长途航线的竞争不仅促进了海上交通的进一步动态化，而且还提高了沿海城市化地区的生产力和繁荣程度。公元前 7 世纪时，主要是东方的奢侈品和有价金属漂洋过海，而现在，谷物和陶器等大宗商品和"大众商品"也在海上运输。消费越来越被品位、时尚以及购买（据称的或实际上的）更优质和 / 或更奇特产品的欲望所驱使（福克斯霍尔［Foxhall］，2005：235）。腓尼基人和埃维厄人的海上贸易对象集中在购买近东产品的精英阶层，并为他们提供了新的区分手段，而大约 200 年后，航海成为消费革命的工具，它不仅支持了文化交流，而且刺激了消费社会的社会分化。

即使长途旅行对城市精英来说仍然是个问题（Hdt. 1.163; 4.152），但随着商品

图 6.3　马赛交易所宫外的皮西亚斯雕像。© 维基共享资源（公共领域）。

和服务的多样化以及潜在客户的增加，航海者的圈子越来越大。有些人把大希腊（Magna Graecia）殖民地的剩余谷物运到爱琴海的城邦，把科林斯和雅典工场的葡萄酒和陶器运到伊特鲁里亚城市。另一些人则从马其顿和色雷斯奴隶那里收购木材，运到地中海东部。有的人集中在特定地区，如科林斯的狄马拉图斯（Demaratus of Corinth），他在一次成功的意大利南部旅行后，"再也不想去任何港口了"（Dion. Hal. 3.46.3），而小商人则在各地的海岸和港口四处游荡，总是在寻找廉价商品和有偿付能力的客户。他们中大多数人都以商人（*emporoi*）、"乘客"或"乘别人的船出海的人"的身份出现。这些人兴趣各异，他们唯一的共同点是他们的职业需要流动性和他们依赖于远距离联系：如往返于希腊和殖民地之间的莱斯博斯岛的歌手阿里翁（Arion）等（Hdt. 1.23–24），或来自意大利南部的利吉姆并受雇于萨摩斯暴君的宫廷的伊比库斯（Ibycus）。毕达哥拉斯等学者从萨摩斯出发，走向了相反的方向，而医生克罗顿的德莫赛德斯（Democedes of Croton）在苏萨的波斯宫廷任职之前，已经在爱琴海行医。

然而，航海人口的扩张、经泛地中海航线的海上贸易的动态发展以及最重要的——由殖民、长距离探索和贸易推动的地理和人种学视野的扩张，不仅提供了机会，而且需要确定方向。最紧迫的问题之一是解释长途旅行中遇到的各种令人困惑的自然现象。寻找答案的学者通常被称为自然哲学家。其中的一个学术争论中心是贸易和港口城市米利都。米利都的许多居民从事长途海上航行，研究几何、天文学和航海艺术。被视为爱奥尼亚自然哲学创始人的泰勒斯传授了航海所必需的几何、天文和气象知识。他为水手们写了一本天文学手册，在这本手册中，他根据几何证据计算出船只离海岸有多远，并发现了小熊座对航海的重要性。比他小一点的他的同胞阿那克西曼德罗斯（Anaximandros）声称，人类最初是在鱼体内进化而来的。他称事物存在的起源为 *apeiron*，字面意思是"无限"，即数量上无限和质量上不确定的东西，类似于俄刻阿诺斯（*okeanos*），它不仅是生命和存在之物的起源，也是混沌和无序的缩影（见本书中厄比所述）。

另一个挑战是，关于遥远海岸的大量经验数据无法再通过史诗代码进行交流，而是需要进行足够灵活、可以处理新的见解并将它们合理添加到已知内容中的全面

分类。每一次探险都导致对现有空间秩序的重新调整，这一方面推动了新旅行计划

的规划，另一方面也推动了对整个世界的地理记录。阿那克西曼德罗斯是首批尝试
通过圆形地图（*ges periodos*）描绘世界及其海洋的扩展概念的人。这个地图中，世
界围绕着一条想象中的从直布罗陀出发、沿着水道经地中海到达黑海的固定取向线
来识解。然而，这不仅仅是为了给水手们提供方向，最重要的是为了以一种和谐
（循环）的方式组织陆地和海洋。相比之下，在公元前 5 世纪末，希腊和迦太基的
航海者必须向公共赞助者提供旅行记录。这些报告提供了有关旅行距离、海岸线和
内陆地区的信息，其中一些后来演变成作者对国家的通俗描述。米利都的赫卡泰厄
斯等学者再次利用了这些资料，他将自己的探索融入了对世界的大量全面展示，从
而创造了一种与自然哲学家的思辨以及和谐的努力相呼应的、解释世界的更详细的
描述。然后大约在同一时间，即公元前 6 世纪晚期，西方殖民地发展了地球是球
形的论点，在接下来的几十年里，这种论点被经验性观察所证实（舒尔茨，2017：
145–147）。希腊学者获得了对世界的地理学和人种学理解的基本资源库，并可以向
其中添加新的探索。在这种背景下，航海不仅提供了思想的食粮，提供了刺激的、
有时令人恼火的发现，而且还为迅速传播并得到批判性讨论的各种各样关于世界形
状的论点提供了关键的先决条件。海上连通性使得人们可以在熟悉的范围之外进行
进一步的探索，同时对于可处理各种推动力并加速对整个世界的全新解释的全面论
述空间的发展也至关重要。并非巧合的是，所有古代的地理著作都是从海事角度发
展起来的（斯特拉博，2.5.17），并在很大程度上基于航海提供的关于距离的信息。

进军印度洋和君主制世界政策的意义

当然，古风时代晚期的海事动态也有技术方面的因素。随着航海人口的增长和
职业的专业化，他们使用的船只也变得更加不同。虽然荷马对于商船和其他船只的
描述没有区别（怀特莱特 [Whitewright]，2016：12），但花瓶画显示，除了高板商
船和五十桨船，还有许多来自地区传统但也根据目的地要求建造的混合式样的船只

（卡松，1994b：60–68）。例如，公元前 6 世纪下半叶，萨摩斯的技术人员开发了一
种将雇佣军运送到埃及并将谷物从埃及运送到爱琴海的船只（瓦林加 [Wallinga]，

1993：93–99）。同时，腓尼基和埃及造出了带有额外三列桨的战舰。这使得船速更快，并且使三层桨战舰的撞击更加有效（参见温杰斯在本书中所述）（图6.4）。

专门用于战斗的船只的发展（只能为运输马匹而进行调整），既是对自公元前6世纪最后三十多年以来地中海地区发生的根本变化的反应，也是其触发因素，尽管同期商船也开始发展。航海受到了帝国利益和地缘战略考虑的影响。迦太基等扩张大国开始通过签订条约或使用武力，将竞争对手赶出他们的海洋利益范围。一个更为显著的转折点是波斯帝国在东方的崛起。公元前6世纪20年代，冈比西斯（Cambyses）为进攻埃及建造了一支由300艘三层桨战船组成的舰队。就这样，一个近东帝国第一次成功地建立了大规模的海军，此外还在陆战上付出了巨大的努力。这些兵力的部署取得了成功，但其存在加剧了外交政治压力和内部紧张局势。财政负担是冈比西斯死后内战发展的一个关键因素。

最终，当阿契美尼德（Achaemenid）王朝的大流士（Darius）登基时，他需要取得巨大的成功来使他的统治合法化，但也需要新的财政来源来维持他的海军。为此，他征服了西北部的色雷斯，因为那里有金矿、银矿和大片茂密的森林。通过控制经由博斯普鲁斯海峡的贸易路线，承诺了义务。远东的印度河流域有丰富的

144

图6.4　展示雅典三层桨战舰（trireme，意为"有三排桨"）的雅典卫城所谓勒诺尔芒浮雕（Lenormant Relief）（约公元前410年）。© 维基共享资源（公共领域）。

木材，是一个有希望征服的目标，甚至更有希望在那里发现黄金（Hecat. Frgs. 3 和 4）。因此，在公元前 6 世纪 20 年代，大流士组织了一次远征，准备征服印度河流域。他选择卡里亚人斯凯拉克斯（Skylax）为远征队的队长，卡里亚人可能有着阿拉伯河上波斯人的船长的声誉。远征队前往巴克特里亚（Bactria），然后在那里建造了一支舰队，由喀布尔河（Kabul River）顺流而下至印度河。远征队从那里航行到霍尔木兹湾。当时斯凯拉克斯可能并没有驶入波斯湾，而是环绕阿拉伯半岛航行，驶入红海，最后到达苏伊士（希罗多德，4.44）。如果这些假设正确，斯凯拉克斯就是第一个绕阿拉伯半岛航行的地中海航海家。

此外，在西方，大流士和他的继任者薛西斯试图将波斯势力范围扩展到希腊半岛，但以失败告终。相反，在击退了波斯的扩张之后，雅典成功地控制了爱琴海的航道，并拥有 300 艘战舰，在一段时间内将其影响力延伸到地中海东部。这个海上强国的崛起被科林斯人和斯巴达人的抵抗所阻止。希腊世界开始了长达一百年的几乎永久性的权力斗争，这种斗争一次又一次地由控制重要航线的企图引发，并使参与其中的城邦不堪重负。处于边缘地位的国家从这种情况中受益：锡拉库扎，该国在前 5 世纪 10 年代摧毁了一个庞大的雅典扩张主义舰队，然后自己成了一个海上强国；马其顿王国，该国在腓力二世（Phillip II）的统治下，利用其有利的战略位置，控制了色雷斯的银矿和博斯普鲁斯海峡的进出。338 年，该国打败了被连绵不断的战斗弄得筋疲力尽的半岛南部的各城邦。

腓力的儿子亚历山大在征服波斯腹地后，将目光转向东方，试图完成大流士在印度曾经开始的事业。就像斯凯拉克斯一样，马其顿人从喀布尔河谷顺流而下至印度河，他们安排了一支由克里特人奈阿尔科斯领导的舰队向西航行。但马其顿人随后驶进了波斯湾。亚历山大一到巴比伦，就准备从波斯湾经红海环阿拉伯半岛航行。这些尝试并没有导致建立起任何以某人**自己的**商船为基础的有规律海上交通。从此，在波斯湾建立的港口，即阿吉尼斯（Aginis）—亚历山大港，以及后来的斯帕西努卡拉克斯（Spasinou Charax），负责控制**现有的**海上贸易，确保其安全并从中征税。这些港口由印度人和阿拉伯人经营，他们对自己的知识保密，不让竞争对手进入印度洋的航线和贸易站。因此，地中海的航海家们无法清楚地知道印度次大陆向南延伸多远。任何敢于从红海或阿拉伯半岛南部海岸航行到印度西部海岸的人，都有可能错过印度，并被推入广袤的俄刻阿诺斯（舒尔茨，2017：302f）。

正如航海发现史上经常发生的情况一样，正是一个不断演化的整体事物中几个因素的相互作用带来了变化。大约在公元前 4 世纪末，埃及的托勒密王朝和亚洲前波斯帝国地区的塞琉古王朝建立了两个邦国，争夺远东的产品供应。在北印度，亚历山大死后，孔雀帝国（Maurya Empire）崛起，与塞琉古王朝和托勒密王朝关系良好。三个经济繁荣的帝国的崛起将印度与近东地中海之间的货物交换推向了前所未有的高度。这是古风时代地中海贸易强化之后（见上文）的第二次消费者革命，它再次支持了航海业的发展：在孔雀王朝宫廷，人们学会了如何欣赏葡萄酒、奴隶、玻璃和红珊瑚；在希腊化世界的大都市，对来自远东的药用植物、化妆品以及从中国和东南亚传入西方的砂仁、肉桂、木香、肉桂等香料的需求不断增长。现代依然存在的欧洲人对东方神奇香味的观念，可以追溯到那个时代。

同时，塞琉古和托勒密的使节出现在孔雀王朝人的住所，扩大了人们对次大陆范围的了解。公元前 2 世纪上半叶，当来自巴克特里亚的希腊人探索通往南方的西海岸时，西方的航海者在前往开放水域时不再害怕经过印度。现在，这些考虑与具体的政治和物质动机结合在一起。这两个希腊化世界帝国为争夺地中海东部的统治权而进行了代价高昂的战争，因此早就失去了亚历山大和波斯人所留下的财力优势。罗马人的扩张限制了他们在地中海的行动余地，因此国王们比以往任何时候都更加集中精力在他们认为阻力最小的地方寻找财政资源。塞琉古王朝将目光投向波斯湾，托勒密王朝则对红海海岸更有兴趣。米奥斯贺而莫斯（Myos Hormos）和贝雷奈克（Berenice）等一些殖民地最初是猎象和向军队提供努比亚黄金的起点和装货港口，但它们也可以是海上勘探的中间站（斯特拉博，16.4.5；Plin. *Nat.* 6.167–168）。

然而，要深入了解季风系统的秘密，需要印度领航员的帮助。他们至少到达了红海入口的索科特拉（Sokotra）岛，在托勒密的巡逻队的引导下，他们可以到达亚历山大港。就像波斯国王曾经求助于一位卡里亚人船长一样，现在国王求助于一位名叫欧多克索斯（Eudoxus）的希腊水手，他的家乡库济库斯（Cyzicus）与印度有贸易关系（舒尔茨，2017: 301–304）。因此，君主国统治者的宏伟目标和允许其公民因为给强大的国王效力而变得富有的地中海沿海城邦的海事专业知识，这两者的相互作用使得对新航线的寻找再次成为热点。在两次横渡印度洋之后，托勒密四世从印度获得了宝贵的货物，并可以直接前往印度，这条航线每年可减少四分之三的航海时间，而且可以定期航行。关税和各类费用为托勒密王朝提供了重要的收入来源，这也为他们更加致力于海上航线的财政控制和军事安全提供了充分的理由，后者尤其针对阿拉伯海盗。直到那时，希腊的水手们才敢穿越曼德海峡，甚至沿着非洲海岸向南航行，以后的几代人甚至走得更远，最远到达了桑给巴尔海峡（Zanzibar Strait）。

罗马帝国和通往中国海之路

地中海的水手可以从地中海西侧到达南大洋并在那里航行，这个消息激起了西地中海人们的共鸣。在托勒密王朝发现季风系统的同时，罗马共和国的统治也延伸到了地中海东部。在东方的胜利使台伯河畔的这座城邦充斥着大量的战利品和金钱，再加上希腊化世界文化在精英阶层中的影响，导致对东方奢侈品的需求不断增长。

起初，内战在一段时间内使得对东方舶来品的贪婪并未发展成为长距离海上探险的新动力。只有奥古斯都统治下的"罗马和平"（pax romana）带来了变化。奥古斯都创造了一个政治一体化的统治范围，横跨整个地中海及其邻近地区，在吞并埃及之后，他获得了巨额的财政收入，通过军费开支、建筑措施和赠送礼物，他刺激了经济，创造了新的潜在需求。罗马帝国成为古代经济最发达的帝国，在全球范围内集中了资源和贸易力量，这种情况要到 17 世纪和 18 世纪跨大西洋欧洲大国的时期才会再次出现。流动资产的不断涌入和供给、生产的普遍增长、造船和港口建设领域的技术发明、基础教育和文化程度之高、法律和政治的稳定，以及有利的对外政治总体形势，使得长途海外贸易达到了前所未有的规模和组织水平。在东方，亚历山大港最终崛起为最重要的海上贸易中心，而在西方，条条道路通罗马，罗马发

147

展成为一个超级大都市，人口多达 100 万，需要来自外部的持续供应。一年四季，载重达 1200 吨的谷物货船经塞浦路斯和吕西亚南端从亚历山大港向西移动（圣保罗乘坐谷物货船走了这条路线：Apg. 27.37），或者从非洲的大雷普提斯（Leptis Magna）海岸横跨大海到达西西里岛，再从那里到达奥斯蒂亚港。

然而，经济增长和军事力量向边境转移的结果是，海上活动扩展到了地中海以外。在罗马向欧洲内陆扩张的同时，海军也开拓了北海和波罗的海。在东方，埃及并入奥古斯都的王土是地中海贸易力量扩展到印度洋的地缘政治先决条件。这方面的关键驱动力不再是精英们的财力和奢侈的生活方式，在元首制提供的政治和职业安全的刺激下，现在军队和大部分城市中产阶级开始享受胡椒和东方化妆品，一些研究人员再次谈到了一场真正的"消费革命"，即古代地中海地区的第三次消费革命。

公元 1 世纪，由于西方消费者需求的增长和阿拉伯半岛内部商旅路线的衰落，越来越多的帝国居民参与了与东方进行的繁荣贸易，帝国政治没有必要介入这一领域。它以其前辈们的政治和财政措施为导向。埃利乌斯·加卢斯的战役证明了将直接统治扩展到阿拉伯南部的熏香地区并不现实（后来的日耳曼也是如此），随后埃及与阿拉伯、印度和锡兰王公签订了友好条约，旨在保护埃及王土不受敌对竞争者的侵害。与此同时，奥古斯都和他的继任者们试图通过建立堡垒和部署军事巡逻来确保连接尼罗河和红海的海上和陆上商队路线的安全，并通过税收和费用来增加收入。最近在红海入海口的法拉桑群岛发现的地区就同时满足了上述两个目的。

因此，总的来说，罗马皇帝延续了托勒密王朝的政策，并没有为海上远征提供官方支持。相反，是帝国东部的商人提供了更大更稳定的船只、来自西方的货物，以及他们超级富有的客户和投资者的第纳尔货币（denarii），尽管关税高昂，他们还是从收购远东商品的巨额利润中获益。西方海员的主要目标地区是西印度的港口城市。不仅是商人和工匠，还有拥有希腊-地中海血统的技术人员和雇佣兵，就像曾经在近东国王的宫廷里那样，现在他们在王公贵族的住所里寻找更绿的牧场。

148

但孟加拉湾仍然被当地的航海家和商人所主导。尽管如此，罗马帝国时期还是在广袤的东部俄刻阿诺斯开辟了新的视野。这是——这类几乎总是——在欧亚大陆的另一端发生的宏观层面的权力变化的结果。在那里，在托勒密发现季风系统的同时，西汉的一位统治者为了寻找战马和对抗北方游牧民族的盟友，派出了探险队，探索塔里木盆地以外的地区，甚至远至巴克特里亚和北印度。因此，在人潮越来越密集的公路，也就是所谓的丝绸之路上，人们开始交易中国商品。除了生丝，还有用于西方产品的香料和矿石，以及玻璃、陶器、葡萄酒以及再出口的丝绸长袍。大约与罗马帝国同时，东汉帝国也经历了经济的崛起。在这两个大帝国之间，北印度的贵霜人（Kushanas）建立了古代最繁荣的帝国之一，它既是东西方产品的额外买家，同时也是欧亚长途贸易的整体枢纽。

在世界各大帝国形成过程中，印度洋在古代也发展成为世界贸易的重要联系空间。大约在公元 100 年，一位中国西域都护使出现在幼发拉底河上，在港口城市斯帕西努卡拉克斯询问到罗马帝国（大秦）的路线。十四年后，他遇到了站在码头上，正若有所思地注视着驶往相反方向去印度的船只的图拉真（Trajan）皇帝。这个中国人被告知，如果顺风，通往西方的航线需要三个月的时间；如果逆风，需要两年的时间。这通常被认为是一种有目的的欺骗。然而，事实上，这与季风系统的机会和风险非常吻合，当在阿拉伯半岛附近航行和进入红海时，必须考虑到这些。根据对一份中国文件的最新解读，可能是在随后的几十年内，有汉朝的船员到达了阿扎尼亚（Azania）（文献中称为 Sezan）（查米［Chami］，2017：528）。大约在同一时间，一位来自亚历山大港的希腊船长可能穿过马六甲海峡，途经锡兰，进入中国海，到达北部湾或长江南岸杭州湾的一个港口卡提加拉（Kattigara）。又过了一代人之后，一群远渡重洋的西方商人来到了洛阳皇宫（舒尔茨，2017：387–390）。这样就建立了永远不会被切断——即使在中世纪也不曾——的联系。早在葡萄牙人的非洲探险和西班牙人的大西洋探险之前，地中海地区对世界（除了日本）就已经有所了解。

古代航海及其遗产的最后一个梦想：横渡大西洋

但古代航海业甚至对这种扩张仍不满意。试图至少在理论上掌握他们还没有探索过的海洋空间，并在概念上把这些空间与他们知道的东西联系起来，这已经成了行为者的第二天性。古代地理学家和许多征服者最喜欢的一个梦想就是解答以下问题：在南方，俄刻阿诺斯是否为一片连在一起的海，是否可以从那里环绕南俄刻阿诺斯航行。也有几次从西方探索环绕非洲大陆海路的尝试，但由于贝宁湾以下的海岸线不可预见地向南延伸，这些尝试均告失败。因此，自从亚历山大征服以来，当人们意识到亚洲向东延伸多远并在西方发现了新的岛屿时，在大西洋，另一项尝试成为辩论的焦点，即从西欧（西班牙）到印度或通过西俄刻阿诺斯到远东的替代路线。它的实现取决于如何衡量东西向延伸的"有人居住的世界"与地球总面积的关系。所估计的地球总面积越小、欧亚大陆越大，在大西洋上印度和西班牙之间的海上距离就越短。从这一点来看，并根据亚里士多德的说法，自希腊文化以来的许多学者都得出了这样的结论：可以大胆尝试直接航行。另外，如果像柏拉图那样假设地球是一个巨大的球体，那么（出于对称的原因）人们必须假设在俄刻阿诺斯有更多的岛屿，甚至西边存在环绕大西洋的一块巨大的大陆。

这些考虑几乎从来没有进入普通的海岸船长的精神视野，但它们是政治社会精英和受过高等教育的探险队领导人的知识储备的一部分，因为这些人自公元前4000年以来就一直在横渡海洋。他们驳斥了不可能向南越过地球某个（"燃烧的"）区域的旧观念。而且，经常在红海和印度洋航行的人没有理由害怕向西穿越大西洋。对于希腊化时代或罗马帝国的水手来说，靠星星或太阳航行不成问题；即使到了哥伦布时代，星星和太阳除了用于对自然现象的观察，也仍然是确定方位的关键基础，罗盘并未取代星星和太阳，而是使之更加完善。

然而，很明显，这些或多或少有利的前提条件并没有导致西行跨越大西洋的伟大梦想实现，至少没有开辟出跨越大洋的持久替代路线，也没有发现新大陆，即使已经有人预言了新大陆的存在。关键的原因不是缺乏技术或航海技能，而是古代的航海，就像其他任何时代一样，是一项非常务实的业务，成本和风险必须平衡。在地中海和印度洋，沿海和内陆地区的城市化是海上网络的一个关键先决条件和副作用。而大西洋缺乏一个可与之相比的、以城市为基础的海上贸易网络——几个彼此相距很远的小海洋可以通过这个网络连接，西方的行为者也可以通过这个网络连通。而在现代早期，葡萄牙和西班牙国王在意大利水手的支持下，已经把东大西洋视为利益范围，以至于有人说这是第二个地中海。

在古代，这种富有成果的竞争在地中海西部是不存在的。随着迦太基的覆灭，唯一可以信赖的、拥有足够专业知识和野心从事跨洋事业的力量也走向衰落。罗马帝国的中心在地中海，而不是大西洋。因此，不同于波斯人和亚历山大，罗马并不寻求在帝国的各个部分之间建立海洋联系。在西部省份，它可以满足于压制相互竞争的政治动力的发展，而在现代早期，这种政治发展对欧洲人开始横渡大洋而言是一个至关重要的背景。在古代的西方，缺乏可以让对广袤的俄刻阿诺斯的探索成为有利可图的权力展示的强大国家动力，这和波斯人及马其顿人的远征不一样。进军到不列颠、波罗的海沿岸以及摩洛哥，完全足以获得海洋和中非的财富（黄金、锡、琥珀），并符合维吉尔（Vergil）《埃涅阿斯纪》中朱庇特口中 imperium sine fine（无尽帝国）的宣称。同时，帝国不仅定期获得来自东方的奢侈品，还获得黄金和白银（来自西班牙，后来是来自达契亚［Dacia］），这种获得已经达到了相当丰厚的程度，以至于国家当局和个人都不愿意冒更高的风险，选择一条尚待探索的替代路线。在埃及及其财富最终并入帝国之后，帝国所缺乏的不是金钱和技术，而是经济或物质上的压力，更不用说宗教狂热了，而这些才可能是罗马人和他们所统治的地中海世界的动力。

这样看来，关键的问题不是为什么古代海员不曾（试图）经大西洋到达印度洋（因为他们没有必要这么做），而是为什么现代海员敢于迈出这一步。实际上，这是一个需要解释的现象，这并不是说在这方面古代就不重要。即使古代的探险没有开辟跨大西洋（或经非洲大陆南端）的路线，但它仍然提供了经验、开拓了视野，并为后来的欧洲人扫清了思维道路。那些规划现代早期海洋航行的人一次又一次指出，他们是如何受到了古代地理学家和古代航海家的启发，而且现代早期的人认为新世界和旧世界存在联系是有原因的：哥伦布认为伊斯帕尼奥拉岛（Hispaniola）/海地是盛产黄金的他施（塔特苏斯）；在发现新大陆之后，西班牙作家确信奥德修斯去过那里（蒙德-多普切［Mund-Dopchie］，1998）。奥德修斯就像他在莱斯博斯岛的同伴一样，真的只想回家，但会利用任何机会去获取和探索未知。

第七章

表　现

大　海

瓦莱丽·托永（Valérie Toillon）

简介

在古代，海域基本上指的就是地中海。对于古人来说，这片广袤的区域主要与航海和捕鱼的经验以及想象中的海域地理有关。基于这个原因，大海首先被描述为一种视觉指示，大海的含义既包括"真实的"大海，也包括想象的大海。然而，自然空间在古代艺术中并没有占据重要的地位。事实上，人们总是把自然与人类的体验联系在一起。表现大海首先是指表现人类活动（捕鱼、战争、贸易）或神话故事（如奥德修斯的旅程、赫拉克勒斯的任务或珀尔修斯的功绩）。因此，对大海本身的自然主义描绘、一种对景观的描述，是例外。对大海的描绘主要是指对大海的居民，即海洋动物、海洋生物和海神的描绘。

在古代，对大海的描绘出现在各种各样的支持物和工艺上：花瓶、青铜器、雕刻、塑像、浮雕、壁画、镶嵌画、珠宝等。这些物品有非常具体的功能和用途（丧葬用品、坟墓装饰、祭品、家庭或公共建筑装饰等），提供有关其主题（即海洋主题）意义的信息。同样，古代艺术作品中与大海有关的主题的意义，也与大海本身被视为自然和想象的边界、物质现实和死后世界象征的精神观念密切相关。因此，在视觉艺术中，大海似乎既与末世论信仰有关，又是一种促进地中海地区的人民、城邦、王国和帝国的海军力量的强有力的政治象征。

需要注意的是，以下的细分完全是人为的，主要是为了提供一个清晰的时间表。此外，由于篇幅有限，本章不会展开描述某些主题，但建议看看本章的注释。

从"黑暗时代"到"希腊文艺复兴"（约公元前1200—前700年）

青铜时代晚期（约公元前1200—前1100年）是整个地中海地区的动荡时期，

尤其是在东部[①]。我们对那个时期的了解主要是基于考古数据记录，这些考古数据显示了所谓的"毁灭视野"，即黎凡特、安纳托利亚和希腊大陆主要城市（迈锡尼、蒂林斯［Tyrins］、皮洛斯［Pylos］）的重大破坏痕迹。青铜时代文明崩溃的问题仍在争论之中，目前还没有形成一致的意见。学者们认为，崩溃可以用入侵、自然灾害、气候变化、大规模人口迁移、内部冲突和系统崩溃来解释。事实上，青铜时代文明的终结不能用单一的假设来理解。情况非常复杂，当然是在几个相关因素的影响下逐渐陷入贫困，然后是青铜时代晚期时王国和社会的消失（特罗伊［Treuil］等，2008：373–383；荣格［Jung］，2010；狄金森［Dickinson］，2010；克莱恩［Cline］，2014：102–176）。

青铜时代晚期，手工艺品并不多，大多装饰有抽象或程式化的图案。因此，完全与大海相关的描述非常少。其中一个典型的例子是章鱼马镫罐（约公元前1130—前1030年），这种罐子在多德卡尼斯群岛（Dodecanese，在爱琴海东南部）非常流行。这些罐子的瓶腹上描绘了精致的、程式化的章鱼，周围是鱼类和抽象图形。芒乔伊（Mountjoy）强调称，这些花瓶很好地说明了青铜时代晚期群岛和南爱琴海之间的联系（芒乔伊，1993：101–102）。这些花瓶还表明，在米诺斯和迈锡尼艺术中流行的与大海有关的图案，它作为一种强有力的文化标志，在这个过渡时期仍然存在。实际上，海洋图案是米诺斯和迈锡尼文明的核心。例如，装饰有海洋生物（章鱼、海星或船蛸）的"海洋风格"的罐子（约公元前1500—前1450年）就与宫殿行政管理有关，也许还有宗教意义（芒乔伊，1984，1985），就像皮洛斯或蒂林斯等地的有海洋图案（章鱼、鱿鱼、乌贼、飞鱼、海豚）的印章或受到海洋图案启发的宫殿装饰（地板、墙壁），都可能是宗教和/或行政权力的表达（马里纳托斯［Marinatos］，1993：229–232；杨格［Younger］，2010；克劳利［Crowley］，2013）。

青铜时代文明崩溃之后的时期通常被称为"黑暗时代"（约公元前1100—前700年），尽管这个术语离实际的考古现实越来越远。虽然青铜时代的结束标志着整个经济和政治体系的残酷变化，但这并不意味着社会突然过渡到铁器时

---

① 有大量关于青铜时代文明终结的参考书目。E. H. 克莱恩（E. H. Cline）最近的综述（2014：102–138）在很多方面都非常有用。

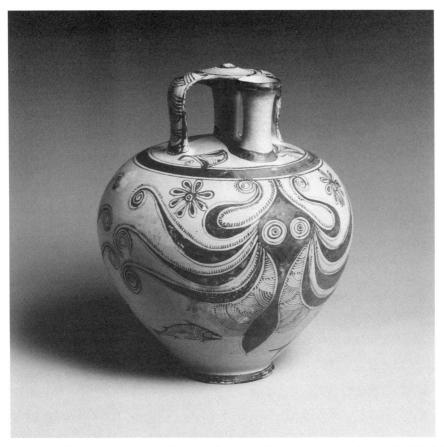

图 7.1 绘有章鱼的红陶马镫罐（公元前 1200—前 1100 年）。纽约大都会艺术博物馆，53.11.6。© 2000—2018 大都会艺术博物馆（公共领域）。

代。一个全新文明的特征渐渐出现，这可以从新的陶器风格和新的葬礼方式中看到，例如石棺墓葬和火化的日益流行（德斯伯勒 [Desborough]，1972；考兹特里姆 [Coldstream]，1979；史诺德格拉斯 [Snodgrass]，2000；施纳普-古尔贝永 [Schnapp-Gourbeillon]，2002）。156

公元前 11 世纪至前 8 世纪，在包括象牙、青铜器、浮雕、青铜和陶俑等的文物中，形象表现手法的主要来源之一是花瓶绘画。事实上，陶器是迄今为止最常见的人工制品，因为它有着广泛的用途，如准备、供应和消费食物和饮料，仪式功能，储存，葬礼功能（作为供品或装入死者的遗骸）等。当然，陶器也是很好的辅助装饰品，根据罐子的用途，它可以表达宗教信仰、日常生活叙事，或与想象或神话世界有关的叙述（德斯伯勒，1972：289–293）。

对大海的视觉表现从几何时代中期（约公元前850—前760年）就已确切开始，当时人物形象逐渐被重新引入视觉艺术，被广泛用于作为葬礼祭品或坟墓标记的罐子上。事实上，大海是一种隐喻，与人类活动，尤其是战争场景联系在一起。厄琉西斯（Eleusis）的一个几何时代中期饮杯（skyphos，即饮水器，一种祭品）展示了战斗场景：一场是陆上战斗，另一场是海上战斗。大海用一艘船尾高而弯曲的船来表示，船头较低，而且也是弯曲的，一只鸟栖息在上面，也许表明它在海岸附近[①]。

公元前8世纪在许多方面都是一个转折点（莫里斯，2009）。贸易和殖民重新开始，更重要的是对西方的探索。希腊人在意大利南部和西西里岛建立了殖民地。他们与在西西里西部、撒丁岛、南西班牙和北非海岸定居的腓尼基人争夺通往不列颠的锡的贸易线（考兹特里姆，1979：221–245；博德曼［Boardman］，1995：195–257）。此外，人们不会忘记，早在公元前9世纪，来自北叙利亚和亚述的东方工匠就来到希腊工作和传授他们的艺术。他们的出现对技术的发展和写实能力都产生了影响，特别是叙事的东方艺术与荷马史诗的传播相结合，刺激了完全独特的希腊叙事艺术的发展（考兹特里姆，1979：358–366；博德曼，1995：69–103）。

对大海的表现大多来自几何时代后期（公元前760—前700年）的与葬礼仪式（墓碑、葬礼供品）有关的纪念性容器上。大海通过船只、鸟类和主要是鱼类的海洋动物来表现，例如，皮特库萨岛的一个盛酒器（crater）上面显示的是一艘沉船，这可能受到了地中海探险的真实事件的启发[②]：一艘船上下颠倒，六个男性人物漂

---

① 饮杯（约公元前800—前760年），厄琉西斯，741（博德曼，1998：图41.1，2）。另见有底座的盛酒器（krater）（约公元前800—前760年），纽约大都会艺术博物馆（34.11.2），绘有两艘船内和周围的战斗场景（摩尔［Moore］，2000）。

② 盛酒器（约公元前760—前730年），伊斯基亚Sp 1/1（布伦萨克［Brunnsaker］，1962；阿尔贝格－康奈尔［Ahlberg-Cornell］，1992：27；博德曼，1995：202）。另见雅典式盛酒器碎片（布鲁塞尔和雅典），其上显示了一场海上战斗，船上有尸体（博德曼，1998：图49）。还有，oinochoe（酒壶），慕尼黑古董博物馆（Munich Antikenmuseum），8696。其场景被解释为奥德修斯的船在海上失事（布伦萨克，1962：227–233；阿尔贝格－康奈尔，1992：27–28，图31）。

浮在水中，还有许多大小不同的鱼，其中一人正被一条巨大的鱼吃掉，一人失去了头，一人失去了手臂，还有两人似乎还活着。在这里，船下方的卐字被用来给场景带来动感，即它们象征着波浪导致的滚动（布伦萨克［Brunnsaker］，1962：199；阿尔贝格–康奈尔［Ahlberg-Cornell］，1992：28）。这个画面以一种可怕的方式显示了大海的许多危险，在某些方面非常接近荷马史诗。也就是说大海是一个致命的地方，就像护士对忒勒马科斯说的那样："你没有必要在贫瘠的大海上忍受病痛，四处游荡。"（*Od.* 2.369–370）在古代，死在海上是最可怕的死法之一，因为死者得不到正式的葬礼，并将被鱼吃掉，就像伊斯基亚的盛酒器让人联想到的残酷场景（维默勒［Vermeule］，1979：181–188）。

此外，大英博物馆藏的盛酒器上展示了一艘长船，船上有两排桨手（总共40人），还有一男一女 ①。在准备出发时，男子抓住女子的手腕（*cheir epi karpô*，这是古代表示婚礼的典型手势）。这幅画表现了一次绑架，可能是受到了"真实"事件的启发，被解读为阿里阿德涅（Ariadne）和忒修斯、海伦被帕里斯（Paris）或梅

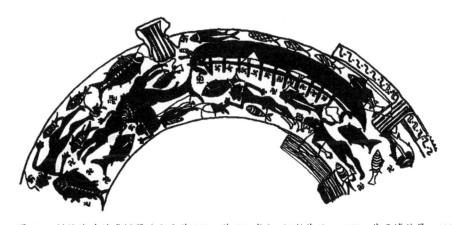

图 7.2　描绘海难的盛酒器（公元前 760—前 700 年）。伊斯基亚 sp. 1/1。基于博德曼，1998：图 161。© 瓦莱丽·托永（作者）。

---

① 底比斯盛酒器（约公元前 735 年），萨普迪普隆群（Subdipylon Group）。伦敦大英博物馆，1899，0219.1。相似的图像，请参阅克里特岛伊得安洞穴（Idean Cave）（公元前 8 世纪）中的青铜支架。伊拉克利翁博物馆（Herakleion Museum）（兰登［Langdon］，2010：216–219，图 4.14–16）。

纳雷阿斯（Menelaos）绑架、伊阿宋和美狄亚（Medea），或赫克托尔（Hektor）和安德洛玛克（Andromache）的神话的早期描述（考兹特里姆，1979：354–355；阿尔贝格－康奈尔，1992：26–27；兰登［Langdon］，2010：19–32；史诺德格拉斯，2011：33–35）。在这幅画中，大海只是用船来表示。船是权力的象征，根据兰登的说法，它让人回想起公元前 8 世纪希腊殖民海外的经历（兰登，2010：28–29）。

在几何时代，大海主要被描绘成一个象征意义上或实践意义上旅行的地方，如船舶在丧葬器物上的大量表现。换句话说，海上旅行既可以指来世运输亡灵，也可以指航海和捕鱼，这是已知至少从青铜时代晚期就已有的主题（维默勒，1979：179–196；马里纳托斯，1993：230–231；波琉，2016）。例如，迪皮隆大师（Dipylon Master）制作的一个现存于巴黎的几何时代晚期的盛酒器上，右边的手柄下描绘了一艘船，四条向左游的鱼表示大海①。在这里，船可能指的是前往彼岸的交通工具，而不仅仅是航海。盛酒器正面的意图表现的场景（身体的暴露）进一步强调了这层意义，突出了其作为墓碑的丧葬用途。

在这幅图中，一块阿尔戈斯的大盛酒器碎片是个例外，其中大海是由锯齿状波浪、鱼类和水鸟来表示的②，它描绘了一排舞者和一个在锯齿形线上方骑着马的人，还有两条鱼和一只水鸟。这个场景可能反映了当地的海边节庆，有驯马和跳舞等技艺展示（考兹特里姆，1979：141；兰登，1989：198）。

古风希腊和古典希腊（公元前 700—前 323 年）

今天，大多数学者同意将古风时期的开始时间定为大约公元前 750—前 700 年，这通常被称为"东方化时期"，与从近东模式衍生出来的主题、技术和风格的多元化有关（博德曼，1998：83–117；马科［Markoe］，1996）。这一时期是实验和

---

① 雅典迪皮隆（Dipylon）墓的盛酒器（约公元前 750 年）。巴黎卢浮宫，A517（考兹特里姆，1979：110–113）。另见塔普索斯群（Thapsos Group）(底比斯)的酒壶（约公元前 750—前 730 年），柏林，3143.45；盛酒器（约公元前 750—前 730 年），也来自塔普索斯群（底比斯），多伦多，919.5.18（考兹特里姆，1979：170；博德曼，1998：图 118，119）。

② 盛酒器碎片（约公元前 750 年），来自阿尔戈斯（Argos），阿尔戈斯博物馆，inv. C 240（考兹特里姆，1979：图 45b；博德曼，1983：18，图 2.4a–b；1998：图 129.1，2）。

创新的时期，为之后的几个世纪奠定了基础。事实上，古风时期（约公元前750—前480/479年）产生了城邦（*Polis*）、法典、公民崇拜、哲学、数学、纪念性建筑和雕塑、英雄和神话叙事表现，这些在公元前8世纪就已经成型（史诺德格拉斯，1980；拉弗劳布［Raaflaub］和威斯［Wees］，2009；艾蒂安［Étienne］，2017）。

公元前7世纪，表现大海的方式与前一时期相当一致。一般来说，海上空间用船或鱼来表现，例如，一个修尼阿姆（Sunium）的原始雅典式（proto-attic）祭文匾（被认为是画家阿纳拉托斯［Analatos Painter］的作品）（约公元前700—前675年）上面描绘了一艘战舰[①]，或公元前7世纪的阿尔忒弥斯奥昔亚（Artemis Orthia）神庙（斯巴达）中的一块象牙牌匾，上面用一艘战舰、三条鱼和一组螺旋纹来表示大海[②]。同样，一个落款亚里斯托索斯（Aristonothos）的伊特鲁里亚黑绘盛酒器显示了一场海战（可能是海盗和商船之间的战斗），其中的大海是由船下的锯齿形线条来表示[③]。这些图像大多涉及军事，可能与公元前7世纪持续的贸易和殖民活动密切相关，并因而会遭遇海盗和沉船（见弗里德曼和温杰斯在本书中所述）。

公元前7世纪初，在科林斯的工场里，熟练的工匠们发展出了黑绘技术的基础。这种技术包括在烧制陶器之前，将内部细节雕刻在剪影上，有时还会添加红色和／或白色（考兹特里姆，1979：172–173；博德曼，1998：85–88）。这种技术在公元前7世纪的最后三分之一完全发展起来，为想象海洋提供了一系列新的可能性。与几何时期的工匠用空白和／或海洋动物来描绘海洋空间不同，公元前6世纪的科林斯和雅典的陶瓶画家选择用大块黑色来描绘大海，色块顶部呈波浪状（有时是刻上去的），放置在装饰区域的底部，上面的船只在跳跃的海豚的伴随下航行。皮奥夏（Boeotia）的科林斯 *aryballos*（油瓶）就是一个很好的例子：瓶子周围展示了这样的场景，是奥德修斯和塞壬故事的最早描述之一（*Od.* 12.154–200；图切费乌 –

159

---

① 来自修尼阿姆的早期原始雅典式还愿匾（约公元前700—前675年），画家安纳拉托斯作品。雅典，国家博物馆，14935（博德曼，1998：图192；德诺耶勒［Denoyelle］，1996）。
② 公元前7世纪阿尔忒弥斯奥昔亚（斯巴达）神庙的象牙牌匾（兰登，2010：229，图4.20）。
③ 黑绘盛酒器，署名亚里斯托索斯（约公元前650年）。来自凯尔（意大利南部）。罗马，卡皮托里尼博物馆（Musei Capitolini）。

梅尼耶［Touchefeu-Meynier］，1968：145–190）①。在这里，大海由将海域与奥德修斯的船分开的刻有波浪线的黑色色块表示。在大约公元前 570 年，陶瓶画家克莱蒂亚斯（Kleitias）使用相同的技术在他的杰作"弗朗索瓦陶瓶"上描绘大海②。刻有波浪线的黑色色块描绘了忒修斯在释放雅典年轻人质时的大海。现在藏于波士顿的一个 dinos（一种混合酒、水的大碗）的碗口镶边以同样的方式描绘了大海③。在这里，陶瓶画家演示了"酒色深海"（oinops pontos）的观点：当给碗装满酒水时，船只似乎在混合了酒与水的容器内航行（见下文）。一只黑绘 hydria（水罐）上描绘了赫拉克勒斯和涅柔斯的战斗，海水被渲染成稀释的黑色，便于看到笔触④。一只海豚正在潜入水中，它的头仅是一个影子，但它的尾巴清晰可见。因此，画家将大海描绘得既透明又模糊，总是在运动又深邃。更早的时候，同样的技术被用在诺克拉提斯（Naukratis）的狄俄斯库里（神圣双胞胎卡斯托耳和波卢克斯）圣地（埃及）的 dinos（或盛酒器）碎片上：大海用透明的波浪来描绘，波浪上加了白色，在白色的波浪下可以看到海豚的影子⑤。这样的描绘强调了大海的无垠，它既是一个可以让船只在其中航行的实体，也是一个可以让人消失的区域。事实上，正如波琉强调的那样，大海是一个接触的区域，是垂直或水平地去往未知世界的通道（波琉，2016）。

---

① 科林斯晚期的油瓶，来自皮奥夏（约公元前 575—前 550 年）。波士顿，美术博物馆（Museum of Fine Art），01.8100。另见黑绘酒壶（约公元前 500 年）。纽约，市场，卡利马诺普洛斯（Callimanopoulos）。

② 黑绘涡旋柄首盛酒器，署名画家克莱蒂亚斯和陶艺家埃尔戈蒂莫斯（Ergotimos）（约公元前 570 年）。佛罗伦萨，考古博物馆，4209。

③ 黑绘 dinos（约公元前 530—前 510 年）。波士顿，美术博物馆，90.154.1–2。另见画家利科米德斯（Likomedes Painter）的黑绘柱形盛酒器（约公元前 520—前 510 年）。纽约大都会艺术博物馆，07.286.76。画家在跳跃的海豚之间加上了船只。另见画家安替美尼斯（Antimenes Painter）的黑绘 dinos（约公元前 530—前 510 年）。马里布（Malibu），J. 保罗·盖蒂博物馆，92.AE.88；黑绘 dinos，埃克塞基亚斯（约公元前 540—前 530 年）。罗马，朱利亚别墅博物馆（Villa Giulia Museum），50599。

④ 黑绘水罐，莱格罗斯群（Leagros Group）（约公元前 515—前 500 年）。巴黎法国国家图书馆徽章钱币部，255。

⑤ 狄俄斯库里圣地的黑绘 dinos 或盛酒器（约公元前 560—前 550 年）。伦敦大英博物馆，1888，0601.586。

从这个想法，人们就会产生大海是通往冥界门户的观念。因此，在海上旅行或在海中潜水被认为是死亡的隐喻（波琉，2016：119–157）。例如，一只雅典式红绘 *lekythoi*（油瓶）上骑着海豚的年轻男子或被海上的人面怪兽掠走的年轻人 [①] 象征灵魂到冥界的旅行。帕埃斯图姆（意大利南部）约公元前 480—前 470 年的所谓"潜水者之墓"的石头盖板是对这种观念最美丽的描绘之一 [②]。大海被描绘成浅蓝色的区域，顶部波浪起伏；一个赤裸的年轻人从一根白色的柱子上跳入水中。这幅画的构图很简洁，但这并没有削弱它的深刻意义。这种下潜象征着死者的灵魂进入冥界，同时以墓壁上的宴会场景为象征，传达着关于重生和永恒幸福的末世论信息（霍洛威，2006）。

起源于公元前 8 世纪晚期的飨宴（*symposion*，公共饮酒），在公元前 7 世纪晚期到公元前 5 世纪得到了更为广泛的发展。它被认为是一种贵族习俗和一种社会制度，在某些方面与年轻人（*epheboi*）的成人礼有关。因此，公元前 6 世纪和前 5 世纪的许多有关宴会和饮酒的陶瓶画都与这种贵族习俗有关（莱文［Levine］，1985；卡拉梅［Calame］，1996；默里［Murray］，2009）。在这个意象中，大海常常与饮酒相搭配。事实上，在古希腊人的想象中，醉酒就像在"酒色深海"上的美妙航行（戴维斯［Davies］，1978；利萨拉格［Lissarrague］，1987：104–118；科纳［Corner］，2010；托珀［Topper］，2012）。现藏于伦敦的一个双色绘杯子（用黑绘和红绘技术绘制）（约公元前 510 年—前 490 年）就很好地描绘了这一观念 [③]。在杯中央，一个年轻人捧着一个尖底的双耳罐，里面肯定装满了酒，暗示在饮酒。这个

---

① 红绘油瓶（约公元前 420—前 404 年）。柏林古代文物收藏馆（Antikensammlungen），V.I.，3247。两个爱神（erotes），一个手拿七弦琴、骑着海豚。阿波罗多罗斯的红绘杯（约公元前 500 年）。马里布，J. 保罗·盖蒂博物馆，85.AE.377。斯芬克斯带着一个死去年轻人的尸体行在海上。这幅画也有色情的含义。参见维默勒（Vermeule），1979：145–178。

② 潜水者之墓。帕埃斯图姆 – 波塞冬尼亚（Paestum-Poseidonia）（约公元前 480—前 470 年）。帕埃斯图姆考古博物馆（沃兰德［Warland］，1996；霍洛威［Holloway］，2006）。还有塔尔奎尼亚（Tarquinia）的"狩猎和钓鱼"墓（公元前 520 年）：在海景中，一个年轻人潜入海。

③ 杯子，黑红双色绘（约公元前 510—前 490 年）。伦敦，大英博物馆，E2。杯外：青年斜倚着、舞动、手端酒器。还有"小大师"（little master）作坊（约公元前 540—前 530 年）的黑绘带杯（band-cup）。巴黎卢浮宫，F145（中心图案：骑在海马上的波塞冬或涅柔斯）。

图 7.3 基里克斯杯（Kylix，酒杯）上的黑红彩绘（公元前 510—前 500 年）。伦敦大英博物馆 E2。© 大英博物馆受托人。

场景被一大片带波浪的黑色——象征大海——包围，海上则有四艘船在航行。每两艘船之间都有海豚在跳水。和波士顿的 *dinos* 上的画一样，陶瓶画家在大海和酒之间进行了类比，然后，当酒杯装满时，船就真的在"酒色深海"上航行了。

黑绘技术的发展并不意味着工匠们放弃了描绘大海的"旧"方式，相反，黑绘手法给海洋主题的形象描绘增添了新的特色。当然，新技术的采用并不是海洋主题描述日益多样化的唯一原因。一方面，公元前 8 世纪和前 7 世纪，希腊对东方和西方的殖民给希腊的表现带来了新的主题、风格和技术；另一方面，城邦的诞生、公民宗教习俗的发展以及重要泛希腊节日和圣殿为海洋主题增添了其他的象征和宗教意义。因此，对海洋的表现和可视化既涉及神话世界、宗教信仰和习俗，也涉及殖民或战争等社会和政治现实。

公元前 7 世纪晚期希腊陶瓶画家的重要创新之一就是引入了混种生物，这可

161

194

能是受到了近东模式的启发，以形象化的技法让海洋生物等变得有形（阿尔贝格－康奈尔，1984：13–25，1992：106–108）。这种创造性在对海怪（*ketoi*）的描绘中得到了很好的表达，它利用了多种元素，如狗的嘴、狮子的头、尖鼻、鱼或蛇的身体，有时还有狮子的脚。这些海怪是海洋动物的一部分，服务于安菲特里忒（Amphitrite）和涅瑞伊得斯（Nereids）等海神。它们也出现在神话中，如赫拉克勒斯拯救赫西俄涅或珀尔修斯释放安德洛墨达 [1]。海怪种类繁多，从公元前 7 世纪到古代晚期并没有太大的变化。人们在公元前 6 世纪的陶瓶画中发现了海怪，例如，凯尔（Caere）的一只 *hydria* 上描绘了一个裸体的英雄（可能是赫拉克勒斯）与一个被各种海洋动物（章鱼、海豹、海豚）包围的海怪战斗 [2]，还有阿普里亚的（Apulian）红绘陶瓶，其彩绘展示的是涅瑞伊得斯骑着海怪。另外，硬币、宝石、贴布绣、石棺、镶嵌画上也可见海怪，一直到古代晚期（博德曼，1987）[3]。

公元前 6 世纪初，索菲洛斯（Sophilos）在一只描绘忒提斯和珀琉斯婚礼的黑绘 *dinos* 上，选择把泰坦俄刻阿诺斯描绘成一个混种，半人半鱼，手里拿着一条鱼和一条蛇 [4]。俄刻阿诺斯是所有水流之父，是环绕世界的原始水的化身（Hesiod, *Theog.* 337–370）。在这幅画中，俄刻阿诺斯的混种性突出了他作为一个始终在运动的水神的主要特征。他在婚礼上的出现确保了这一事件的宇宙秩序。同样的特征也适用于在画中与赫拉克勒斯角力的海的老人涅柔斯，以及特里同（Triton）。为了找到通往赫斯帕里得斯果园的路，赫拉克勒斯与拥有变异和占卜能力的涅柔斯展开了

---

[1] 科林斯双耳瓶（约公元前 575—前 550 年），柏林国家博物馆，inv. F1652（珀尔修斯、安德洛墨达和海怪）；柱形盛酒器（科林斯式），约公元前 550 年，波士顿，美术博物馆，63.420（赫拉克勒斯、赫西俄涅和海怪）。

[2] 来自凯尔的水罐（约公元前 530—前 500 年）。画家埃格利（Eagle Painter）。巴黎，尼阿科斯藏品（coll. Niarchos）（博德曼，1998：图 496）。

[3] 例如，画家大流士（Darius Painter）的丧葬用双耳瓶（红绘，阿普利亚）（约公元前 350—前 330 年），柏林古代文物收藏馆，F 3241，欧罗巴骑着公牛，在她的左边，涅瑞伊得斯骑着海怪；盘子（红绘，阿普利亚），弗里克索斯群画家／冥界画家（Underworld Painter）（约公元前 340 年），柏林古代文物收藏馆，1984.47（中心图案：赫拉克勒斯成神，由雅典娜在战车上进行。边缘图案：涅瑞伊得斯骑着海中动物和海怪）。

[4] 署名索菲洛斯的黑绘 *dinos*（约公元前 580—前 570 年）。伦敦大英博物馆，1971, 1101.1。

图 7.4 海怪形状的红陶瓶（公元前 650—前 600 年）。纽约大都会艺术博物馆 2009.529。© 2000—2018 大都会艺术博物馆（公共领域）。

一场角力。这个海神总是被描绘成一个混种，半人半鱼，带有火焰、狮子或蛇，这是他变形能力的表现。例如，奥林匹亚的一条青铜盾带显示了头上有火焰和蛇的海的老人（*Halios Geron*）[1]。在藏于巴黎的一只黑绘 *lekythos*（油瓶）上，涅柔斯是一个鱼尾生物，尾巴上面是一头狮子的上半身[2]。后来，在公元前 6 世纪下半叶（约公元前 560 年），涅柔斯被描绘成完全具有人形，被海神波塞冬和安菲特里忒的儿子、海洋生物特里同所取代，这可能是出于政治原因（格林［Glynn］，1981；博德曼，1989，2003：223）[3]。

在公元前 5 世纪早期，欧弗罗尼奥斯（Euphronios）和阿尼西莫斯（Onesimos）

[1] 青铜盾带（约公元前 575—前 550 年）。奥林匹亚博物馆，inv.1881。

[2] 黑绘油瓶，伊斯坦布尔画家（Istanbul Painter），约公元前 590—前 580 年。巴黎卢浮宫，Ca 823。

[3] 例如，莫斯科佛罗斯大师（Moscophoros Master）所作的雅典卫城雅典娜神庙的山墙饰（约公元前 550—前 540 年）。左角画面：赫拉克勒斯与特里同交战。雅典，雅典卫城博物馆，35；同样：在雅典卫城发现的石灰岩山墙饰，赫拉克勒斯与特里同交战（公元前 560—前 550 年），雅典卫城博物馆，2。黑绘双耳瓶（约公元前 530 年），多伦多，安大略皇家博物馆，919.5.19，赫拉克勒斯与特里同交战，大海由五只海豚和一只章鱼表示。

在一只红绘杯子上描绘了作为忒修斯的指挥的特里同 ①。在去克里特岛的旅途中，忒修斯潜入海底取回米诺斯的指环，作为他神圣出身的证明（Bacchylides, *Ode* 17）。这幅画中，特里同不是被描绘成一个怪物，而是一个仁慈的小型海洋生物，他抱着忒修斯的脚。水下空间包括三只海豚（一只向上跳跃，另外两只向下）以及坐在宝座上的大海女王安菲特里忒。雅典娜在这里扮演了一个中间人的角色，它强调了这种画面的意识形态意义，即雅典对爱琴海的霸权，特别是在波斯战争和公元前 477 年提洛同盟建立之后（巴伦，1980；卡斯崔奥塔［Castriota］，1992：58–63；夏皮罗［Shapiro］，1994：117–123；卡拉梅，1996）。

这一观点在公元前 480—前 460 年的文献中得到了很好的阐述。在奥林匹亚的宙斯神庙里，在神的宝座上，萨拉米斯的化身被描绘成手持一个船尾装饰品（*aphlaston*）②，希腊人在特尔斐（Delphi）供奉的阿波罗雕像（希罗多德，8.121；包萨尼亚，10.14.5）和同时代雅典式陶瓶画中的雅典娜或尼姬（胜利女神）也是如此 ③。这个特征指的是公元前 480 年雅典在萨拉米斯战胜波斯人（沃尔克 – 詹森［Völcker-Janssen］，1987）。同样，城邦的经济和政治力量也表现在硬币上（克雷［Kraay］，1966：13–15）。因此，在西西里和意大利南部的希腊殖民地，大海作为权力和财富的来源，是公元前 6 世纪到前 4 世纪硬币的主题。这通常是由海豚来表示，例如，塔伦特姆（Tarentum）、赞克莱或锡拉库扎硬币上画的是被四只海豚围绕着的宁芙阿瑞塞萨（Arethusa）（殖民地主要淡水来源的化身），这指的是殖民地创始人定居的奥提伽岛（拉克鲁瓦［Lacroix］，1965：103–108）。软体动物、贝类（如库美硬币上的贻贝，或阿克拉加斯［Akragas］的螃蟹）、物品以及与海洋有关的神灵，如挥舞三叉戟的

---

① 署名欧弗罗尼奥斯（陶艺家）和阿尼西莫斯（画家）的红绘杯（约公元前 500—前 490 年）。巴黎卢浮宫，G 104。这个神话也被描绘在公元前 475 年的雅典忒西翁神庙（Theseion）的墙上。（包萨尼亚，1.17.2–4）对照画家卡德摩斯（Kadmos Painter）的红绘萼形盛酒器（约公元前 420—前 400 年）。博洛尼亚，市政博物馆，303。水下区域用一条线表示，赫利俄斯的战车从中出现。

② 包萨尼亚，5.11.5–6。

③ 雅典娜：红绘油瓶，画家布里戈斯（Brygos Painter）（约公元前 480—前 470 年）。纽约大都会博物馆，25.189.1。尼姬：红绘油瓶，帕里斯巨人族画家（Paris Gigantomachy Painter）（约公元前 480—前 470 年）。柏林古代文物收藏馆，F 221。

波塞冬，也让人联想到大海（拉克鲁瓦，1965：89–100；鲁特［Rutter］，2012；费舍尔-博塞特［Fischer-Bossert］，2012；特桑加里［Tsangari］，2015）。

公元前530年开始的红绘技术的发展给雅典式陶瓶画家带来了更多的艺术自由①。画面以线条画的形式出现在罐子填满黑色的背景上（博德曼，1997：11–15）。这种技术可以丰富和改变描绘大海形象的方法，尤其是大海的透明度和深度。在一个被认为是画家麦森（Myson）所作的 *pelike*（酒壶）上，画面展示的是赫拉克勒斯用三叉戟在破坏涅柔斯的房子，这个故事只有通过图片才能知道②。装饰面的底部用稀释的黑色来描绘大海。通过透明技术，人们可以看到赫拉克勒斯的脚，同时瓶瓶罐罐（一个酒杯、一个酒壶［oinochoe］、一个双耳瓶）漂浮在水面上。就像藏于巴黎的水罐一样，画家使用稀释的黑色来渲染水的物理性质：物体可以漂浮在上面，人可以跳进里面，还有它的透明度。在描绘阿佛洛狄忒和菲昂（Phaon）故事的波利格诺特作品群（Polygnotean Group）（约公元前440—前420年）尊形盛酒器上，大海通过围绕着菲昂所乘之船的白色微曲线来表示，给人一种深度和无限的错觉③。菲昂是一个摆渡人，他载着伪装成老妇的阿佛洛狄忒穿越爱琴海而不收费。后者则给了他青春美丽作为报酬（甘茨［Gantz］，1993：103–104）。

在雅典，红绘技术直到公元前4世纪的前几十年仍然存在。它主要以所谓的刻赤（Kerch）风格（以克里米亚的一个城市命名，在那里发现了许多古典主义晚期陶瓶）为代表，这种风格的作品水平是最高的④。由于大多数古典时代晚期陶瓶绘画质量很差（博德曼，2000：190–194），人们必须转向南意大利（卢卡尼亚［Lucania］、阿普利亚），从公元前5世纪开始，希腊陶瓶画家在那里设立了作坊，

---

① 黑绘技术在约公元前475年之前一直得到使用。它被称为"晚期黑绘"（博德曼，2003：146–151）。
② 酒壶，红绘，画家麦森（Painter Myson）所作（约公元前500—前480年）。慕尼黑古代文物收藏馆，8762。
③ 红绘尊形盛酒器，波利格诺特群（约公元前420年）。博洛尼亚，市政考古博物馆，288。与阿普利亚红绘涡旋柄首盛酒器（约公元前340—前330年）比较。日内瓦，希腊罗马文物集，inv. HR., 44。海伦和帕里斯抵达特洛伊。左下角：用船尾、白色的涟漪和表示卵石海滩的小圆点描绘大海。
④ 例如，红绘酒壶，画家马西萨斯（Marsysas Painter）（公元前380—前360年）。伦敦大英博物馆，E424。珀琉斯掠走忒提斯。一只俯冲的海豚使人联想到大海。

为当地社区（米太旁登［Metapontum］，塔伦特姆）生产陶瓶。那些陶瓶是专作祭品的。公元前4世纪，卢卡尼亚人和阿普利亚人开始生产他们自己的陶瓶。一开始，图像来自雅典式样本，然后，慢慢地，当地工匠开始用新的图像和样式来表达自己的身份（卡朋特［Carpenter］、林奇和罗宾逊，2014）。

正如公元前7世纪在意大利南部生产的大多数艺术作品一样，阿普利亚陶瓶画中，大海占据了中心位置，特别是大型浅盘（*patera*）的装饰，例如现藏于柏林的被认为出自弗里克索斯（Phrixos）画家之手的那个盘子①。在盘中央，弗里克索斯骑着金羊，浮在海上，旁边有乌贼和海豚。黑色背景下，环绕四周的海生动物（水母、鱿鱼、鱼类）被绘为红色，边缘是细细一圈螺旋状的波浪。同样，在一个被认为属于弗里克索斯作品群（Phrixos Group）（约公元前340—前330年）的盆中，绘有七种海洋动物（海豚、琵琶鱼、石斑鱼、鲣鱼、鱼雷鱼、墨鱼、蟹守螺），它们似乎象征着大海②。此外，海洋动物可能会使人想起将生者的世界与冥界分隔开来的海洋，当与弗里克索斯骑着金羊（柏林盘）的画面搭配在一起时，末世论的意义就会得到加强（见上文）。因此，这幅画使人想起灵魂到冥界的旅行，在了解到那些容器只是为坟墓祭祀而造时，则更是如此（艾伦［Aellen］、坎比托格鲁［Cambitoglou］和查梅［Chamay］，1986：181–184）。

在阿普利亚的陶瓶中，海洋动物的自然主义表现很常见，特别是在鱼盘上。鱼盘是一种特殊的器皿，用来在丧葬仪礼中提供鱼和海鲜（A. D. 特伦德尔［A. D. Trendall］列出了1000多种这种类型的盘子！③）这种装饰很有可能具有象征意义，

---

① 红绘盘（阿普利亚），弗里克索斯画家（Phrixos Painter）作品（约公元前330年）。柏林古代文物收藏馆，F 3345。弗里克索斯：甘茨（Gantz），1993：179–180，183。另见画家巴尔的摩（Baltimore Painter）的红绘盘（阿普利亚）（约公元前330—前320年）。A. C 收藏（艾伦、坎比托鲁和查迈，1986：229–231）。尼姬在海上驾驶她的战车（骑着海豚的涅瑞伊得斯、鱼和贝壳）。

② 红绘盆（阿普利亚），弗里克索斯群（约公元前340—前330年）。私人收藏。

③ 鱼盘，帕埃斯图姆式，画家阿斯蒂亚斯（Asteas Painter）作坊（约公元前340—前330年）。J. C. 收藏。盘子上装饰着章鱼、濑鱼、一只鼬鲨和不同种类的贝壳（艾伦、坎比托鲁和查迈，1986：271–273）。另一只鱼盘，坎帕尼亚式（来自库迈），与格拉西群（Grassi Group）（约公元前350—前330年）有关。伦敦大英博物馆，1876，1112.1。墨鱼、鲈鱼和电鳐。参见麦克菲（McPhee）和特伦多尔，1987，1990。

可能与末世论的信仰有关。

从公元前 7 世纪到公元前 5 世纪，与其他艺术技术一样，壁画和木版画也在发展，并在古典时期（公元前 5 世纪中期到公元前 4 世纪中期）达到顶峰。塔索斯的波里格诺托斯（Polygnotos of Thasos）、帕拉西奥斯（Parrhasios）、宙克西斯（Zeuxis）和阿佩莱斯（Apelles）是古典时期最著名的画家。遗憾的是，他们的艺术作品几乎完全失传。我们通过古希腊和拉丁作家如老普林尼（Elder Pliny）或包萨尼亚（Pausanias）的描述（ekphraseis）了解了一些画作。过去的 30 年里，考古发现了公元前 4 世纪的丧葬画，特别是在马其顿，这帮助我们了解古希腊绘画的模样。那些画通常以人和动物为中心。因此，我们对画家们过去如何描绘大海知之甚少。亚里士多德学派的一位作者只提到，大海被画成蓝色（kuanos），河流则被画成浅黄色（okhros）(伪亚里士多德，《问题》，23.6）。根据古代作家的描述，画家描绘大海的方式与其他艺术家和工匠一样，都是通过船、海洋动物、神、海怪等。例如，我们知道库济库斯的画家安德洛基得斯（Androkydes）画了一幅斯库拉，这是一种半女人半鱼的海怪，从腰部伸出狗的前肢（参见 Od. 12.80–100），画中斯库拉的周围都是栩栩如生的自然鱼类（普鲁塔克，《会饮篇》[Symposium] IV. 665d, 668c；Athenaeus VIII. 411a）。同样，阿佩莱斯最著名的画作之一是他的阿佛洛狄忒阿纳多墨涅（Anadyomene，爱神从海中升起），受到众多作家的称颂[1]。可悲的是，古代的作家们对描绘大海并不感兴趣，他们更感兴趣的是女神将海水从头发中挤出之时的美丽。

从古典时期到古代晚期，阿佛洛狄忒从海中升起是一个常见的主题，这指的是她的诞生[2]。通常，女神被描绘成从贝壳（海的象征）中出来，随之出现的还有小爱神厄洛忒斯（Erotes）和 / 或海洋生物（特里同、海怪，等等）。例如，一尊

---

[1] 斯特拉博，14.2.19；老普林尼，《自然历史》，35.91；苏埃托纽斯（Suetonius），《韦斯巴芗》（Vespasian），18；《希腊诗选》（Greek Anthology），16.182，178，180，179；西塞罗，《论占卜》（De divinatio），I. 12.23；《论神性》（De natura deorum），27.75；Ov. Amores. I. 14.31–34；Ov. Tristia 2.527–528. I. 14.31–34；Trist. 2.527–528 等（见赖纳赫，1921：332–339。）

[2] 诞生自海洋泡沫和被切断的乌拉诺斯（天空）下体：赫西奥德，《神谱》，188–206。参见甘茨，1993：99–100。

希腊化时代晚期的大理石雕像展示了阿佛洛狄忒从海中以一种非常具有动感的姿势升起，她的左腿还浸在水里 ①。大海被描绘成一个边缘不规则的深碗，也许是为了让人想到海浪。在雕塑的下方，还保留着丢失的部分的碎片，可能是一只海豚。这座雕塑可能是石头雕刻的神龛或喷泉的还愿贡品（皮康［Picón］和海明威［Hemingway］，2016：282–283，cat. 227）。

希腊化时代和罗马时代（约公元前 323 年至约公元 300 年）

希腊化时期（公元前 323—前 30 年）是艺术史上最复杂的时期之一。这主要是由于它覆盖了广阔的地理区域，分为几个王国，由不同的朝代统治。这段长约 300 年的时期标志着公元前 1 世纪时向罗马世界的复杂过渡——希腊和罗马艺术融合在一起，成为公元前 1 世纪的希腊罗马（Greco-Roman）艺术（波利特［Pollitt］，1986：150–164；皮康和海明威，2016：1–7）。

没有必要详细解释亚历山大大帝征服东方的影响。一方面，征服使希腊世界向远东（巴克特里亚、北印度）开放，在艺术风格和生活方式上复兴了另一个东方化时代；另一方面，亚历山大大帝从波斯王家宝藏中攫取的大量金银改变了古代世界的经济格局，创造了对奢侈品的巨大需求（皮康和海明威，2016：16–20，88–89；斯图尔特［Stewart］，2014：206–226；博德曼，1994：75–153）。由于这些原因，希腊化时代艺术的主要特征是折中主义。这是由许多因素造成的，包括受众的分散（多个国家，所以有不同的品位和目的）；品位、风格和思想在不同的国家的迅速传播；对希腊化世界统治者需求的适应（君主的身份、对胜利的痴迷、支配其他社区的需要）；慈善实践；古典雅典作为文学和视觉艺术默认风格的价值提升；私人协会和俱乐部的建立；个人对集体的优势；艺术是为了捕捉和改善外观的观念；以及适应特定功能的风格（神和英雄的古典风格、战斗和悲剧场景的"巴洛克"风格）（波利特，1986：111–126；斯图尔特，2014：17–20）。

166

---

① 阿佛洛狄忒从海中升起的大理石雕像。希腊化时代，约公元前 150—前 100 年。波士顿，美术博物馆，1986.20。另见：阿佛洛狄忒从敞开的贝壳中升起形状的油瓶。公元前 4 世纪中叶。波士顿，美术博物馆，00.269。

海洋的形象化与古典时期没有很大的不同：船、鱼、海怪、海神是常见的表现形式。但与政治需要相关的新主题开始出现，例如在特穆伊斯（Thmuis）的镶嵌画上描绘的贝列尼凯二世（公元前246—前222/1年在位），她头顶一艘战舰的船头，手持海军旗杆（stylis），她的斗篷则用海军锚固定①。这幅画似乎强调了贝列尼凯与托勒密三世统治时期亚历山大港的海军力量，并将女王比作与安提阿的堤喀（Tyche of Antioch）类似的海上命运女神（斯图尔特，2014：174，图101）。同样，惊人的《萨莫色雷斯的胜利》（约公元前190年）是为了纪念一次海战的胜利（可能是罗得人对安条克三世［Antiochos III］的胜利），最初是建在萨莫色雷斯的众神圣殿②。雕像的基座是船首的形状，女神出现在船上，她的衣服在风中飘动。整组雕像被戏剧性地安置在一个象征着大海和海岸的双层水池或喷泉中，坐落在萨莫色雷斯剧院上方的露台上，俯瞰着圣殿和下面朝向爱琴海的山谷（波利特，1986：113-114；哈米奥［Hamiaux］、马丁内斯［Martinez］和劳吉尔［Laugier］，2014）。

在对海洋主题的描绘中，变化的是风格和技巧。对奢侈品的高需求促使人们在珠宝和奢侈品上描绘海洋主题，例如一对金色臂带代表一个男特里同和一个女特里同（tritoness），都用一只胳膊抱着一个小爱神③。螺旋用于环绕穿戴者的上臂。一个类似于爵床叶（acanthus leaves）的漩涡状鳍标志着人类上半身和鱼尾之间的过渡。用爵床叶形象来标志人类和鱼的身体之间的过渡是典型的希腊化时代艺术；例如，人们在帕加蒙（Pergamon）大祭坛的特里同（作为山墙角装饰［acroteria］，在屋顶）④上就可以看到。还有罗马的描绘海中行进的镶嵌画和浮雕，例如多米提乌

---

① 镶嵌画，opus vermiculatum。署名索菲洛斯（公元前3世纪晚期）。亚历山大港，希腊罗马博物馆。

② 萨莫色雷斯的尼姬。来自帕罗斯的大理石（雕像）和来自拉特罗斯（Latros）的灰色大理石（船头）（约公元前190年）。巴黎卢浮宫，MA2369。

③ 一对臂章，黄金。希腊，希腊化时代，约公元前200年。纽约大都会艺术博物馆，56.11.5，6。还有来自卡诺萨（Canosa）（意大利南部）的"黄金之墓"的化妆品盒的镀银盖子（约公元前250—前200年）。涅瑞伊得斯骑着海怪，暗示着运动的螺旋波浪代表海。塔兰托（Taranto），国家考古博物馆（斯图尔特，2014：图132）。

④ 特里同，帕加蒙大祭坛的山墙角装饰。希腊，希腊化时代，约公元前160年。柏林古代文物收藏馆，德国柏林国立博物馆，AvP VII 166-167（皮康和海明威，2016，cat. 118-119）。

斯·阿埃诺巴尔布斯（Domitius Ahenobarbus）祭坛的表现海神波塞冬和安菲特里忒的婚礼的饰带 ①。这对神灵夫妇在一辆战车上，两个特里同拉着车，其中一个吹着海螺壳，一队骑着海马和海牛的小爱神和涅瑞伊得斯伴随在侧。海洋的蒂亚索斯（thiasos）（骑着海洋动物的特里同和涅瑞伊得斯）从公元前 5 世纪开始，特别是在罗马时代，有了一种宗教意义，与到冥界的旅行有关（巴林格［Barringer］，1995：141–151）。这个主题在罗马帝国时代（公元 2 至 3 世纪）的石棺上非常流行，表明了与来世的快乐有关的末世论信仰。

希腊化时代最显著的特点之一就是镶嵌画艺术的发展。镶嵌画最初是用鹅卵石做成，这项技术很快被精通，在公元前 3 世纪发明了 opus tessellatum（用立方体石头、玻璃或陶土制成的镶嵌画），然后是用非常小的镶嵌砖（tesserae）（边长 1 毫米）制成的 opus vermiculatum（"蠕虫状的"），排列成曲线来创造轮廓和造型。因此，镶嵌画在纹理、阴影和颜色方面可与绘画一争高下（波利特，1986：210–229；邓巴宾［Dunbabin］，1999；斯图尔特，2014：197–205）。镶嵌画艺术呈现出前所未有的发展，尤其是在罗马世界。人们可以在罗马帝国的任何地方找到镶嵌画，从大不列颠到北非、法国、意大利、保加利亚、远至远东，都适应当地的风格和品位，直到古代晚期和以后仍存在（史密斯，1983；玲［Ling］，2015）。

在希腊化时代风格的镶嵌画中，最重要的例子是提洛（Delos），这是一个雅典人控制下的自由港，建于大约公元前 166—前 100 年。大多数提洛镶嵌画都表现了大海主题，当然这是因为大海曾是城市经济活动的中心。例如，海豚之家的镶嵌画展示了整个以海洋为主题的装饰方案 ②。在方形的城垛状边缘有一系列的同心圆带，上面饰有波浪、弯流和海怪。在每个角落里，都有一个带翅膀的小雕像骑着一对海豚，手里拿着神的象征：酒神杖、三叉戟和墨丘利的节杖（波利特，1986：215–216；邓巴宾，1999：33；斯图尔特，2014：204–205）。

---

① 大理石浮雕，前面板。多米提乌斯·阿埃诺巴尔布斯的祭坛（约公元前 150 年）。慕尼黑古代雕塑展览馆，inv. 239。

② 海豚之家的镶嵌画。提洛岛，约公元前 130—前 88 年。署名阿拉多斯的（阿斯克勒）庇俄斯（［Askle］piades d'Arados）（叙利亚）。原地。

图 7.5　多米提乌斯·阿埃诺巴尔布斯祭坛。波塞冬和安菲特里忒的婚礼（公元前 2 世纪末）。慕尼黑古代雕塑展览馆（Glyptothek）inv. 239。© PRISMA ARCHIVO/Alamy Stock Photo.

镶嵌画主要用于装饰私人住宅和宫殿或公共建筑，如在公共浴场（*thermae*）作为地面铺装（有时也用作墙壁或拱顶装饰）。对于后者，海洋主题特别受欢迎，例如，奥斯蒂亚海神浴场显示海神胜利的镶嵌画装饰，完全用黑白镶嵌砖实现了画面的描绘（2 世纪罗马镶嵌画的典型特征）[1]。在这里，海洋环境仅由镶嵌图白色背景上的多种海洋生物暗示。在尤蒂卡（Utica）（突尼斯）"卡托之家"的私人浴室的过道上，有一幅海神涅普顿和安菲特里忒凯旋的彩色画，是典型的北非镶嵌画[2]。这对神灵夫妇乘坐由四匹海马拉着的战车从海中升起。大海由水平平行线暗示，通过透明度显示海马的下半部。同样的主题也出现在突尼斯（沙拜［la Chebba］）的另一幅镶嵌画上。海神涅普顿独自坐在由四匹海马拉着并由一个男特里同和一个女特里同指挥的战车上[3]。场景被镌刻在一个圆圈里，四周围绕着四季的意象，给整个构图赋予了一种宇宙涵义。在这里，大海以一种更自然的方式被描绘，有着蓝色、灰色、白色和棕色的阴影并给人以透明的错觉，露出海马的下半身。

遗憾的是，本章篇幅有限，无法详细讨论罗马时期艺术的多样性和独创性[4]。

---

[1]　黑白镶嵌画。涅普顿的凯旋，海神浴场，奥斯蒂亚（18.10 m×10.40 m），约公元 139 年。

[2]　镶嵌画。涅普顿的凯旋。"卡托之家"浴室（突尼斯尤蒂卡）。公元 2 世纪末至 3 世纪初。突尼斯，巴尔多博物馆。

[3]　中庭镶嵌画地板（4.90 m×4.85 m）。涅普顿的凯旋。四季。来自突尼斯沙拜。公元 2 世纪中叶。突尼斯，巴尔多博物馆，inv. 292。

[4]　有关"罗马艺术"的全面介绍（附有大量参考书目）：博格（Borg），2015；尤见 11–33（"定义罗马艺术"，C. H. 哈利特［C. H. Hallett］）。一直有用：班迪内利（Bandinelli），1970，2010。

一般来说，该时期对海洋的表现与古典艺术和希腊化时代艺术相同，即通过鱼、船、海怪、涅瑞伊得斯、特里同、海马等，但有不同的技术和支持方式，例如塑像、雕刻、镶嵌画、奢侈品、浮雕、石棺和壁画。但后者值得更多讨论，主要是因为罗马壁画提供了唯一的风景画的例子，即用自然取代了人物形象（波利特，1986：185-209；洛伦兹［Lorenz］，2015）。其中最好的例子之一是 1848 年在埃斯奎林山（Esquiline Hill）上发现的一所罗马房子的墙上的描绘奥德修斯漫游的画作，该画现藏于梵蒂冈博物馆①。这些画在墙上，以用错视法绘制的双柱廊为背景，分成八幅风景画。在这些画中，我们看到的是真正的风景，其中大海，特别是在拉斯忒吕戈涅斯（Laestrygonians）的章节中，占据了主要的位置②。大海被描绘成蓝色，在靠近船只和多岩石的海岸处色调有微妙的变化，以创造一种运动、深度和无垠的错觉。清晰的天际线以一种非常自然的方式（用灰蓝色）将大海和天空分开。在最前方，拉斯忒吕戈涅斯向奥德修斯的船投掷石块，加强了纵深感。同样，装饰祭司阿曼德斯之家的餐厅（triclinium）的画作，展示了广阔的风景中的神话场景，尤其是珀尔修斯和安德洛墨达的故事，其中，大海占据了画面空间的主要部分③。在这里，混入天空的绿色和蓝色的色调，形成了雾蒙蒙的氛围。这种绘画标志着对风景本身的品位，就像一扇通向田园般的窗外的窗户，可能具有象征意义（克拉克，1996）。

当然，这些例子与古代时期绝大多数海上绘画相比是例外——古代的画作喜欢转喻和程式化而不是自然主义描绘。因此，大多数罗马人对海的描绘都借鉴了几个世纪以来众所周知的主题，同时又增加了新的含义，尤其是在丧葬图像方面。例如，2 世纪到 7 世纪的石棺展示了对奥德修斯和塞壬的故事的描述，其意义可能

---

① 风景画，《奥德赛》9–12 中的场景（拉斯忒吕戈涅斯之地、喀耳刻的家和冥界）。壁画，最初分为八幅，然后成对重新组装形成四幅矩形画面（公元前 1 世纪中叶）。罗马，梵蒂冈博物馆，Cat. 41013，41016，41024，41026。

② 有关罗马艺术中风景画的更多信息，请参见里奇（Leach），1988；克拉克（Clarke），1996；克鲁瓦西尔（Croisille），2005。

③ 珀尔修斯和安德洛墨达。庞贝壁画（祭司阿曼德斯之家，I.7.7），约公元 40—79 年。另见祭司阿曼德斯之家，代达罗斯和伊卡洛斯、波吕斐摩斯和加拉泰亚。

图 7.6　突尼斯尤蒂卡的一幅绘有海洋之神俄刻阿诺斯和海神涅普顿与安菲特里忒凯旋的镶嵌画局部（公元 2 至 3 世纪）。突尼斯，巴尔多国家博物馆（Musée National Du Bardo）。©DEA/G. DAGLI ORTI/ 盖蒂图片社。

图 7.7　奥德修斯的船被巨人拉斯忒吕戈涅斯摧毁。《奥德赛》的场景。埃斯奎林山上一座私 170
人住宅的壁画（罗马，公元前 1 世纪中期）。罗马，梵蒂冈博物馆。© 文化俱乐部（Culture Club）/
盖蒂图片社。

与关于来世的哲学和宗教思想有关（新柏拉图主义、新毕达哥拉斯主义或基督教
思想）[1]。奥德修斯象征面对虚假快乐（如以塞壬为化身的无限知识）的死者的灵
魂。在基督教的教义中，战胜塞壬也象征着战胜死亡（图切费乌-梅尼耶，1968：
188–189）。

现在我们必须简单地回顾一下公元 2 世纪到 4 世纪中叶的早期基督教艺术，它
对古典题材进行了重制，同时赋予它们象征性的宗教意义。在早期基督教艺术的
流行主题中，有一种描绘了这样的场景：约拿被海怪吞下，又被吐出来，最后躺 171

---

[1]　例如，奥勒留（Aurelius）的石棺，公元 3 世纪，罗马，公共浴场博物馆，113 227。沃尔泰
拉（Volterra）的石棺，公元 3 世纪到 4 世纪，佛罗伦萨，考古博物馆（图切费乌-梅尼耶，
1968：cat. 301–317）。

在葡萄藤下。例如，在卡利克斯图斯（Callixtus）的地下墓穴（公元 3 世纪）中可以看到这个故事的绘图 [①]。这个主题与死亡、复活和永恒的幸福有关（弗格森 [Ferguson]，2012）。有趣的是，博德曼说，在这些表现中，"大鱼" 被描绘得像一个古典的海怪（见上文）（博德曼，1987）。

结论：古代晚期（约公元 300—500 年）

古代晚期通常以变化为特征，一种在连续性和破裂、保守和转变之间的持续的张力，导致在公元 6 世纪和 7 世纪一种中世纪早期特有的新视觉表达形式的出现（里斯 [Reece]，1983；布拉维 [Bravi]，2015）。这些特性自然地体现在对海洋的表现中，在古典模式、新的表现形式和新的意义之间取得平衡。因此，在米尔登霍尔（Mildenhall）的银盘上，就描绘了一场非常古典的海中行进，然后是围绕海神面具的酒神游行 [②]。然而，这些图像的意义在古典时期可能与末世论信仰有关，在这里则与庆祝永恒和令人振奋的欢乐有关（布拉维，2015：137–140）。

172　　　总而言之，本篇关于古代海洋视觉表现的综述展示了令人难以置信的风格、技术和意义的多样性。从青铜时代开始，海洋就吸引了古人的想象力，他们赋予了海洋与末世论信仰、政治现实、哲学或道德价值观相关的强大意义。海洋是古代生活的中心，是一种交流的方式、一个边界、食物的来源，但也是恐惧的来源，那里居住着奇异而危险的生物。这一理念在马达巴（约旦）的使徒教堂的地板镶嵌画上得到了很好的表达，这幅镶嵌画的中央是海的化身（塔拉萨），一个从水里冒出来，被鱼和海怪包围的半裸女人。

---

① 还有地板镶嵌画，主教西奥多罗斯·阿奎莱亚（Theodoros Aquileia）大教堂（约公元 308—319 年）。

② 银盘，来自米尔登霍尔。公元 4 世纪。罗马不列颠。伦敦大英博物馆，1946，1007.1。

图 7.8 塔拉萨。大海的化身。马达巴（Madaba）（约旦）使徒教堂的镶嵌画，约公元 568 年。
©Art Directors & TRIP/Alamy Stock Photo.

第八章

想象的世界

位于基点的海洋虚构领域

艾瑞斯·苏利马尼（Iris Sulimani）

简介

　　大海在古人的想象世界中占据着中心地位。奥德修斯从特洛伊来到伊萨卡岛，他在爱琴海和地中海航行，穿过食莲族和独眼巨人族等神话民族的土地。为了寻找金羊毛，阿尔戈号的船员们在爱琴海和黑海航行，在返航途中，他们在地中海游荡，遇到了危险生物，如斯库拉、卡律布狄斯、塞壬和喀耳刻。埃涅阿斯和他的同伴从特洛伊航行到爱琴海和地中海的意大利，在独眼巨人的港口和库美等许多地方登陆。埃涅阿斯在库美遇到了女预言家，女预言家告诉他如何到达冥界。这些故事的创作时间各异，从古风时代到希腊化时代，再到罗马时代。例如，荷马大概在公元前 8 世纪讲述了奥德修斯冒险故事，还提到了伊阿宋和"阿尔戈号"，以及埃涅阿斯；阿波罗尼厄斯·罗狄乌斯（Apollonius Rhodius）在公元前 3 世纪创作了他的《阿尔戈船英雄记》，诗人维吉尔则在奥古斯都时期（即公元前 1 世纪末）创作了《埃涅阿斯纪》。有趣的是，这些作者创造了想象世界，但同时也借鉴了真实地理信息。

　　本章集中描述了研究人员在各种古代文学作品中发现的对于想象世界的描述，重点是它们的海洋特征。它表明，这些虚构的领域位于宇宙的不同地方，包括地中海盆地或地球的每个角落。它还表明，由于受到作者自己所处时代现实的影响，对想象世界的描述随着作者的创作时间而变。因此，这些叙述也可能说明了作者所处时代的历史、思想和心态。

174

地中海盆地：特里同尼斯湖和特里同河

　　公元前 5 世纪到公元前 1 世纪的多位作者所描述的利比亚地中海沿岸的想象世界，从一个困住水手的乌托邦式地点演变而来。从古至今，幻想总是与现实交织。以希罗多德的作品为例，在他关于生活在利比亚地中海沿岸的民族的讨论中，他提到了玛科律埃司人（Machlyes），他们的土地延伸到一条名叫特里同的大河，这条大河流入特里同尼斯湖（Tritonian lake），湖中有一个叫普拉（Phla）的岛屿。然后他讲述了伊阿宋的故事，伊阿宋乘着阿尔戈号绕过伯罗奔尼撒半岛，打算到特尔斐，却在马勒斯角附近被北风吹到了利比亚。船在特里同尼斯湖岸边的沙滩上搁浅，正当伊阿森找不到出路时，特里同来了，并答应，如果伊阿宋把要带到特尔斐的三脚祭坛给他，他就给伊阿宋指明一个安全的出口。伊阿宋把三脚祭坛交给特里同后，特里同预言说，如果阿尔戈号水手的任何后裔拿走三脚祭坛，他将在特里同尼斯湖岸边建造一百座希腊城市。然后特里同指导伊阿宋和他的船员离开沙滩，把三脚祭坛放在他自己的神庙里。但是该地区的利比亚居民听到这个故事后，就把三脚祭坛藏了起来（4.178.1–179.3）①。

阿波罗尼厄斯·罗狄乌斯写于大约 200 年后的对阿尔戈号到达特里同尼斯湖的描述有所不同。阿尔戈号被吹离航线，在利比亚海岸登陆，被困在西蒂斯（Sirtis）湾。三个宁芙来拯救他们，告诉他们必须把船驶过利比亚的沙漠才能生存。经过一段艰难的旅程，阿尔戈号到达了特里同尼斯湖和赫斯帕里得斯果园，宁芙们在那里唱着迷人的歌。为响应阿尔戈英雄们的饮水要求，宁芙们首先让草从地里长出来，草地上又先后长出高大的嫩芽和茂盛的树木。然后，守护赫斯帕里得斯的宁芙们带领阿尔戈英雄们到达特里同尼斯湖附近的一块岩石，那里爆发出一股洪流。和希罗多德的版本一样，阿尔戈英雄们绝望地寻找湖的出口，但这里建议他们将阿波罗的三脚祭坛供奉给陆地上众神以求和解的人是俄耳甫斯（Orpheus）。结果，特里同来了，送给他们一块泥土作为礼物②，为他们指明了出去的方向（Argon. 4.1228–

175

---

① 希罗多德在 4.180.1（玛科律埃司人和奥斯人［Auseans］被特里同河隔开，生活在特里同尼斯湖岸边）、4.188.1（特里同尼斯湖边的居民主要祭祀雅典娜，然后是特里同和波塞冬）和 4.191.1, 3（特里同河被称为利比亚的地标）也提到了特里同河和特里同尼斯湖。参见阿舍利（Asheri）、劳埃德和科尔塞拉（Corcella），2007: 701–703，709，713。

② 欧斐摩斯（Euphemus）从特里同那里接受了土块并做了一个梦，随后他将土块扔进海里，土块变成了一个岛，即卡利斯特（Calliste）（Argon. 4.1551–1562，1731–1764）。关于这个神话与希腊人在利比亚的定居和昔兰尼的建立之间的联系，参见马尔金（Malkin），1994: 161–164，169–181，198–199；亨特（Hunter），1993，1996；和斯蒂芬斯（Stephens），2003: 171–237，2008，2011。此外，亨特和斯蒂芬斯认为，阿波罗尼厄斯·罗狄乌斯在撰写他的《阿尔戈船英雄记》时，脑海中已经有托勒密王朝的语境，他创作了一个托勒密王朝统治北非的神话。

1600）①。

在公元前 1 世纪，狄奥多罗斯·西库卢斯（Diodorus Siculus）将一个版本的《阿尔戈船英雄记》纳入他的通史。狄奥多罗斯为本章提到的作者中的佼佼者：他不仅描绘了许多虚构的航行和不少梦幻般的海上名胜，而且他的叙述也与其他作家有很大的不同。因此，首先值得讨论的是狄奥多罗斯和他的作品。有关这位历史学家的大部分资料来自他自己的著作。他出生在西西里岛的阿基日乌姆（Agyrium）（1.4.4），虽然众所周知他生活在公元前 1 世纪，但他的出生和死亡日期无法精确确定。显然他在公元前 60—前 55 年到了埃及（1.44.1–4，1.83.8–9，17.49.1–2），他在那里从事历史研究以编纂他的作品（3.38.1）。狄奥多罗斯可能是在罗马定居后（公元前 45 年以前）②，利用那里的各种来源和记录，完成了他的创作（1.4.2–4）。他的作品名为 Bibliotheke，意为"图书馆"，由 40 卷书组成，其中只有第 1—5 卷和第 11—20 卷被完整保存。前 6 卷书均为神话；其中 3 卷为非希腊神话，3 卷主要为希腊神话。其余几卷包括希腊人和非希腊人的事务，从特洛伊战争开始，到恺撒的高卢战争发动，即公元前 60/59 年为止（1.4.6–7）③。

当狄奥多罗斯在他的《阿尔戈船英雄记》中提到阿尔戈英雄们被带到利比亚时，他并没有提到特里同尼斯湖或特里同河。他指出，英雄们被风浪带到西蒂斯湾，在利比亚国王特里同的帮助下从那里逃了出来。为了表示感谢，阿尔戈英雄们赠予特里同一只青铜三脚祭坛（4.56.6）。但特里同尼斯湖和特里同河在狄奥多罗斯的另外两个神话故事中有相当长的描述④。第一个是住在特里同尼斯湖中一个叫赫斯珀拉（Hespera）的岛上的利比亚亚马逊人（Libyan Amazons）的故事。这个湖的

---

① 见平德尔，Pyth. 4。有关阿波罗尼厄斯，请参见亨特，2015，尤其是 8–14。

② 狄奥多罗斯的评论显示，他看到了元老院前的讲坛（rostra），上面刻着十二铜表法（12.26.1）。这个讲坛在公元前 45 年被恺撒拆除，他在重新设计的广场上建立了一个新的讲坛（Diod. Sic. 51.19.2, 54.35.5, 56.34.4; Suet. Aug. 100.3; Frontin. Aq. 129）。

③ 另见萨克斯（Sacks），1990：160–203；苏利马尼，2011：1–3 及各处；蒙茨（Muntz），2017：1–21。

④ 狄奥多罗斯对阿尔戈号的描述以及他对特里同尼斯湖和特里同河的描述均取自狄奥尼修斯·斯托布雷奇翁（Dionysius Scytobrachion）。然而，狄奥多罗斯并未完全照搬原版，而是对原版进行了修改和改编。参见萨克斯，1990；苏利马尼，2011；蒙茨，2017。

名字来源于流入湖中的特里同河，它位于环绕大地的大洋附近，靠近大洋边上的阿特拉斯山，也靠近埃塞俄比亚。狄奥多罗斯与他的前辈们不同的是，他显然把湖泊放在了更靠西的地方，强调亚马逊人生活在 oikoumene（有人居住的世界）的边缘。他还详述了湖中岛屿的特点。它的面积很大，岛上有各种各样的果树，有许多山羊和绵羊，因此为居民提供了他们需要的一切食物。书中还阐述了亚马逊居民的特征。这是一个由妇女统治的种族，妇女在军队服役，管理国家的所有事务，而男人则像已婚妇女一样在家中度日、养育孩子、执行妻子的命令。他们的习俗是，当女孩出生时，要将她的乳房烤焦，以防止它们发育，因为乳房长大后会在战场上成为一种干扰（3.53.1–5）[1]。狄奥多罗斯以这个民族和湖泊的毁灭为故事的结尾。赫拉克勒斯希望造福全人类，他认为任何民族都不应该受女性统治。因此，他彻底摧毁了亚马逊人。在一次地震中，这个湖消失了（3.55.3）[2]。

狄奥多罗斯在狄俄尼索斯的故事中提到了特里同河。由于害怕瑞亚（Rhea）的嫉妒，阿蒙（Ammon）把阿玛提亚（Amaltheia）所生的儿子狄俄尼索斯带到利比亚西部靠近海洋、被特立同河环绕的岛屿城市尼萨（Nysa）。就像亚马逊人的岛屿一样，这个岛屿土壤肥沃，盛产各种果树。有许多甘泉溪流灌溉，生长着许多野生藤蔓。这里的空气有益健康，因此岛上的居民是世界上最长寿的。此外，狄奥多罗斯还描述了一个神奇的洞穴，洞穴前生长着神奇的树木，有的结满果实，有的常绿。各种各样的鸟在这些树上筑巢。鸟的颜色令人愉悦，它们的歌声最迷人。洞里有各种各样的植物，特别有桂皮等芳香植物[3]。就是在这个洞穴里，阿蒙把照顾狄

---

[1] 将这一描述与据称由亚马逊人写给亚历山大大帝的信相比较颇有意思，这封信被编入了伪卡利斯提尼的马其顿诸王史（3.25）。在这封信中，亚马逊人描述了她们在亚马逊河上的一个岛上的幸福生活。游览这座岛屿需要一年的时间，环绕岛屿的河流没有起点，只有一个入口。亚马逊人也阐述了她们的生活方式，特别是，她们是女战士，她们的男人住在河的另一边。参见纳沃特卡（Nawotka），2017 中的评论。

[2] 图 8.1 显示了狄奥多罗斯所描述的特里同尼斯湖和特里同河的位置。这张地图也展示了本章提到的其他地点，并在下面多次被使用，以说明不同的人物到想象之地的旅行。因此，它提供了一种跟踪本章主要主题进展的视觉手段。

[3] 参考雅典的阿波罗多罗斯（位于斯特拉博，7.3.6 C 299）的描述，他宣称利比亚有一座叫狄俄尼索波利斯（Dionysopolis）的城市，而且同一个人不可能找到它两次。鲁斯滕（Rusten）（1982：114–116）认为这个狄俄尼索利斯城与狄奥多罗斯的利比亚尼萨城是同一座城。另见 Eust. Od. 1644.59：狄俄尼索波利斯是一个漂浮的岛屿，因此它不会被发现两次。

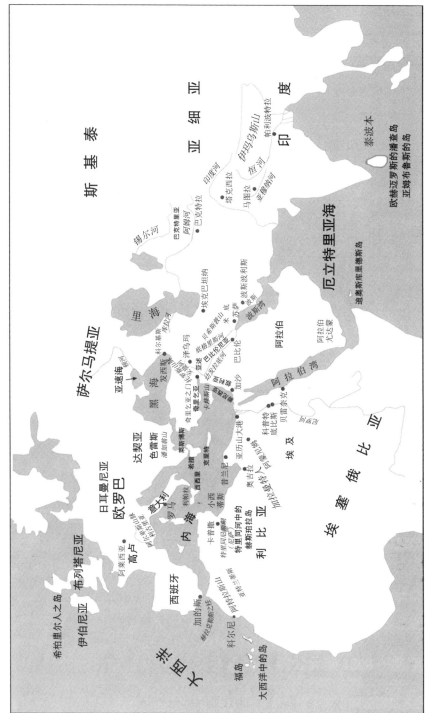

图 8.1 想象中的岛屿。© 艾瑞斯·苏利马尼（作者）。

217

俄尼索斯的任务交给了宁芙尼萨（Nysa），而雅典娜则负责保护狄俄尼索斯不受瑞亚伤害。狄奥多罗斯补充说，在此之前不久，雅典娜出生在地上，在特里同河附近被发现，她由此被称为特里同尼斯（Tritonis）(3.67.5, 68.4–70.1)。狄奥多罗斯并不是第一个将雅典娜与特里同河相关联的人。例如，阿波罗多罗斯描述了女神在特立同河从宙斯的头中诞生（*Bibl.* 1.3.6；参见 Aesch. *Eum.* 292–293），而欧里庇得斯则提到了特里同尼斯湖（*Ion*，872）①。

这个位于地中海沿岸的利比亚的虚构世界被希罗多德和阿波罗多罗斯描绘成一个危险的地方，后来演变成了狄奥多罗斯笔下的一个乌托邦。希罗多德和阿波罗多罗斯都强调，人们被困在特里同尼斯湖，直到神将他们救出来。尽管狄奥多罗斯在他的《阿尔戈船英雄记》中没有提到这个湖，但当他提到阿尔戈英雄们无法离开阿波罗多罗斯所称的湖所在的位置西蒂斯时，他的叙述中出现了受困主题。所有的作家都将想象与现实融合在一起，而狄奥多罗斯更是如此，他将特里同尼斯湖和特里同河的原址分别融入亚马逊女战士和狄俄尼索斯的故事，赋予它们田园诗般的色彩。希罗多德和阿波罗多罗斯将真实的地点纳入了阿尔戈英雄们前往特里同尼斯湖的路线（伯罗奔尼撒半岛、德尔斐、利比亚、马勒斯角和西蒂斯湾），狄奥多罗斯则在真实地理空间中精确定位了虚构地点。有趣的是，斯特拉博在他对利比亚的描述中提到了特里同尼斯湖，湖中有一个小岛（17.3.20 C 836；见 Paus. 9.33.7）。然而，狄奥多罗斯所称的位置不同，因为他笔下的湖泊和河流都在更西边。正如下文对其他虚构地点的讨论所显示的，这不是一个巧合，也不是这个地方在公元前 1 世纪变成乌托邦的事实。

西方：福岛

尽管古代的作者们用不同的名字来称呼福岛，尽管他们对岛屿的数量也意见不

---

① 雅典娜的称号特里同尼娜（Tritogeneia）(也出现在 Hom. *Il.* 4.515，*Od.* 3.378；Hes. *Theog.* 924）被古代作者赋予多种解释。例如，包萨尼亚（9.33.7）指出，这个称号来自皮奥夏的一条名叫特里同的河，而狄奥多罗斯（1.12.8）认为特里同尼娜的意思是"三次出生"，因为女神的本性一年变化三次，分别在春天、夏天和冬天。另见 *Schol. Ap. Rhod.* 1.109, 4.1311；Tztez. *ad Lycoph.* 519。

一，但他们对这个虚构地点的位置和性质都有共识。荷马在《奥德赛》中将其命名为"极乐平原"（Elysian plain），他写道，墨涅拉俄斯的命运并不是死亡，而是被带到位于世界西部边缘的极乐平原。那里气候温和，没有雪，没有雨，没有风暴，总是吹着令人清爽的西风，人们可以在那里轻松地生活（Od. 4.560–568）。赫西奥德对他的福岛（Islands of the Blessed, μακάρων νῆσοι）的描述也有类似的田园诗般的描写，一些特洛伊英雄没有死亡，而是被带去那里。福岛位于地球的尽头，沿着大洋的海岸分布，岛上的居民无忧无虑，享受着一年能三次结出最甜果实的肥沃土地（Op. 167–173）。平德尔表示只有一个岛（μακάρων νᾶσος），也将其定位于大洋旁，并将其视为一个好人（如珀琉斯、卡德摩斯［Cadmus］和阿喀琉斯）来世生活的地方①。他强调了岛上金色的花朵、灿烂的树木和吹过岛屿的海风（Ol. 2.68–74）。

福岛不仅出现在诗歌中，也出现在其他文学体裁中。柏拉图强调，这些岛屿是正直的人（包括他的理想国中的哲学家）死后都会前往的地方，与之相反的是，邪恶的人会去往塔耳塔洛斯（例如，Grg. 523a–524a，526c；Resp. 7，540a–c；见 7，519c）。随着时间的推移，人们会在历史和地理专著中发现这些岛屿被加上了更多特征。狄奥多罗斯详细定义了大西洋中一个未命名岛屿的位置，指出它位于从利比亚向西航行数天的利比亚海岸外的海上。虽然狄奥多罗斯没有命名这个岛，但他的描述与这里提到的几位作者的描述的相似之处（特别是它的位置和自然资源）表明，狄奥多罗斯可能指的就是福岛。这个大岛土地肥沃，岛上既有山脉，也有广阔美丽的平原，到处都是公园和花园。岛上气候温和，被可通航的河流和许多流着甜水的溪流横贯，因此岛上满是茂密的灌木丛和各种各样的果树。此外，冲刷岛屿海岸的大海中有大量鱼类。岛上也有非常适合狩猎的野生动物，还有珍贵的私人别墅，居民们在这里度过夏季时光。因此，岛屿有助于居民的健康，提供了一切让人愉快和享受奢侈的东西。因此，狄奥多罗斯总结道，这个岛似乎是众神的居所，而不是人类的居所（5.19.1–5）。

狄奥多罗斯显然在把这个岛描绘成天堂的过程中向前迈进了一步，但同时，他

---

① 另见 Ap. Rhod. Argon. 4.811，其中极乐平原这个名字再次出现，表示死者舒适的家园。

把这个岛放在了现实世界里。他的前辈们认为那个岛屿是离神很近的人在来世所去的遥远地方，而他却不仅提供了岛屿的实际地理数据，而且还提供了历史信息和对当代历史人物的暗示。狄奥多罗斯在描述这个岛时，还讲述了腓尼基人的故事。腓尼基人为了商业目的航行，在利比亚和欧洲西部地区建立了许多定居点。在成功之后，他们决定越过赫拉克勒斯之柱，穿过大洋，建立加德拉城（Gadeira）。他们在那里建造了一座赫拉克勒斯神庙，一直到狄奥多罗斯自己的时代，神庙仍享有很高的声誉，有杰出的罗马人前去拜访（此处暗指尤利乌斯·恺撒）。当探索赫拉克勒斯之柱以外的海岸时，腓尼基人被强风吹进了大洋。许多天之后，他们被带到目前正在讨论的岛，了解了岛的性质和繁荣，并向所有人透露了岛的存在（5.20.1–3）[①]。

狄奥多罗斯并不是唯一一个将想象的地方融入真实人物的旅程的作家。稍早的时候，波西多尼乌斯（Posidonius）在记录库济库斯的欧多克索斯第三次环游非洲的尝试时说，欧多克索斯离开了他的家乡，来到了狄凯阿科亚（Dicaearchia）和马萨利亚（Massalia），然后沿着海岸一直走到加德拉，驶入大海。但欧多克索斯被迫放弃了他的计划，在他的回程中，他看到了一座荒无人烟的岛屿，水源充足，树木很茂密。他记下了岛屿的位置，但没能说服毛里求斯国王赞助前往那里的航行。保存了波西多尼乌斯的叙述的斯特拉博批评波西多尼乌斯相信欧多克索斯的故事，并将他与被指责在自己的作品中撒谎的皮西亚斯、欧赫迈罗斯（Euhemerus）和安提芬尼斯（Antiphanes）相比较（2.3.4 C 98–102）。老普林尼引用了另一位公元前 1 世纪的作家斯塔提乌斯·塞博索斯（Statius Sebosus）对于大西洋上各种岛屿的描述（他在其中将幸运岛［*fortunatae insulae*］整合起来并指定了它们的位置）：它们与普莱维亚利亚（Pluvialia）岛和卡普里亚（Capraria）岛相距 250 英里，在毛里塔尼

[①] 但在下一节（5.20.5）中，狄奥多罗斯说迦太基人阻止第勒尼安人在岛上建立殖民地，部分是因为它的卓越性，部分是为了在迦太基遭到破坏时将其作为避难所。参考 ps. -Arist. *Mir. Ausc.* 84，其中描绘了迦太基人发现的赫拉克勒斯之柱外的一个岛屿，那里有丰富的森林和可通航的河流，以及各种水果。由于它的繁荣，迦太基人希望阻止其他人到达。有关狄奥多罗斯对这个岛的处理的讨论，请参阅苏利马尼，2017: 224–228。

亚左侧的对面，在第 8 小时时向着太阳的方向（即西北偏西）。他补充说，其中一个岛屿的周长为 300 英里，岛上的树木可以长到 140 英尺高（Pliny, *HN* 6.202）。

萨勒斯特的《历史》（*Historiae*）残篇为"幸运岛"提供了另一个同时代参照。在谈到在内战中与苏拉（Sulla）及其部属作战的罗马将军塞脱流斯（Sertorius）时，这位历史学家提到在距加的斯 1 万士德达（stade）的地方有两个相邻的岛屿。这些在荷马的诗歌中备受赞颂的岛屿土地自然地为人类提供了营养。萨勒斯特补充说，塞脱流斯计划逃到大洋的偏远地区，然而，由于文本残缺，人们只能猜测塞脱流斯有逃往"幸运岛"的打算（*Hist.* 1.90–92［100–102］）[①]。普鲁塔克的可能基于萨勒斯特《历史》的《塞脱流斯传》（*Life of Sertorius*）[②] 也许可以强化这个假设。据传记作者描述，塞脱流斯被水手们告知，大西洋上有两个相邻的岛屿，距离利比亚 1 万士德达，被称为"福岛"。岛屿气候温和，因此空气清新健康，肥沃的土壤非常适合种植和生产大量有益健康的自然水果。普鲁塔克在这个田园诗般描述的结尾写道，人们相信这些岛屿就是荷马笔下的极乐平原。然后他强调，塞脱流斯希望生活在远离无休止战争的地方（*Sert.* 7.2–8.3, 9.1）。

贺拉斯（Horace）同样从罗马内战的视角，提出快乐岛（*beatae insulae*）是罗马人可以寻求庇护的地方。他对这些岛屿的描述与普鲁塔克的描述相似，指出它们位于大洋中，气候温和，土地肥沃，可以自然地出产谷物和各种果树。此外，山羊和绵羊也会自行生产供人类食用的奶（*Epod.* 16, 41–66）[③]。贺拉斯是第三位经历了公元前 1 世纪的沧桑，详细阐述了福岛的作者（如果斯塔提乌斯·塞博索斯是与他同时代的人，那他就是第四位）。与萨勒斯特和贺拉斯不同，狄奥多罗斯是希腊人，但在这动荡的时期，他住在罗马，忙于撰写他的通史，显然他也受到了内战事件的

[①] 我遵循麦古欣（McGushin），1992 中的残篇编号。摩任布热赫（Maurenbrecher）1891 年版的编号用方括号括起来。另见麦古欣的评论（1992: 164–167）。

[②] 普鲁塔克也有可能是根据其他作者，例如波西多尼乌斯的叙述。见，如麦古欣，1992: 166；加西亚·莫雷诺，1992: 141–151；和康拉德，1994: 106–108。

[③] 有关萨勒斯特、普鲁塔克和贺拉斯对于塞脱流斯有关福岛的故事的描述，参见麦卡哈尼（McAlhany），2016。有关贺拉斯的第 16 篇抒情诗，参见沃特森（Watson），2003: 479–533，特别是 514–530。

影响 ①。然而，他对待福岛的方式和与他同时代的罗马人有差异。狄奥多罗斯将遥远的乌托邦岛屿定位在一个确定的地理位置，使其触手可及，而萨勒斯特和贺拉斯则将幸运岛和快乐岛介绍为圣地。狄奥多罗斯从一个希腊作家的角度写作，他的灵感来自亚历山大大帝的战役及其随后的地理、政治和社会发展，以及他自己那个时代的政治。正如他的《历史丛书》所显示的，他对当时广泛流传的"乌托邦流派"非常感兴趣，因此用它来传达关于一个触手可及的更美好世界的想法 ②。而萨勒斯特和贺拉斯是罗马人，因此，出于对同胞的狭隘关注 ③，他们暗示福岛是可以避世的地方 ④。然而，诗人与历史学家的不同之处在于，前者没有强调这些岛屿在现实世界中的位置，而只是指出它们位于大洋某处。

不管历史学家们给出的细节是多么的混乱，不管他们所说的大西洋上的岛屿能被视作加那利群岛还是马德拉群岛 ⑤，事实仍然是他们在实际地图上找到了这些岛屿。这种将想象世界与现实世界相结合的倾向在斯特拉博身上也有所体现。在他的《地理学》一书的开头，他在最早研究地理学的人中提到了荷马，他还引用了荷马关于西方的名言，指出诗人正是在那里找到了极乐平原。接着，斯特拉博还提到了福岛，解释说它们位于西毛里求斯以西，它们的名字表明，因为它们靠近被祝福的国家，它们自己也被祝福（1.1.4–5 C 2–3）。这种对想象岛屿的处理可能是琉善（Lucian）在他写于 2 世纪的讽刺小说中对想象中的岛屿进行讨论的原因。琉善描述了他和同伴们越过赫拉克勒斯之柱的一次航行，讲述了使他们的船偏离航线的各种事件。例如，他们被一阵旋风卷到月球上；回到地上之后，他们被一条巨大的鲸鱼吞了下去，逃生后，他们在牛奶的海洋中航行，进入蓝色的咸水，到达了充满田园

---

① 见萨克斯，1990；亚罗（Yarrow），2006：152–156；苏利马尼，2011；和蒙茨，2017。

② 有关乌托邦思想和"乌托邦流派"，参见弗格森，1975 和加巴（Gabba），1981：特别是 55–60。

③ 参见维吉尔在他的第四篇牧歌中提到的黄金时代，该诗完成时间略早于贺拉斯的抒情诗，并受到了同样的动荡时期的影响。

④ 参见加巴，1981：59："对内战的逃避主义可能已经取代了希腊化乌托邦的平等主义愿望……"

⑤ 见卡里（Cary）和沃明顿（Warmington），1963：125；基德（Kidd），1988：246；康拉德，1994：106–109；和罗勒，2006：47–48；另见马丁内斯·埃尔南德斯（Martínez Hernández），1992：特别是第 3–5 章。有关更多观点，请参见马丁（Martín）和科博（Cobo），2004：224。

风光的福岛（*Ver. Hist.* 尤见 2. 4–6，11–16）。

　　上面的讨论清楚表明，所有对于福岛的描述都有某些共同的特征。首先，诗人和柏拉图将岛屿描绘成一个超越死亡的地方，只有被选中的人才会在来世到达那里。其次，所有的作者都通过将这些岛屿命名为"福岛"和 / 或将它们描绘成人们幸福生活的地方，来突出这些岛屿的极端幸福。这一点在罗马作家的描述中尤为明显，他们经历了内战的坎坷，可能用对岛屿的描述来传达他们对幸福的渴望。如下所述，幸福主题是对其他基点上的想象世界的描述的核心。

东方和南方：潘查岛和亚姆布鲁斯的太阳岛

　　据说，以关于神的本质的理论而闻名的欧赫迈罗斯（约公元前 300 年）曾向南旅行至大洋。他从阿拉伯半岛的尤达蒙（Eudaemon Arabia）启程，在大洋上航行了多日，到了海中的诸岛，其中一个岛叫潘查（Panchaea）岛。同样，宙斯在访问了巴比伦之后去了潘查，并在返回的路上经叙利亚到达奇里乞亚。根据狄奥多罗斯·西库卢斯基于欧赫迈罗斯的著作 [1] 所作的描述，潘查岛位于大洋之中，与大洋之畔、面对东大洋的阿拉伯半岛的尤达蒙的两端相对，从它最东边的海角可以望见印度（5.41.4，42.3；6.1.4，10）。狄奥多罗斯显然把这个想象中的岛屿放在了宇宙的东南边缘 [2]。

　　狄奥多罗斯在开始详细描述这个岛屿（5.41.4–46.7）时，着重讲述了土地的特征、人口组成（种族）、社会结构和政治体制。这片土地上硕果累累，各种各样的葡萄藤特别茂盛，还有丰富的金、银、铜、锡、铁矿藏。在宙斯神庙所在的平原上，泉水潺潺，树木茂密，有结果实的树，也有柏树、梧桐树等赏心悦目的树。在

---

[1] 欧赫迈罗斯的大部分记载都在狄奥多罗斯的第 5 卷，但部分零散出现在第 6 卷中，我们从尤西比乌斯（Eusebius）的总结中可以得知（*Praep. Evang.* 2.2.59B–61A）。欧赫迈罗斯的《圣书》（*Hiera Anagraphe*）也保存在拉克坦提乌斯（Lactantius）的《神圣制度》（*Institutiones Divinae*）中，并参考了恩尼乌斯（Ennius）现已失传的欧赫迈罗斯作品的拉丁语翻译。参见维尼亚奇克（Winiarczyk），1991，2013。

[2] 根据一些学者的说法，潘查岛可能就是泰波本（Taprobane）（斯里兰卡）。有关潘查岛的位置认定，参见维尼亚奇克，2013：18。

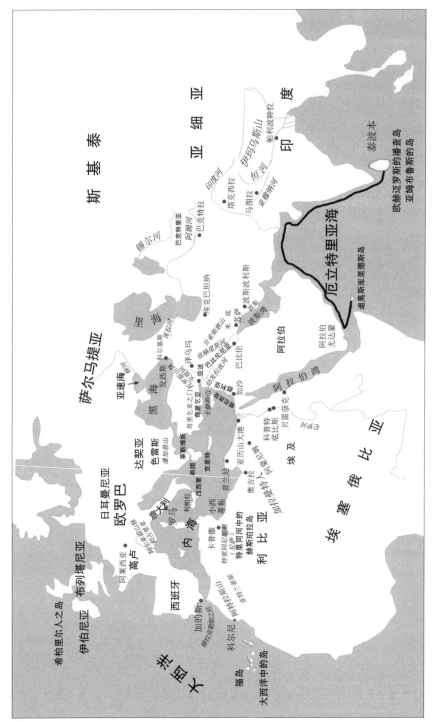

图 8.2 欧赫迈罗斯的航行。© 艾瑞斯·苏利马尼（作者）。

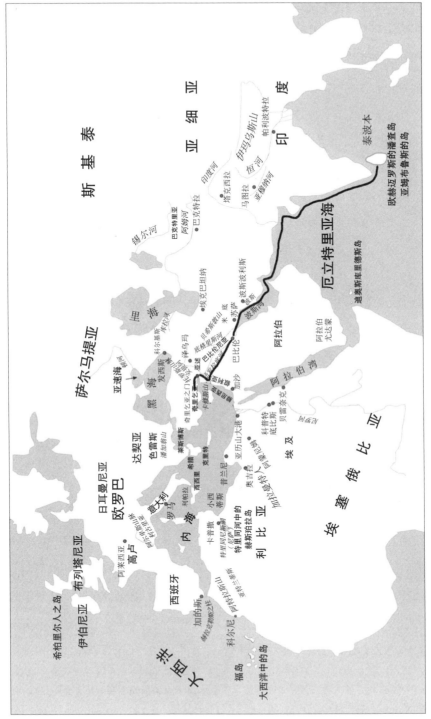

图 8.3　笛斯的旅程。© 艾瑞斯·苏利马尼（作者）。

神圣区域附近，水量极大的甘甜泉水从地底涌出，形成了一条可供通航的河流，名为"太阳之水"。这条河灌溉了平原的许多地方，使得高大的树木不断生长，鸟儿在树上唱歌、筑巢，人们休闲地享受夏日时光。平原上也有大片花园和草地，有各种各样的植物和鲜花。当地人从棕榈树和多种坚果树上获取大量生活所需，享用那里各种各样的大量葡萄。此外，这条河的水非常清澈甜美，让居民延年益寿。平原之外有一座高山，高山之外和整个岛屿的其他地方都有大量各种各样的野生动物（大象、狮子和豹子等）。

在对潘查岛的描述中，就像对特里同尼斯湖中的岛屿和上面讨论的福岛的描述一样，人们可能会发现，大量的、各种各样的树木、水果、动物和水资源是一种非凡的和令人渴望的东西。这一概念也出现在下文所述亚姆布鲁斯（Iambulus）笔下对太阳岛的叙述中。因此，这似乎是狄奥多罗斯版本的乌托邦的特征，尽管贺拉斯也在他对福岛的描绘中提到了各种果树。在描述这些岛屿田园风光时，作者把每个岛屿都描绘成一个舒适的场所，一个令人愉快的安乐之所（locus amoenus）。"安乐之所"这个文学惯例由恩斯特·罗伯特·库尔修斯（Ernst Robert Curtius）提出，其包括一些使一个地方具有田园诗般的诗意的特定基本要素，特别是树木、水果、草地、鲜花和水。狄奥多罗斯强调了岛屿每个组成部分的多样性和丰裕性，增强了岛屿的理想化，并进一步加强其作为"安乐之所"的表现[1]。

潘查岛的人口包括被称为潘查人的土著和外邦人，即大洋人（Oceanites）、印第安人（Indians）、斯基泰人（Scythians）和克里特人。公民被分为三类人：牧师、农民和士兵。工匠被指派给领导者——牧师。牧师在国家的所有事务中拥有最终的权威，包括对法律纠纷的裁决和执行神的仪式。此外，牧师过着奢华优雅的生活。例如，他们的长袍由薄纱和柔软的亚麻制成，也穿用最柔软的羊毛制成的衣服。他们的头饰用金线织成，脚穿彩色的鞋，也和妇女一样头上佩带金饰，只是不戴耳环。农民们忙着犁地，把水果送到公共商店。果实由牧师分配，他们还选出头十名最好的农民，以鼓励其他人，因为优秀的农民会得到奖励。由于该国部分地区盗贼

---

① 有关"安乐之所"的文学惯例，请参见库尔修斯，1953：183–202。有关将潘查岛作为"安乐之所"的详情，参见维尼亚奇克，2013：18–19，90。

猎獭，士兵们在牧民的协助下，利用每隔一定距离设立的堡垒和哨所保护土地。士兵得到劳动报酬，而牧民则和农民一样，把所有的牲畜都上缴国库。总而言之，所有的产品和收入都是由牧师公正地分配的，因为居民没有私人财产，只有一个家和一个花园。

岛上有一些著名的城市，其中一个叫帕纳拉（Panara），非常繁荣。它的公民是潘查岛上仅有的居民，他们有自己的法律。他们不受国王的统治，但每年选举三个治安官，治安官裁决一切事务，但不包括判处死罪。判处死罪以及其他特别重要的事情会由治安官主动交给牧师处理。

与潘查岛相似，亚姆布鲁斯的太阳岛位于世界的东南边界，也可能被认为就是泰波本（Taprobane）（斯里兰卡）①。希腊商人亚姆布鲁斯的故事②再次被狄奥多罗斯保存下来，他详细叙述了亚姆布鲁斯南行前往一个已被发现在大洋中的岛屿的旅程，以及关于该岛屿的奇迹（2.55.1–60.3）。在踏上前往香料产地阿拉伯半岛的内陆旅行后，亚姆布鲁斯和他的同伴被强盗抓获。后来亚姆布鲁斯和他的一名同伴被绑架并被带到埃塞俄比亚海岸，因为埃塞俄比亚人需要两名外国人来净化土地。按照他们的习惯，他们建造了一艘大小和强度足以承受海上风暴的船。在装载了足够两个人维持六个月的食物后，他们命令亚姆布鲁斯和他的同伴向南航行，直到他们到达一个幸运的岛屿，那里居住着品德高尚、将在那里过上幸福生活的人。埃塞俄比亚人相信，如果外国人安全抵达该岛，他们自己的人民将享受 600 年的和平与繁荣。然而，如果外国人害怕大海而返回，他们将作为整个国家的破坏者受到严厉的惩罚。因此，埃塞俄比亚人在海边举行了一个节日集会，并献上昂贵的祭品，他们用鲜花为亚姆布鲁斯和他的同伴加冕，并送他们出去。

经过暴风雨不断的大约四个月的航行之后，亚姆布鲁斯和他的同伴到达了该

---

① 参见施瓦茨（Schwarz），1982 和威拉科迪（Weerakkody），1997：171–177。

② 亚姆布鲁斯是一个不起眼的人物，仅在狄奥多罗斯和琉善（琉善将他描述为一个令人愉快的虚假故事的作者，*Ver. Hist.* 1.3，22–26）的作品中被提到。据推测，他是在公元前 2 世纪或前 1 世纪撰写了这个故事。参见温斯顿（Winston），1976；克雷（Clay）和珀维斯（Purvis），1999：46–48，107–117。

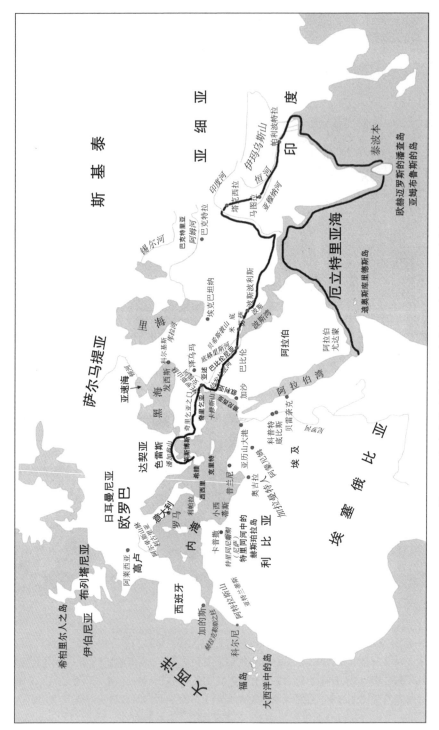

图 8.4　亚姆布鲁斯的旅程。© 艾瑞斯·苏利马尼（作者）。

岛。岛屿为圆形，周长约 5000 士德达。海岛周围的海，水流湍急，潮汐汹涌，海水很甜。虽然位于赤道，但岛上气候温和，冬暖夏凉。白天和黑夜的时间总是相等，因为正午太阳在天顶，没有任何物体投下阴影。岛上有许多冷暖泉；温泉用来洗澡和缓解疲劳，而冷泉则特别甜，也有助于延年益寿。此外，由于土地肥沃、气候温和，果实全年成熟，大量的粮食均为自然出产。例如，那里有一种大量生长的芦苇，当地人用它的果实做成甜得出奇的面包。另一种芦苇用于制作衣服，居民把它和压碎的贝壳混合在一起，制成特别的紫色衣服。岛上有各种鱼类和鸟类，还有大量的野生果树，有用来制作橄榄油和葡萄酒的橄榄树和葡萄藤。同时，那里还有体型巨大的鸟类，以及体型小但特征奇异的特殊动物，它们有四只眼睛，许多嘴和脚。

根据狄奥多罗斯的说法，岛上的人在生理和心理上与有人居住的世界中他自己所在这一侧的人有很大的不同。狄奥多罗斯详细介绍了他们的特点，说他们非常美丽，身体轮廓匀称。他们的骨骼可以弯曲到一定程度，然后再伸直，就像肌肉一样，而且，只要他们抓住了一个物体，就休想从他们的手中把它拿走。他们有两个舌头，因此他们可以发出各种声音，不仅可以模仿人类使用的每一种清晰的语言，也能模仿鸟类的各种叽叽喳喳的声音。此外，他们可以同时与两个人交谈，一个舌头对一个人；既可以回答问题，也可以就时事进行对话。他们的文字也很独特。他们只用 7 个字符，但由于每个字符有 4 种不同的形式，因此实际上有 28 个字母。他们的文章为垂直而非水平排列，从上到下。

居民都很长寿，可活到 150 岁，大部分时间都不生病。他们的法律规定，残废或有身体残疾的人必须自取其命。另一项法律规定，本地人只能活一定年限，当大限来到，他们应该躺在一种植物上死去。这种方式的奇特之处在于，轻轻躺在植物上面的人就会睡着，然后死去。他们习惯在退潮时把尸体埋在海边的沙子里，因此在涨潮时新的沙子就会堆积于其上 [1]。

狄奥多罗斯强调，虽然土地自然生产出丰富的食物，但岛上的居民能克制自

---

[1] 关于大海在丧葬仪式中的作用以及希腊内科曼蒂亚（*nekyomanteia*）靠近大海的重要位置，见波琉，2016：26–31。关于水与死者神谕之间的联系，另见奥登（Ogden），2001，2004。

己，过着简单的生活，只吃自己需要的食物。他们的饮食都事先安排好，因为他们的食物各有不同，不是所有人都同时吃。按照规定，在某些固定的日子里，他们只能吃鱼，或只能吃家禽，有时吃陆地动物的肉，有时吃最简单的配菜，比如橄榄。

社会和政治制度方面，岛民为群居生活，以亲属群落和政治组织为主。在每个不超过 400 名亲属组成的群体中，年龄最大的人往往行使领导权，就像国王一样。当这位统治者到了 150 岁，按照法律结束了他的生命时，年龄仅次于他的人继承领导权。狄奥多罗斯进一步提到了一些社会特征，证明了某种公共生活的存在。首先，除了已进入老年的居民，居民们轮流满足彼此的需要，有的捕鱼，有的从事各种各样的手艺，其余的从事其他有用的工作，以及担任公共职务。其次，居民不结婚，孩子归属集体，由人们共同养育，就像所有人都是孩子的父母，人们也给孩子们平等的爱。此外，给婴儿喂奶的妇女经常更换负责的婴儿，这样即使亲生母亲也可能不知道谁是自己的孩子。其结果是，岛民之间没有竞争，因此他们从无内乱，总是把内部和谐置于最高位置。他们也是一个善良的民族，公平地对待来到他们岛上的陌生人，并与他们分享他们的祖国提供的生活必需品。狄奥多罗斯提到宗教时说，当地人把太阳和所有的天体都当作神来崇拜。他们举行节庆和宴会，在会上他们对众神，特别是太阳，发表赞美和唱赞美诗，这个岛和它的人民都以太阳命名。

狄奥多罗斯在详细叙述太阳岛之后，继续讲述亚姆布鲁斯和他的同伴的冒险故事。在岛上生活了七年之后，他们被赶走，理由是他们有害且没有礼貌。他们重新开始航行，亚姆布鲁斯的朋友在印度海岸一处多沙泥泞之地遭遇海难丧生。亚姆布鲁斯被当地人带到帕利波特拉（Palibothra），这是一个离海有许多天路程的城市，在帕利波特拉的亲希腊的国王的帮助下，他穿过了波斯，然后到了希腊。

潘查岛和太阳岛是两个虚构的乌托邦世界，被狄奥多罗斯描述为位于宇宙的东南端。然而，他的描述具有真实的维度。首先，他把虚构的岛屿放在真实的地理空间中。其次，每个岛屿都被纳入基于实际地理数据的旅行。欧赫迈罗斯的航行记录反映了红海的实际特征①，也清楚地处于希腊化时代的历史中，并与亚历山大东征后的地理学发展有关。狄奥多罗斯说，欧赫迈罗斯是卡山德（Cassander）国王的朋友，由于卡山德国王要求他履行某些王室职责，以及要求他去外国旅行，他向南旅行到了大洋（6.1.4）。在整个希腊化时期，出于好奇和商业目的，国王们都派人到外国去探险②。同样，从地理和历史的角度来看，亚姆布鲁斯的旅程也很有趣。显然，这次旅行描述中的印度海岸线的地理细节，甚至地貌数据③，都是准确的。至于它对历史的反映方面，太阳岛的虚构居民被狄奥多罗斯描述为仁慈的人，他们善待陌生人（2.55.4，56.1）。这个对尤利乌斯·恺撒和他的"宽厚"（clementia）④的参照是很清楚的，因为狄奥多罗斯用几乎相同的措辞，在他的作品的各处反复提及，以此传达了这个主题⑤。

表明在狄奥多罗斯的虚构描述中有一个真实维度的第三个特征就是他对潘查岛和太阳岛的描述与他对真实岛屿利帕拉岛（Lipara）（5.7.1–10.3）和莱斯博斯岛（5.81.1–82.4）的描述的惊人相似。例如，利帕拉岛拥有治愈性的泉水、大量的果树和丰富的矿藏，岛上的居民由当地人和共存的其他民族组成。而且，利帕拉的土地和其居民的财产是共同所有。利帕拉人分成两个群体，一群人耕种土地，另一群人与第勒尼安海盗作战。莱斯博斯岛拥有肥沃的土地、优良的农作物、有益健康的空气和温和的气候，它的人口由不同的民族组成⑥。

在其他作者的著作中，潘查岛只被简要提及，但人们可以清楚地看到其中一

---

① 根据狄奥多罗斯的说法，红海通常是指现代的波斯湾和阿拉伯海，但也可能包括现代的红海（古代的阿拉伯湾），如3.18.3。

② 有关此类探险的例子，请参阅苏利马尼，2011：169–170。

③ 例如，艾哈迈德（Ahmad），1972：126–131和纳亚克（Nayak），2005：555–556。

④ 拉丁语词clementia的意思是宽大、宽容及其同义词。宽大的想法和政治是受到恺撒行为的启发而产生的。这位罗马独裁者击败了罗马和外国的敌人并停虏了他们，对他们的处理非常宽大。克莱门蒂亚（clementia）也是罗马女神，是宽厚美德的拟人化形象，因此建造了一座寺庙以纪念clementia Caesaris（恺撒的宽厚）。

⑤ 见苏利马尼，2011：82–109。

⑥ 有关狄奥多罗斯将虚构岛屿呈现为现实世界一部分的方式的详细讨论，请参阅苏利马尼，2017：228–241。有关利帕拉岛和潘查岛的全面比较，请参阅德安吉利斯（de Angelis）和加斯塔德（Garstad），2006：225–230。

187

231

些不同的描述方法。虽然罗马诗人维吉尔（*G.* 2.139）、提布卢斯（3.2.23）和奥维德（*Met.* 10.308）将潘查岛描述成一片盛产乳香等芳香植物的土地，但斯特拉博和普鲁塔克都强调了他们对欧赫迈罗斯的批评。斯特拉博引用了阿波罗多罗斯对那些创造了奇闻异事的诗人和历史学家的批评，把欧赫迈罗斯也算作这样的历史学家之一，因为他杜撰了"潘查岛"（7.3.6 C 299；见 2.4.2 C 104）。普鲁塔克认为，欧赫迈罗斯创造了一个令人难以置信的神话，并杜撰了一次至潘查岛的航行，而该地在地球上任何地方都不存在（*De Is. et Os.* 23 = *Mor.* 360a–b）。至于太阳岛，狄奥多罗斯的描述是唯一详细描述太阳岛的版本。但是，琉善也提到了亚姆布鲁斯，琉善认为他是一个虚假故事的作者（如前所述），并补充说，他写了关于伟大海洋中的国家的奇怪事情。因此，狄奥多罗斯是唯一一个不仅没有认为欧赫迈罗斯和亚姆布鲁斯的故事是虚假故事，而且还努力在真实的世界地图上定位他们所述岛屿的作家。人们可能会再次质疑在公元前 1 世纪对虚构岛屿进行这种处理的原因，但最好还是在本章末尾再回答这个问题。

就像世界西方的福岛一样，亚姆布鲁斯的太阳岛也有着极度幸福的特点。此外，潘查岛和亚姆布鲁斯的太阳岛都拥有极其丰富的资源和极其肥沃的土地。似乎极端的特征对乌托邦而言是典型的，这些特征也可以在位于北方的虚构岛屿上找到。

北方：希柏里尔人之岛

许多作者都提到过希柏里尔人，但大多数描述都十分简短[1]，平德尔和狄奥多罗斯对此的描述较长。这些作者每人都有自己独特的方法，所以值得在本章集中讨论。平德尔在他为纪念塞萨利人希波克利斯（Hippocleas）在德尔斐的双程步行比赛中获胜而于公元前 498 年撰写的第十首皮托竞技胜利者颂（27–49）中，叙述了

---

[1] 例如，阿尔凯厄斯，fr. 307C（引自 Himer. *Or.* 48.10–11），Hdt. 4.13，32–33，35–36，阿伯德拉的赫卡泰厄斯，*FGrHist* 264 F12（引自 Aelian, *On Animals*, 11.1），梅拉，3.36–37，和普林尼，*NH* 4.88。参见罗姆（Romm），1989；布里奇曼（Bridgman），2005；和波琉，2016：151–153。

珀尔修斯拜访希柏里尔人乐土的故事。当普通人无论坐船还是步行都找不到通往希柏里尔人乐土的特殊道路时，珀尔修斯（也被平德尔称为"达娜厄［Danae］之子"，强调他是宙斯和一个凡人女子的后代）拜访了希柏里尔人的家，并参加了他们的宴会。在雅典娜的帮助下，他来到了那里，在杀死蛇发女怪戈耳工后，他把她的石化的头带给了这些岛民。根据平德尔的说法，希柏里尔人过着幸福的生活，缪斯女神总是出现在他们中间。他们用金色的月桂树枝装饰头发并特别赞美阿波罗，以庆祝他们的欢乐节日，节日期间，女孩们随处起舞，人们大声演奏七弦琴和长笛。此外，被平德尔称为神圣的种族和受祝福的人的希柏里尔人从不生病，也不会在晚年受苦，他们没有烦恼和战争，因此不恐惧涅墨西斯（Nemesis)（复仇女神）。

狄奥多罗斯引用了阿伯德拉的赫卡泰厄斯（Hecataeus of Abdera）的话，称希柏里尔人之岛位于北方，在凯尔特人之地之外的海洋中，不比西西里岛小。从这个岛上看月亮，就好像它离地球只有很短的距离，人们可以像观察地上美景一样观察月亮上的奇观。岛上农作物丰富，由于气候非常温和，庄稼每年可收成两次。希柏里尔人的名字来源于他们在北风之神（Boreas，玻瑞阿斯）之外的家乡，他们有一种独特的语言。而且，由于阿波罗的母亲勒托（Leto）出生在他们的岛上，他们对阿波罗的崇拜超过了对其他诸神的崇拜。在某种程度上，居民就像阿波罗的祭司，因为他们每天用歌声赞美这位神，并特别尊敬他。岛上有一个宏伟的阿波罗圣地，还有一个装饰着许多祭品的球形神庙。岛上也有一座供奉阿波罗的城市，那里的大多数居民都会演奏奇塔拉琴（cithara）。他们不断在神庙里弹琴，唱赞美诗，称颂神的作为。这个城市的统治者和圣地的监督者被称为玻瑞阿代（Boreadae），因为他们是玻瑞阿斯的后代，而且这些职位总是由他们的家族成员出任。阿波罗每隔19年拜访该岛一次，这是群星返回它们在天空中原来位置的时间间隔。在这位神出现的时候，他会演奏奇塔拉琴，并会从春分点开始跳舞，直到昴宿星团升起，以颂扬他自己的成就。

狄奥多罗斯补充说，希柏里尔人从古代起就对希腊人最友好，尤其是对雅典人和提洛人。据说某些希腊人拜访了希柏里尔人的乐土，留下了刻有希腊字母的昂贵祭品，而希柏里尔人阿巴瑞斯（Abaris）在古代来到希腊，恢复了他的人民与提洛人的良好关系（2.47.1–6）。

平德尔和狄奥多罗斯的叙述在希柏里尔人的宗教习俗方面彼此相似。两位作者都突出了阿波罗的中心地位、阿波罗崇拜的欢乐本质，尤其是为纪念他而兴起的音乐节。平德尔把重点集中在人们的特征上，他把这些特征描述为神圣和快乐，狄奥多罗斯则集中描述这个岛的乌托邦特征，这与上面提到的他笔下其他想象中的岛屿相似。然而，这两位作者之间有一个本质的区别。平德尔描述了宙斯的儿子在雅典娜的指导下前往希柏里尔人乐土的航行，强调普通人无法找到通往那里的路。相反，狄奥多罗斯不仅在实际的世界地图上定位希柏里尔人之岛、将它和西西里岛相较，而且还描述了希柏里尔人与希腊人之间的外交关系，包括使团的交流。一句话，平德尔将岛屿与现实世界分离，而狄奥多罗斯则将其视为现实世界的一部分。对这种区别的解释在于他们各自的写作目的不同。

平德尔的目的是赞扬希波克利斯的卓越及其塞萨利贵族血统，和他的其他作品一样[1]，他以大海和英雄们的海上航行为隐喻。在诗人看来，海是人与神、生与死的分界线，而一个人的幸福之旅就像航海。因此，作为神的儿子，珀尔修斯可以横渡海洋，到达希柏里尔人的乐土，但弗里西亚斯（Phricias）之子希波克利斯却受到他凡人血统的限制。但希波克利斯也享有他父亲血统的优势，表现出同样的美德并取得了成功[2]。与平德尔不同的是，狄奥多罗斯努力在实际的世界地图上定位希柏里尔人之岛，将其变成一个人类可以到达的地方。我们很难发现狄奥多罗斯采用独特手法处理这个岛屿的动机，但以下三个因素可能有助于理解他的做法。首先，他将六个乌托邦岛屿整合到真实的世界地图中；其次，他意识到亚历山大东征及其后续发展；第三，当时的事件对他的写作产生了影响。因此，对上面提到的狄奥多罗斯所有虚构岛屿的解释都是密切相关的。然而，就希柏里尔人之岛而言，还有一个特殊的理由。

---

[1] Pind. *Ol.* 3.43–45；*Isthm.* 4.12–13；*Nem.* 3.20–23, 4.69, 以及下文。

[2] 全面讨论请见波琉，2016：特别是 60–69，87–88。另见罗姆，1992：60–67；布朗（Brown），1992；和基里亚佐普洛斯（Kyriazopoulos），1993。

在真实的宇宙地图上，狄奥多罗斯将这些虚构的岛屿放置在明确的地点，突出了它们在已知世界边缘的位置，并描绘了历史人物前往那里的航行。位于特里同河上的赫斯珀拉岛和大西洋上的岛屿标志着宇宙的西端，潘查岛和亚姆布鲁斯的太阳岛位于世界的东南边界，而一些学者认为就是不列颠岛的希柏里尔人之岛①则位于大地的北端。狄奥多罗斯不仅认识到他那个时代地理知识的扩展，也认识到他的同代人在多年的战争及其破坏性后果之后渴望一个更好的世界，因此，他在暗示，尽管遥远，但这些田园诗般的岛屿仍然触手可及②。此外，狄奥多罗斯对亚历山大和恺撒的崇拜也体现在他的作品中③，他可能受到了他们成就的启发。因此，他可能有意为两位领袖的征服提供了一个古老而完善的先例。在这方面，希柏里尔人之岛的例子很有趣，因为很有可能是恺撒对不列颠的入侵促使狄奥多罗斯将其写入他的作品。此外，狄奥多罗斯似乎在利用他对虚构岛屿的乌托邦式描述来传达当代的观念。他叙述了在某地当地居民和外国人共存的情况，并指出，尽管这个地方的居民有着与希腊人不同的文化，但他们处于同一个世界。这让人想起了人类和谐统一的观念，以及希腊化时代对待"他者"态度的改变。在恺撒的影响力已不亚于亚历山大的狄奥多罗斯的时代，对"他者"有两种相互冲突的看法：一种是对"他者"的接受和宽容，另一种是根据种族和文化因素对不同民族进行区分④。狄奥多罗斯在他的作品中表达了这两种看法（苏利马尼，2011：315–330，342–343）。最后，狄奥多罗斯本人也是一个岛民，他可能有一个个人动机，那就是把岛屿美化为人类居住的最佳场所。值得注意的是，他将希柏里尔人之岛和不列颠与他的家乡西西里岛进行了比较（2.47.1，5.21.3）。

① 参见布里奇曼，2005：127–140，以了解更多引证。

② 参见加巴（1981：59），他坚持认为这些岛屿让"渴望逃离现在、进入平等梦想世界的人"颇有向往。

③ 参见萨克斯，1990；苏利马尼，2011；和蒙茨，2017中的反复引用。

④ 恺撒的一些行为非常符合人类和谐统一的观念。例如，如果苏埃托纽斯的话是可信的，恺撒允许获得罗马公民身份的人进入元老院，包括半野蛮的高卢人（Suet. *Iul.* 76，80；见 Cic. *Fam.* 9.15.2），然而，恺撒也将某位日耳曼国王描绘成一个野蛮、暴躁、轻率的人（恺撒，《高卢战记》，1.31）。

平德尔和狄奥多罗斯都用大海和穿越大海的意象来表达他们的想法，但诗人利用这些意象来阐明人与神相比的局限性，而历史学家则利用这些意象来展示人如何像神和英雄一样可以到达遥远的乌托邦。这一根本差异在他们的其他作品中也有所体现。平德尔用赫拉克勒斯之柱作比喻时写道，阿克拉加斯的塞隆（Theron of Acragas）赢得战车比赛（公元前 476 年），由于其卓越而到达了最远的地方，仿佛他触到了赫拉克勒斯之柱。他补充说，任何越过赫拉克勒斯之柱的尝试都是愚蠢的（*Ol.* 3.43–45）。在另一首颂歌中，平德尔甚至警告优秀的人不要追求越过赫拉克勒斯之柱的卓越（*Isthm.* 4.12–13；参见 *Nem.* 3.20–23，4.69）①。相比之下，根据狄奥多罗斯的说法，越过赫拉克勒斯之柱的航行不仅可能，而且似乎是人类的例行事务。他讲述了赫拉克勒斯竖立石柱，然后越过石柱进入伊比利亚的故事（4.18.2），并指出，腓尼基人曾经探索石柱外的海岸，在他们的一次航行中，他们在大西洋发现了田园诗般的岛屿（如上所述）（5.20.1–3）。而且，这一描述出现在狄奥多罗斯的专门讲述岛屿的第五本书中，他表示赫拉克勒斯之柱之外的岛屿是有人居住的世界的一部分。平德尔和狄奥多罗斯生活在不同的时期，他们有截然不同的议题。

191 　　虚构的西方岛屿类似于上面提到的乌托邦，被作者描绘成非常快乐的地方。平德尔明确指出，希柏里尔人过着幸福的生活，这在狄奥多罗斯对阿波罗崇拜的描述中有所暗示，其特征是持续不断的歌舞。而且，狄奥多罗斯把希柏里尔人之岛描绘成极其富饶的地方，就像他笔下的其他乌托邦岛屿一样，平德尔则把它描绘成接近神的地方。

结论

大海在古人的实际生活中扮演着重要的角色，因此我们可以想象，大海在他们的想象中也构成了一个重要的因素。本章的范围使我可以集中讨论这一想象的一个方面，但是关于奇异岛屿的讨论以及前往这些岛屿的航行为理解想象世界的形成打

---

① 见波琉，2016：61："平德尔宣称凡人不能表现出狂妄（*hybris*），他把这种态度比作越过赫拉克勒斯之柱的鲁莽远征。"另见苏利马尼，2011：191–192。

开了一扇窗。通常，这些岛屿被描述为田园诗般的岛屿，有充足的水、土地肥沃、空气洁净，并为人们提供各种食物，这样的描述会让读者想起赫西奥德的"黄金时代"。同时，这些叙述也包含了真实的元素，在现实世界的变化影响想象世界的呈现的希腊化时代（尤其是在公元前1世纪），真实元素变得越来越多。因此，经历了罗马内战的作者们创造了一个乌托邦世界，其中的岛屿与公元前4世纪柏拉图的反乌托邦完全不同——这位哲学家描绘了位于大西洋的一个遥远地方，在赫拉克勒斯之柱以外的亚特兰蒂斯岛。那里土地确实肥沃，有各种各样的树木和动物，还有温暖的和寒冷的泉水。此外，由于所有的生活必需品都充足，岛民善良且高贵、文雅且智慧。然而，他们改变了自己的方式，变得傲慢自大，因此亚特兰蒂斯岛最终被大海吞没，大洋在那个地方变得无法通行（Pl. *Ti.* 24e–25d，*Critias*，108e–109c，113c–121c）。

大海不仅是乌托邦或反乌托邦世界的重要组成部分，也是描述想象帝国的中心元素。举一个有趣的例子，神话中的埃及国王塞索斯特里斯（Sesostris）进行了一次旅行，狄奥多罗斯记录了这次旅行（1.55.1–10）。他从埃及出发，途经埃塞俄比亚和阿拉伯半岛，到达印度。塞索斯特里斯派他的舰队进入红海，控制了远至印度的岛屿和大陆沿海地带，他自己则通过陆路征服了整个亚洲。穿过恒河到达大洋后，塞索斯特里斯转道北行，到达斯基泰（Scythia）、梅欧提斯湖（Lake Maeotis，亚速海）和顿河（River Tanais）。在黑海航行时，他穿过赫勒斯滂海峡进入欧洲，到达基克拉泽斯群岛（Cycladic）。到达色雷斯后，他结束了征战，返回埃及。在塞索斯特里斯探险期间，他吞并了土地，解决了当地人的事务，从而建立了一个帝国 [1]。塞索斯特里斯的远征与亚历山大大帝的远征有明显的相似之处，但这位埃及国王却到达了亚历山大从未踏足的地方。因此，塞索斯特里斯的虚构帝国有可能是

---

[1] 关于塞索斯特里斯和其他神话人物的旅程，请参阅苏利马尼（2011，2015）。值得注意的是，与欧赫迈罗斯（图8.2）、宙斯（图8.3）和亚姆布鲁斯（图8.4）不同，塞索斯特里斯进行了一次循环旅行。事实上，狄奥多罗斯的许多英雄都完成了一次循环探险：从一个地点出发，在旅程结束时返回同一地点。狄奥多罗斯创造了一个明确的边界，他的神话英雄们在这个边界内活动，传播他们的信息，建立他们的帝国。狄奥多罗斯在他的地理描述中反映了循环概念，正如柏拉图和波利比乌斯等作者在讨论政府循环时关注这个概念一样。

塞索斯特里斯的旅程

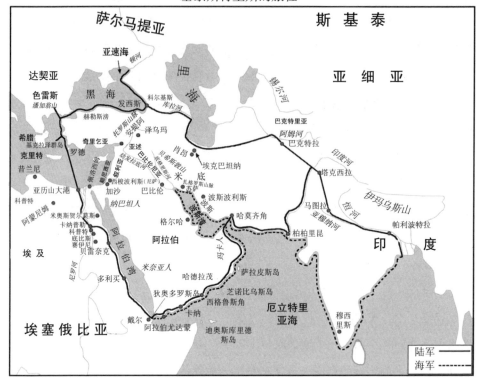

图 8.5　塞索斯特里斯的旅程。©艾瑞斯·苏利马尼（作者）。

为了为现存或未来的帝国主义扩张提供一个先例①，甚至可能是为了传达作者自己的观点，即支持在现实世界中建立这样一个帝国。

---

① 有关希腊文学中的这一观念，请参阅孟德尔（Mendels），1997：81–99；243–266，和孟德尔，1996：446–447。

参考文献

Abramson, Herbert (1979), "A Hero Shrine for Phrontis at Sounion?," *California Studies in Classical Antiquity*, 12: 1–19.

Acquaro, Enrico, Antonino Filippi and Stefano Medas, eds (2010), *La devozione dei naviganti. Il culto di Afrodite Ericina nel Mediterraneo*, Lugano: Athenaion.

Adams, C. (2018), "Nile River Transport under the Romans," in A. Wilson and A. Bowman (eds), *Trade, Commerce and the State in the Roman World*, 175–208, Oxford: Oxford University Press.

Adams, Winthrop Lindsay (2007), "The Hellenistic Kingdoms," in Glenn R. Bugh (ed.), *The Cambridge Companion to the Hellenistic World*, 28–51, Cambridge: Cambridge University Press.

Aellen, Christian, Alexander Cambitoglou, and Jacques Chamay (1986), *Le peintre de Darius et son milieu: vases grecs d'Italie méridionale*, Genève: Association Hellas et Roma.

Ahlberg-Cornell, Gudrun (1984), *Herakles and the Sea-Monster in Attic Black-Figure Vase-Painting*. Acta Inst. Athen. Regni Sueciae Ser. in 4°, XXXIII, Sävedalen: Åström.

Ahlberg-Cornell, Gudrun (1992), *Myth and Epos in Early Greek Art: Representation and Interpretation*, Jonsered: Paul Åströms Förlag.

Ahmad, Enayat (1972), *Coastal Geomorphology of India*, New Delhi: Orient Longman.

Allen, J. L. (1976), "Lands of Myth, Waters of Wonder: The Place of Imagination in the History of Geographical Exploration," in D. Lowenthal and M. Bowden (eds), *Geographies of the Mind. Essays in Historical Geosophy*, 41–61, New York: Oxford University Press.

Alvar Nuño, Antón (2017), "Riesgo marítimo, astrología y devoción en Roma," *Klio*, 99 (2): 528–44.

Álvarez Martí-Aguilar, Manuel (2017), "Talismans against Tsunamis: Apollonius of Tyana and the stelai of the Herakleion in Gades (*VA* 5.5)," *Greek, Roman, and Byzantine Studies*, 57: 968–93.

Ambrose, Z. Philip (1980), "The etimology and genealogy of Palinurus," *AJPh*, 101: 449–57.

Ampolo, Carmine (1994), "La ricezione dei miti greci nel Lazio: l'esempio di Elpenore ed Ulisse al Circeo," *PP*, 49: 268–80.

Ampolo, Carmine, ed. (2009a), *Immagine e immagini della Sicilia e di altre isole del Mediterraneo antico*, 2 vols, Pisa: Edizioni della Normale.

Ampolo, Carmine (2009b), "Isole di storia, storie di isole," in Carmine Ampolo (ed.), *Immagine e immagini della Sicilia e di altre isole del Mediterraneo antico*, vol. I, 3–11, Pisa: Edizioni della Normale.,

Anderson, William S. (1958), "Calypso and Elysium," *The Classical Journal*, 54: 2–11.

Arnaud, Pascal, ed. (2005), *Les routes de la navigation antique. Itineraires en Mediterranée*, Paris: Errance.

Asheri, David, Alan Lloyd, and Aldo Corcella (2007), *A Commentary on Herodotus Books I–IV*, Oxford: Oxford University Press.

Aubet, Maria Eugenia, (1982), *El Santuario de Es Cuieram. Trabajos del Museo Arqueológico de Ibiza*, 8, Ibiza: Museo Arqueològic d'Eivissa i Formentera.

Aubet, Maria Eugenia, ed. (2001), *The Phoenicians and the West. Politics, Colonies, and Trade*, Cambridge: Cambridge University Press.

Babcock, W.H. (1919), "Saint Brendan's Explorations and Islands," *Geographical Review*, 8 (1): 37–46.

Badian, Ernst (1975), "Nearchus the Cretan," in DonaldKagan (ed.), *Studies in the Greek Historians*, 147–70, Cambridge: Cambridge University Press.

Ballabriga, Alain (1986), *Le Soleil et le Tartare. L'image mythique du monde en Grèce archaïque*, Paris: Éditions de l'EHESS.

Bandinelli, Ranuccio Bianchi (1970), *Rome, the Centre of Power: Roman Art to AD 200*, London: Thames & Hudson.

Bandinelli, Ranuccio Bianchi (2010), *Rome, la fin de l'art antique: l'art de l'empire romain de Septime Sévère à Théodose Ier*, Paris: Gallimard.

Barchiesi, Alessandro (1994), "Immovable Delos: *Aeneid* 3. 73–98 and the *Hymns* of Callimachus," *CQ*, 44: 438–43.

Barringer, Judith M. (1995), *Divine Escorts: Nereids in Archaic and Classical Greek Art*, Ann Arbor, MI: University of Michigan Press.

Barron, John P. (1980), "Bacchylides, Theseus and a wooly cloak," *Bulletin of the Institute of Classical Studies*, 27: 1–8.

Barron, W.R.J. and G.S. Burgess, eds. (2002), *The Voyage of St. Brendan. Representative Versions of the Legend in English Translation*, Exeter: Exeter University Press.

Basch, Lucien (1978), "Graffiti navals grecs," *Le Petit Perroquet*, 22: 40–54.

Basch, Lucien (1987), *Le musée imaginaire de la marine Antique*, Athens: Institute Hellénique pour la preservation de la tradition nautique.

Beaulieu, Marie-Claire (2015), "Ulysse et l'Hadès brumeux," *Les Études Classiques*, 83: 101–15.

Beaulieu, Marie-Claire (2016), *The Sea in the Greek Imagination*, Philadelphia: University of Pennsylvania Press.

Beaulieu, Marie-Claire (2018), "Θεῶν ἄγνισμα μέγιστον: la mer et la purification en Grèce Ancienne," *Kernos* supplement, 32: 207–24.

Belén, María (2000), "Itinerarios arqueológicos por la geografía sagrada del Extremo Occidente," in Jordi H. Fernández Gómez and Benjamí Costa (eds), *Santuarios fenício-púnicos en Iberia y su influencia en los cultos indígenas. Actas de las XIV Jornadas de Arqueología Fenicio-púnica*, 57–102, Ibiza: Museo Arqueològic d'Eivissa i Formentera.

Belén, María and Inmaculada Pérez (2000), "Gorham's Cave, un santuario en el Estrecho. Avance del estudio de los materiales cerámicos," in *Actas del IV Congreso Internacional de Estudios Fenícios y Púnicos*, Book II: 531–42, Cádiz: Universidad de Cádiz.

Ben-Abed, Aïcha (2006), *Tunisian Mosaics: Treasures from Roman Africa*, Los Angeles: The Getti Conservation Institute.

Beresford, James, ed. (2012), *The Ancient Sailing Season. Mnemosyne Suppl. 351*, Leiden: Brill.

Bernard, M.-B. (2007), "L'Odyssée monastique de Saint Brandan," *Collectanea Cisterciensia*, 69: 164–75.

Bierl, A.F.H. (2004), "'Turn on the light !': epiphany, the god-like hero Odysseus, and the golden lamp of Athena in Homer's 'Odyssey' (especially 19, 1–43)," *Illinois Classical Studies*, 29: 43–61.

Bisi, Anna Maria, Maria Giulia Amadasi Guzzo, and Vincenzo Tusa (1969), *Grotta Regina* I, Roma: Consiglio Nazionale delle Ricerche.

Blackman, David (2013), "Classic and Hellenistic Sheds," in David Blackman and Boris Rankov (eds.), *Shipsheds of the Ancient Mediterranean*, 16–29, Cambridge: Cambridge University Press.

Blakely, Sandra (2017), "Maritime risk and ritual responses: sailing with the gods in the Ancient Mediterranean," in Philip de Souza and Pascal Arnaud (eds.), *The Sea in History. The Ancient World*, 362–79, Woodbridge: The Boydell Press.

Boardman, John (1983), "Symbol and Story in Geometric Art," in *Ancient Greek Art and Iconography*, ed. Warren G. Moon, 15–36, Madison, WIS: Wisconsin University Press.

Boardman, John (1987), "Very like a Whale. Classical Sea Monsters," *Papers in Honor of E. Porada*, ed. A.E. Farkas, P.O. Harper, and E.B. Harrison, 73–84, Mainz: Phillip von Zabern.

Boardman, John. (1989), "Herakles at Sea," in *Festschr. N. Himmelmann*, 191–5.

Boardman, John. (1994), *The Diffusion of Classical Art in Antiquity*, Princeton, NJ: Princeton University Press.

Boardman, John. (1995), *Les Grecs outre-mer: colonisation et commerce archaïques*, Études (Centre Jean Bérard) 2, Naples: Centre Jean Bérard.

Boardman, John. (1997), *Les vases athéniens à figures rouges: la période archaïque*, Univers de l'art; 63, Paris: Thames & Hudson.

Boardman, John. (1998), *Early Greek Vase Painting: 11th–6th Centuries BC: A Handbook*, London: Thames & Hudson.

Boardman, John. (2000), *Les vases athéniens à figures rouges: la période classique*, Univers de l'art; 85, Paris: Thames & Hudson.

Boardman, John. (2003), *Athenian Black-Figure Vases*, London: Thames & Hudson.

Bonnet, Corinne and Laurent Bricault (2016), *Quand les dieux voyagent. Cultes et mythes en mouvement dans l'espace méditerranéen antique*, Genéve: Labor et Fides.

Borg, Barbara, ed. (2015), *A Companion to Roman Art*. Blackwell Companions to the Ancient World, Hoboken: John Wiley & Sons/Blackwell.

Braudel, Fernand (1972), *The Mediterranean and the Mediterranean World in the Age of Philip II*, London: Harper Collins.

Bravi, Alessandra (2015), "The Art of Late Antiquity," in *A Companion to Roman Art*, 130–49, Wiley-Blackwell.

Bricault, Laurent (2006), *Isis, Dame des flots*, Liège: Université de Liège.

Bricault, Laurent (2020), *Isis Pelagia: Images, Names and Cults of a Goddess of the Seas*, Leiden-Boston: Brill.

Bridgman, Timothy P. (2005), *Hyperboreans: Myth and History in Celtic-Hellenic Contacts*, New York and London: Routledge.

Brommer, Frank (1983), "Herakles und Nereus," in *Image & céramique grecque*, 103–10.

Brown, A.S. (1998), "From the Golden Age to the Isles of the Blest," *Mnemosyne*, 51: 385–410.

Brown, Christopher G. (1992), "The Hyperboreans and Nemesis in Pindar's Tenth Pythian," Phoenix, 46.2: 95–107.

Brunnsaker, Sture (1962), "The Pithecusan Shipwreck. A Study of a Late Geometric Picture and Some Basic Aesthetic Concepts of the Geometric Figure-Style," *Opuscula Romana: Annual of the Swedish Institute in Rome*, 4: 165–242.

Bruun, Krister (2017), "La mentalità marinara di Ostia, città portuale, nella documentazione epigrafica e iconográfica," in Laura Chioffi, Mika Kajava, and Simo Örmä (eds.), *Il Mediterraneo e la Storia. II. Naviganti, popoli e culture ad Ischia e in altri luoghi della costa tirrenica*, 215–27, Roma: Acta Instituti Romani Finlandiae 45.

Bugh, Glenn R. (2006), "Hellenistic Military Developments," in Glenn R. Bugh (ed.), *The Cambridge Companion to the Hellenistic World*, 265–94, Cambridge: Cambridge University Press.

Burgess, J. (1999), "Gilgamesh and Odysseus in the otherworld," *EMC*, 18 (2): 171–210.

Calame, Claude (1996), *Thésée et l'imaginaire athénien: légende et culte en Grèce antique*, 2e éd. rev. et corr. Sciences humaines (Lausanne, Suisse), Lausanne: Éditions Payot.

Carlson, Deborah N. (2009), "Seeing the Sea: Ships' Eyes in Classical Greece," *Hesperia*, 78 (3): 347–65.

Carpenter, Th., K.M. Lynch, and E.G.D Robinson (2014), *The Italic People of Ancient Apulia. New Evidence from Pottery for Work Shop, Markets, and Customs*, New York: Cambridge University Press.

Caruso, Benedetto and Maria Teresa Di Blasi (2017), *Miracoli al fronte. Ex voto della grande guerra dalla provincia di Catania*, Catania: Regione siciliana, Assessorato dei beni culturali e dell'identità siciliana.

Caruso, Fabio (2012), "Il mare, il miele, il vino: Dioniso Morychos a Siracusa," in Fabio Caruso and Giuseppina Monterosso (eds), *Dionysos: mito, immagine, teatro (Catalogo della mostra, Museo Archeologico Regionale Paolo Orsi, 10 maggio–30 settembre 2012)*, 19–26, Siracusa: Museo archeologico regionale Paolo Orsi.

Caruso, Fabio (2017), "Zeus *Peloros* e gli altri: un nuovo sguardo ai dipinti del 'sacello pagano' nella catacomba di Santa Lucia a Siracusa," in Elisa Chiara Portale and Giusj Galioto (eds), *Scienza e archeologia. Un efficace connubio per la divulgazione della cultura scientifica*, 31–45, Pisa: Edizioni ETS.

Cary, Max and Eric Herbert Warmington (1963), *The Ancient Explorers*, 2nd edn, Baltimore: Penguin Books.

Casson, Lionel (1971), *Ships and Seamanship in the Ancient World*, Princeton, NJ: Princeton University Press.

Casson, Lionel (1981), "Maritime Trade in Antiquity," *Archaeology*, 34 (4): 37–43.

Casson, Lionel (1989), *The Periplus Maris Erythaei: Text with Introduction, Translation, and Commentary*, Princeton, NJ: Princeton University Press.

Casson, Lionel (1992), *The Ancient Mariners Seafarers and Sea Fighters of the Mediterranean in Ancient Times*, Princeton, NJ: Princeton University Press.

Casson, Lionel (1994a), *Ships and Seafaring in Ancient Times*, London: British Museum Press.

Casson, Lionel, ed. (1994b), *Travel in the Ancient World*, Baltimore: Johns Hopkins University Press.

Casson, Lionel (1995), *Ships and Seamanship in the Ancient World*, Baltimore: Johns Hopkins University Press.

Castriota, David (1992), *Myth, Ethos, and Actuality: Official Art in Fifth-Century B.C., Athens*, Madison, WS: University of Wisconsin Press.

Ceccarelli, Paola (1989), "Nesiotika," *Annali della Scuola Normale Superiore di Pisa*, 19: 903–35.

Ceccarelli, Paola (2009), "Isole e terraferma: la percezione della terra abitata in Grecia arcaica e classica," in Carmine Ampolo (ed.), *Immagine e immagini della Sicilia e di altre isole del Mediterraneo antico*, Vol. I, 31–50, Pisa: Edizioni della Normale.

Chami, Felix (2017), "Ancient Seafaring in Eastern African Indian Ocean Waters," in Philip de Souza and Pascal Arnaud (eds), *The Sea in History: The Ancient World/La Mer dans l´ Histoire: L`Antiquité*, 523–35, Woodbridge: The Boydell Press.

Chantraine, P. (1968), *Dictionnaire étymologique de la langue grecque: histoire des mots*, Paris: Klincksieck.

Chapouthier, Fernand (1935), *Les Dioscures au service d'une déesse*, Étude d'iconographie religieuse, Paris: De Boccard.

Chazalon, L. (1995), "Héraclès, Cerbère et la porte des Enfers dans la céramique attique," in A. Rousselle (ed.), *Frontières terrestres, frontières célestes dans l'Antiquité*: 165–87, Perpignan: Presses universitaires de Perpignan.

Christian, Mark A. (2013), "Phoenician Maritime Religion: Sailors, Goddess Worship, and the Grotta Regina," *Die Welt des Orients*, 43 (2): 179–205.

Clarke, John R. (1996), "Landscape Paintings in the Villa of Oplontis," *Journal of Roman Archaeology*, 9: 81–107.

Clay, Diskin and Andrea L. Purvis (1999), *Four Island Utopias*, Newburyport: Focus Publishing.

Cline, Eric H. (2014), *1177 B.C.: The Year Civilization Collapsed*, Princeton, NJ: Princeton University Press.

Coacci Polselli, Gianna, Maria Giulia Amadasi Guzzo, and Vincenzo Tusa (1979), *Grotta Regina* II, Roma: Consiglio nazionale delle ricerche.

Coldstream, J. N. (1979), *Geometric Greece*, North Yorkshire: Methuen.

Constantakopoulou, Christy (2007), *The Dance of the Islands: Insularity, Networks, the Athenian Empire, and the Aegean World*, Oxford– and New York: Oxford University Press.

Cook, Arthur Bernard (1940), *Zeus: A Study in Ancient Religion*, Vol. III, Parts 1 and 2, Cambridge: Cambridge University Press.

Corbett, Julian(1972), *Some Principles of Maritime Strategy*, London: Conway.

Cordano, Federica(2009), "La circumnavigazione come strumento di conoscenza," in Carmine Ampolo (ed.), *Immagine e immagini della Sicilia e di altre isole del Mediterraneo antico*, Vol. I, 133–40, Pisa: Edizioni della Normale.

Corner, S. (2010), "Transcendent Drinking: The Symposium at Sea Reconsidered," *Classical Quarterly*, 60 (2): 352–80.

Cousin, Catherine (2012), *Le monde des morts. Espaces et paysages de l'Au-delà dans l'imaginaire grec d'Homère à la fin du Ve s. avant J.-C.*, Paris: L'Harmattan.

Creston, R.-Y. (1957), *Journal de bord de Saint Brendan à la recherche du paradis*, Paris: Éditions de Paris.

Croisille, Jean-Michel (2005), *La peinture romaine*, Picard.

Crowley, Janice L. (2013), *The Iconography of Aegean Seals*, Liège: Peeters.

Cunliffe, Barry, ed. (2002), *The Extraordinary Voyage of Pytheas the Greek*, rev. edn, New York: Walker & Company.

Cursaru, Gabriela (2014), "Exposition et initiation: enfants mythiques soumis à l'épreuve du coffre et abandonnés aux flots," in Chiara Terranova (ed.), *La presenza dei bambini nelle religioni del Mediterraneo antico*, 361–85, Roma: Aracne.

Curtis, R. (1988), "Spanish trade in salted fish products in the 1st and 2nd centuries AD," *IJNA*, 17.3: 205–201.

Curtius, Ernst Robert (1953), *European Literature and the Latin Middle Ages*, trans. Willard R. Trask, New York: Pantheon Books.

D'Arms, J.H. and E.C. Kopff, eds (1980), *The Seaborne Commerce of Ancient Rome: Studies in Archaeology and History*, Rome: Memoirs of the American Academy in Rome XXXVI.

Darwin, G.H. (1898), *The Tides and Kindred Phenomena in the Solar System: The Substance of Lectures delivered in 1897 at the Lowell Institute*, Boston, MA, Boston: Houghton, Mifflin and Company.

Davies, M.I. (1978), "Sailing, rowing and, sporting in one's cup on the wine-dark sea. ἅλαδε, μύσται," in *Athens comes of Age: from Solon to Salamis*, ed. William A.P. Childs, 72–95, Princeton, NJ: Archaeological Institute of America, Princeton Society and the Department of Art and Archaeology, Princeton University.

Davies, Malcolm (1992), "Heracles in Narrow Straits," *Prometheus*, 18: 217–26.

Dawson, Helen (2016), *Mediterranean Voyages: The Archaeology of Island Colonisation and Abandonment*, London: Routledge.

de Angelis, Franco and Benjamin Garstad, (2006), "Euhemerus in Context," *Classical Antiquity*, 25: 211 –42.

de Souza, Philip (1999), *Piracy in the Greco-Roman World*, Cambridge: Cambridge University Press.

de Souza, Philip and Pascal Arnaud (eds) (2017), *The Sea in History: The Ancient World/La Mer dans l´ Histoire: L`Antiquité*, Woodbridge: The Boydell.

De Vido, Stefania (2009), "Insularità, etnografia, utopie: il caso di Diodoro," in Carmine Ampolo (ed.), *Immagine e immagini della Sicilia e di altre isole del Mediterraneo antico*, Vol. I, 113–24, Pisa: Edizioni della Normale.

Delgado, J.P. (2001), *Encyclopedia of Underwater and Maritime Archaeology*, London: The British Museum Press.

Demesticha, Stella et al. (2017), "Seamen on Land? A Preliminary Analysis of Medieval Ship Graffiti on Cyprus," *The International Journal of Nautical Archaeology*, 46 (2): 346–81.

Demetriou, Denise (2010), "Τῆς ϖάσης ναυτιλίης φύλαξ: Aphrodite and the Sea," *Kernos*, 23: 67–89.

Denoyelle, Martine (1996), "Le Peintre d'Analatos: Essais de Synthèse et Perspectives Nouvelles," *Antike Kunst*, 39 (2): 71–87.

Depew, Mary (1998), "Delian Hymns and Callimachean Allusion," *Harvard Studies in Classical Philology*, 98: 155–82.

Desborough, Vincent Robin d'Arba (1972), *The Greek Dark Age*, London: Benn.

Détienne, M. (1996[1967]), *The Masters of Truth in Archaic Greece*, New York: Zone Books.

Dickinson, Oliver (2010), "The Collapse at the End of the Bronze Age," in *The Oxford Handbook of the Bronze Age Aegean (ca. 3000–1000 BC)*, ed. Erich H. Cline, 483–90, New-York and Toronto: Oxford University Press.

Dicks, D.R. (1960), *The Geographical Fragments of Hipparchus*, London: Athlone.

Dilke, O.A.W. (1998), *Greek and Roman Maps*, Baltimore: The Johns Hopkins University Press.

Domínguez Monedero, Adolfo (2018), "Las religiones coloniales y su impacto en los cultos indígenas de la Península Ibérica," *Revista de Historiografía*, 28: 13 –46.

Diodorus Siculus (1939), *Library of History, Volume III: Books 4.59-8*, trans. C.H. Oldfather, Cambridge, MA: Harvard University Press, from the Loeb Classical Library 340.

Dowden, Ken (1989), "Pseudo-Callisthenes, The Alexander Romance," trans. with introduction and notes in B.P. Reardon (ed.), *Collected Ancient Greek Novels*, 650–735, Berkeley, California: University of California Press.

Duchêne, H. (1992), "Initiation et élément marin en Grèce ancienne," in *L'initiation: actes du colloque international de Montpellier, 11–14 avril 1991, II: L'acquisition d'un savoir ou d'un pouvoir, le lieu intiatique, parodies et perspectives*: 119–33, Montpellier: Université Paul Valéry.

Dunbabin, Katherine M.D. (1999), *Mosaics of the Greek and Roman World*, Cambridge: Cambridge University Press.

Eckenrode, T.R. (1975), "The Romans and Their Views on the Tides," *Rivista di cultura classica e medioevale*, 17: 269–92.

Edlund, Ingrid E.M. (1987), *The Gods and the Place. Location and Function of Sanctuaries in the Countryside of Etruria and Magna* Graecia *(700–400 B.C.)*, Stockholm: Paul Åström.

Edmondson, J.C. (1989), "Mining in the Later Roman Empire and beyond: Continuity or Disruption?," *JRS*, (79): 84 –102.

Egeler, M. (2017), *Islands in the West. Classical Myth and the Medieval Norse and Irish Geographical Imagination*, Turnhout: Brepols N.V.

El-Geziry, T.M. and I.G. Bryden (2014), "The circulation pattern in the Mediterranean Sea: issues for modeller consideration," *Journal of Operational Oceanography*, 3 (2): 39–46. Available online: https://doi.org/10.1080/1755876X.2010.11020116 (accessed October 2020).

Étienne, Roland (2017), "Introduction: Can One Speak of the Seventh Century BC ?" in *Interpreting the Seventh Century BC.*, ed. Xenia Charalambidou and C. Morgan, 9–14, Oxford: Archaeopress Publishing Ltd.

Fabre, David, ed. (2004), *Seafaring in Ancient Egypt*, London: Periplus Publishing London Ltd.

Fagles, Robert, trans. (2009), *The Odyssey* (Penguin Classics). Introduction and Notes by Bernard Knox, London: Penguin.

Fasolo, Michele (2013), *Tyndaris e il suo territorio I, Introduzione alla carta archeologica del territorio di Tindari*, Roma: MediaGEO.

Faure, Paul (1964), *Fonctions des cavernes crétoises*, Paris: E. de Boccard.

Faure, Paul (1969), "Sur trois sortes de sanctuaires crétois," *BCH*, 93: 174–213.

Febvre, Lucien (1932), *A Geographical Introduction to History*, London: Kegan Paul.

Fenet, Annick (2016), *Les dieux olympiens et la mer. Espaces et pratiques cultuelles*, Rome: École Française de Rome.

Ferdi, S. (1998), *Mosaïques des Eaux en Algérie: Un langage mythologique des pierres*, Algérie: Regie Sud Mediterranee.

Ferguson, Everett (2012), "Jonah in Early Christian Art," in *Text, Image, and Christians in the Graeco-Roman World: A Festschrift in Honor of David Lee Balch*, ed. Aliou Cissé Niang and Carolyn Osiek (Princeton Theological Monograph Series, 176), *XXXVIII –400 P.*, 342–53, Princeton Theological Monograph Series, 176, Allison Park (Pa.): Pickwick Publ.

Ferguson, John (1975), *Utopias of the Classical World*, London: Thames & Hudson.

Ferrari-Pinney, G. and B.S. Ridgway (1981), "Herakles at the Ends of the Earth," *JHS*, 101: 141–4.

Ferrer, Eduardo (2002), "Topografía sagrada del Extremo Occidente: santuarios, templos y lugares de culto de la Iberia púnica," in Eduardo Ferrer (ed.), *Ex oriente lux: las religiones orientales antiguas en la Península Ibérica*, 185 –217, Sevilla: Universidad de Sevilla.

Filgueiras, Octávio Lixa (1995), "Some vestiges of old protective ritual practice in Portuguese local boats," in Harry Tzalas (ed.), *Tropis III. 3rd International Symposium on Ship Construction in Antiquity, Athens 1989*, 149–166, Athens: Hellenic Institute for the Preservation of Nautical Tradition.

Fischer-Bossert, Wolfgang (2012), "The Coinage of Sicily," in *The Oxford Handbook of Greek and Roman Coinage*, ed. William E. Metcalf, 142–56, Oxford: Oxford University Press.

Fitzpatrick, Matthew P. (2011), "Provincializing Rome: The Indus Ocean Trade Network and Roman Imperialism," *Journal of World History*, 22 (1): 27–54.

Fowler, Robert L. (2017), "Imaginary Itineraries in the Beyond," in Greta Hawes (ed.), *Myths on the Map: The Storied Landscapes of Ancient Greece*, 243–60, Oxford: Oxford University Press.

Foxhall, Lin (2005), "Village to City: staples and Luxuries? Exchange Networks and Urbani-zation," in Robin Osborne and Barry Cunliffe (ed.), *Mediterranean Urbanization 800–600 BC* (Proceedings of the British Academy 126), 233–248, Oxford: Oxford University Press.

Friedman, Z. (2005/2006), "Sea-Trade as Reflected in Mosaics," *SKYLLIS*, 1–2: 126–34.

Friedman, Z. (2006), "Kelenderis Ship – Square or Lateen Rig?," *IJNA*, 35.1: 108–16.

Friedman, Z. (2008), "The Ship Depicted in a Mosaic from Migdal, Israel," *JMR*, 1–2: 45–54.

Friedman, Z. (2011), *Ship Iconography in Mosaics: An aid to understanding ancient ships and their construction*, Oxford: BAR International Series 2202.

Frost, F.J. (1968), "Scyllias: Diving in Antiquity," *Greece and Rome*, 2nd ser., 15: 180–5.

Frost, Honor (1969), "The Stone Anchors of Byblos," in *Mélanges offerts à M. Dunand, I, Mélanges de l'Université Saint-Joseph*, 45, fasc. 26, 423–42, Beirut: Dar el-Machreq SARL.

Frost, Honor (1970), "Some Cypriot stone-anchors from land sites and from the sea," *RDAC*: 14–24.

Frost, Honor (1991), "Anchors Sacred and Profane: Ugarit-Ras Shamra, 1986; the stone anchors revised and compared," *Ras Shamra-Ougarit VI: Arts et Industries de la Pierre*, 355 –410, Paris: ERC.

Gabba, Emilio (1981), "True History and False History in Classical Antiquity," *Journal of Roman Studies*, 71: 50 –62.

Gabba, Emilio (1991), "L'insularità nella riflessione antica," in F. Prontera (ed.), *Geografia storica della Grecia antica*, 106–9, Rome: Laterza.

Gallagher, William R. (1999), *Sennacherib's Campaign to Judah*, New Studies, Leiden: Brill.

Gantz, Timothy (1993), *Early Greek Myth: A Guide to Literary and Artistic Sources*, Baltimore: Johns Hopkins University Press.

García Moreno, L.A. (1992), "Paradoxography and Political Ideals in Plutarch's Life of Sertorius," in Philip A. Stadter (ed), *Plutarch and the Historical Tradition*, 132–58, London: Routledge.

Gianfrotta, Piero A. (1975), "Le ancore votive di Sostrato di Egina e di Faillo di Crotone," *PP*, 30: 311–18.

Giangiulio, Maurizio (1996), "Tra mare e terra. L'orizzonte religioso del paesaggio costiero," in Francesco Prontera (ed.), *La Magna Grecia e il mare. Studi di storia maritima*, 251–71, Taranto: Istituto per la storia e l'archeologia della Magna Grecia.

Ginouvès, R. (1962), *Balaneutikè. Recherches sur le bain dans l'antiquité grecque*, Paris: E. de Boccard.

Glynn, Ruth (1981), "Herakles, Nereus and Triton: A Study of Iconography in Sixth-Century Athens," *American Journal of Archaeology*, 85 (2): 121–32.

Gomes, Francisco B. (2012), *Aspectos do sagrado na colonização fenícia, Cadernos da UNIARQ* 8, Lisboa: Centro de Arqueologia da Universidade de Lisboa.

Graham, Daniel W. (2010), *The Texts of Early Greek Philosophy: The Complete Fragments and Selected Testimonies of the Major Presocratics*, 2 vols, Cambridge: Cambridge University Press.

Gray-Fow, Michael J.G. (1993), "Qui mare teneat (Cicentury Att. 10.8): Caesar, Pompey, and the Waves," *Classica & Mediaevalia*, 44: 141–79.

Grottanelli, Cristiano (1981), "Santuari e divinità delle colonie d'Occidente," in *La religione fenicia: matrici orientali e sviluppi occidentali*, 109–133, Roma: CNR.

Guarducci, Margherita (1984), "Le insegne dei Dioscuri," *Archeologia Classica*, 36: 133–54.

Guizzi, Francesco (2009), "Creta nel Mediterraneo: insularità o isolamento?" in Carmine Ampolo (ed.), *Immagine e immagini della Sicilia e di altre isole del Mediterraneo antico*, Vol. I, 347–57, Pisa: Edizioni della Normale.

Hamiaux, Marianne, Jean-Luc Martinez, and Ludovic Laugier (2014), *La Victoire de Samothrace: Redécouvrir Un Chef-d'œuvre*, Paris: Musée du Louvre, Somogy.

Hahn, R. (2001), *Anaximander and the Architects: The Contributions of Egyptian and Greek Architectural Technologies to the Origins of Greek Philosophy*, Albany: State University of New York Press.

Harley, J.B. and D. Woodward eds. (1987), *The History of Cartography*, vol. 1, Chicago: University of Chicago Press.

Harris, A. (2018), "The Indispensable Commodity: Notes on the Economy of Wood in the Roman Mediterranean," in A. Wilson and A. Bowman (eds), *Trade, Commerce and the State in the Roman World*, 211–36, Oxford: Oxford University Press.

Harris, W.V. and K. Iara, eds. (2011), *Maritime Technology in the Ancient Economy: Ship-design and Navigation*, Portmouth: JRA Supplementary Series Number 84.

Hartog, François (2001), *Memories of Odysseus: Frontier Tales from Ancient Greece*, trans. Janet Lloyd, Chicago: University of Chicago Press.

Hasselbach, Rebecca (2005), *Sargonic Akkadian. A Historical and Comparative Study of the Syllabic Texts*, Wiebaden: Harrassowitz.

Healy, J.F. (1978), *Mining and Metallurgy in the Greek and Roman World*, London: Thames & Hudson.

Hedreen, Guy (1991), "The Cult of Achilles in the Euxine," *Hesperia*, 60: 313–30.

Hesiod (2006), *Theogony, Works and Days, Testimonia*, ed. and trans Glenn W. Most, Cambridge, MA & London: Harvard University Press, from the Loeb Classical Library 57.

Himmler, Florian, Heinrich Konen, and Josef Löffl (2009), *Exploratio Danubiae. Ein rekonstruiertes spätrömisches Flusskriegsschiff auf den Spuren Kaiser Julian Apostatas*, Berlin: Frank & Timme.

Hind, John G.F. (1996), "Achilles and Helen on White Island in the Euxine Sea: Side B of the Portland Vase," in Gocha R. Tsetskhladze (ed.), *New Studies on the Black Sea Littoral, Colloquia Pontica, I*, 59–62, Oxford: Oxbow Books.

Holland, P. (2014), *Navigatio*, Melbourne: Transit Lounge Australia.

Holloway, R. Ross (2006), "The Tomb of the Diver," *American Journal of Archaeology*, 110 (3): 365–88.

Holt, P. (1992), *"Heracles' apotheosis in lost Greek literature and art,"* L'Antiquité classique, 61: 38–59.

Holum, K.G., A. Raban, and J. Patrich, eds. (1999), *Caesarea Papers 2: Herod's Temple, the Provincial Governor's Praetorium, and Granaries, the Later Harbor, and Other Studies*, Portsmouth, JRA Supplementary Series Number 35.

Hooker, James T. (1988), "The cults of Achilles," *RhM*, 13: 1–7.

Horden, Peregrine and Nicholas Purcell, eds. (2000), *The Corrupting Sea: A Study of Medi-terranean History*, Oxford: University Press.

Householder, F. and G. Nagy (1972), "Greek," *Current Trends in Linguistics*, 9: 735–816.

Hunter, Richard (1993), *The Argonautica of Apollonius: Literary Studies*, Cambridge: Cambridge University Press.

Hunter, Richard (1996), "The Divine and Human Map of the Argonautica," *Syllecta Classica*, 6: 13–27.

Hunter, Richard (2015), *Apollonius of Rhodes: Argonautica Book IV*, Cambridge: Cambridge University Press.

Iannello, F. (2010), "Brendano di Clonfert Homo Religiosus e Homo Viator: Note sull' Identiftà Spirituale di un Santo Asceta e Navigatore," *Fortunatae*, 21: 9–25.

Ibba, Maria A.et al. (2017), "Indagini archeologiche sul Capo Sant'Elia a Cagliari," *Quaderni. Rivista di Archeologia*, 28: 353–86.

Irby, G.L. (forthcoming), *Aspects of Hydrology in the ancient Greco-Roman World: Connected by Water*, London.

Jaillard, Dominique (2007), *Configurations d'Hermès. Une "théogonie" hermaïque*, Liège: CIERGA (= *Kernos*, Suppl. 17).

Jourdain-Annequin, C. (1989), *Héraclès aux portes du soir*, Paris: Les Belles Lettres.

Jung, R. (2010), "End of the Bronze Age," in *The Oxford Handbook of the Bronze Age Aegean (ca. 3000–1000 BC)*, ed. Erich H. Cline, 171–84, New York and Toronto: Oxford University Press.

Kahlaoui, Tarek (2018), *Creating the Mediterranean: Maps and Islamic Images*, Leiden and Boston: Brill.

Kahn, Charles H. (1979), *Art and Thought of Heraclitus: An edition of the fragments with translation and commentary*, Cambridge: Cambridge University Press.

Kajava, Mika (2002), "Marinai in tempesta," in Mustapha Khanoussi, Paola Ruggeri, and Cinzia Vismara (eds.), *L'Africa romana: lo spazio marittimo del Mediterraneo occidentale, geografia storica ed economía. Atti del XIV Convegno di studio, Sassari, 7–10 dicembre 2000*, 139–143, Roma: Carocci.

Kapitän, Gerhard (1989), "Archaeological evidence for rituals and customs on Ancient ships," in Harry Tzalas (ed.), *Tropis I. 1st International Symposium on Ship Construction in Antiquity*, Piraeus *1985*, 147–162, Athens: Hellenic Institute for the Preservation of Nautical Tradition.

Karakantza, Efimia D. (2004), "Literary Rapes Revisited. A Study in Literary Conventions and Political Ideology," *Mètis* n. s., Dossier: Phantasia, Paris–Athens: EPHE, 29–45.

Kidd, I. G., (1972), *Poseidonius*, Cambridge: Cambridge University Press.

Kidd, I.G. (1988), *Posidonius: II. The Commentary*, (i) Testimonia and Fragments, 1–149, Cambridge: Cambridge University Press.

Kienast, Dietmar (1966), *Untersuchungen zu den Kriegsflotten der römischen Kaiserzeit*, Bonn: Habelt.

King, Charles (2004), *The Black Sea: A History*, Oxford: Oxford University Press.

Kissel, Theodor (1995), Untersuchungen zur Logistik des römischen Heeres in den Provinzen des griechischen Ostens 27 v. Chr. – 235 n. Chr., St. Katharinen: Scripta-Mercaturae-Verlag.

Kohns, O. and O. Sideri (2009), *Mythos Atlantis. Texte von Platon bis J.R.R. Tolkien*, Stuttgart: Reclam.

Konrad, Christoph F. (1994), *Plutarch's Sertorius: A Historical Commentary*, Chapel Hill and London: University of North Carolina Press.

Kozlovskaya, Valeriya (2017), "Ancient Harbors of the Northwestern Black Sea Coast," in Valeriya Kozlovskaya (ed.), *The Northern Black Sea in Antiquity. Networks, Connectivity, and Cultural interaction*, 29–49, Cambridge: Cambridge University Press.

Kraay, Colin (1966), *Greek Coins*, New York: Abrams.

Kugler, H. (2007), *Die Ebstorfer Weltkarte*, Berlin: Oldenbourg Akademieverlag.

Kyriazopoulos, A. (1993), "The Land of the Hyperboreans in Greek Religious Thinking," *Parnassos*, 35: 395–98.

Lacroix, Léon (1965), *Monnaies et colonisation dans l'Occident grec*, Brussels: Palais des Académies.

Langdon, Susan (1989), "The Return of the Horse-Leader," *American Journal of Archaeology*, XCIII: 185–201.

Langdon, Susan (2010), *Art and Identity in Dark Age Greece, 1100–700 BC*, Cambridge: Cambridge University Press.

Larson, Jennifer (2001), *Greek Nymphs. Myth, Cult, Lore*, Oxford: Oxford University Press.

Lätsch, Frauke (2005), *Insularität und Gesellschaft in der Antike. Untersuchungen zur Auswirkung der Insellage auf die Gesellschaftsentwicklung*, Stuttgart: Franz Steiner Verlag.

Laurens, A.-F. (1996), "Héraclès et Hébé dans la céramique grecque ou Les noces entre terre et ciel," in C. Jourdain-Annequin and C. Bonnet (eds), *IIe rencontre héracléenne: Héraclès, les femmes et le féminin*, 235–58, Turnhout: Brepols N.V.

Laymond, R. and Jiménez de Cisneros y Hervás D. (1906) in F. Fita, "Inscripciones griegas, latinas y hebreas," *Boletín de la Real Academia de la Historia*, 48: 157, http://www.cervantesvirtual.com/obra/inscripciones-griegas-latinas-y-hebreas-litoral-del-cabo-de-palos-mahn-palma-de-mallorca-0/ (accessed May 21, 2019).

Lazenby, John F. (1996), *The First Punic War. A Military History*, Abingdon: Routledge.

Leach, Eleanor Winsor (1988), *The Rhetoric of Space: Literary and Artistic Representations of Landscape in Republican and Augustan Rome*, Princeton, NJ: Princeton University Press.

Leier, M. (2001), *World Atlas of the Oceans*, Buffalo: Firefly Books.

Leonardi, Giuseppe and Gerardo Rizzo (2011), *Da Didyme a Salina. Storia dell'isola di Salina dalla preistoria alla prima metà del Niovecento*, Messina: Intilla Editore.

Lesky, Albin (1947), *Thalatta: der Weg der Griechen zum Meer*, Wien: Rohrer.

Levine, Daniel B. (1985), "Symposium and the Polis," *Theognis of Megara*, 176–96.

Ling, Roger (2015), "Mosaics," in *A Companion to Roman Art*, 268–85, Hoboken, NJ: Wiley-Blackwell.

Lissarrague, François (1987), Un Flot d'images. Une Esthétique Du Banquet Grec, Paris: Éditions Adam Biro.

Lloyd, Christopher (1968), *The Navy and the Slave Trade*, London: Frank Cass.

López-Bertrán, Mireia, Agnès García-Ventura, and Michał Krueger (2008), "Could you take a picture of my boat, please? The use and significance of Mediterranean ship representations," *Oxford Journal of Archaeology*, 27 (4): 341–57.

Lorenz, Katharina (2015), "Wall Painting," in *A Companion to Roman Art*, 252–67, Hoboken, NJ: Wiley-Blackwell.

Lovejoy, J. (1972), "The Tides of New Carthage," *CPh*, 67: 110–11.

Maddoli, Gianfranco (2009), "Le isole in Strabone," in Carmine Ampolo (ed.), *Immagine e immagini della Sicilia e di altre isole del Mediterraneo antico*, Vol. I, 125–32, Pisa: Edizioni della Normale.

Magee, Peter (2014), *The Archaeology of Prehistoric Arabia: Adaptation and Social Formation from the Neolithic to the Iron Age*, Cambridge: Cambridge University Press.

Malkin, Irad (1987), *Religion and Colonisation in Ancient Greece*, Leiden: Brill.

Malkin, Irad (1994), *Myth and Territory in the Spartan Mediterranean*, Cambridge: Cambridge University Press.

Malkin, Irad (1998), *The Returns of Odysseus: Colonization and Ethnicity*, Berkeley: University of California Press.

Malkin, Irad (2001), "The *Odyssey* and the Nymphs," *Gaia*, 5: 11–27.

Mantzilas, Dimitrios (2016), "Sacrificial Animals in Roman Religion: Rules and Exceptions," in Patricia A. Johnson, Attilio Mastrocinque, and Sophia Papaioannou (eds.), *Animals in Greek and Roman Religion and Myth*, 19–38, Newcastle upon Tyne: Cambridge Scholars Publishing.

Marín Ceballos, Maria Cruz, María Belén, and Ana Maria Jiménez (2010), "El proyecto de estudio de los materiales de la Cueva de Es Culleram," *Mainake*, 32: 133–57.

Marinatos, Nannó (1993), *Minoan Religion: Ritual, Image, and Symbol*, Columbia, SC: University of South Carolina Press.

Marinatos, N. (2010), "Light and Darkness and Archaic Greek Cosmography," in M. Christopoulos, E. Karakantza, and O. Levaniouk (eds), *Light and Darkness in Ancient Greek Myth and Religion*, 193–200, Lanham, MD: Lexington Books.

Markoe, Glenn (1996), "The Emergence of Orientalizing in Greek Art: Some Observations on the Interchange between Greeks and Phoenicians in the Eighth and Seventh Centuries B. C.," *Bulletin of the American Schools of Oriental Research*, 301: 47–67. Available online: https://doi.org/10.2307/1357295.

Marsden, Eric W. (1969), *Greek and Roman Artillery. Historical Development*, Cambridge: Cambridge University Press.

Martín, A.M. and G.E. Cobo (2004), "Los periplos de Eudoxo de Cízico en la Mauretania Atlántica," *Gerión*, 22: 215–33.

Martínez Hernández, M. (1992), *Canarias en la Mitología: Historia mítica del Archipiélago*, Santa Cruz de Tenerife: Centro de la Cultura Popular Canaria.

Maurenbrecher, Bertoldus (1891), *C. Sallusti Crispi Historiarum Reliquiae*, Leipzig: Teubner.

McAlhany, Joseph (2016), "Sertorius between Myth and History: The Isles of the Blessed Episode in Sallust, Plutarch &Horace," *Classical Journal*, 112.1: 57–76.

McGrail, S., (2001), *Boats of the World. From the Stone Age to Medieval Times*, Oxford: Oxford University Press.

McGushin, Patrick (1992), *Sallust: The Histories,* vol. 1, Oxford: Oxford University Press.

McKay, Alexander G. (1984), "Vergilian Heroes and Toponymy: Palinurus and Misenus," in Harold D. Evjen (ed.), *Mnemai, Classical Studies in Memory of K.K. Hulley*, 130–137, Chico (California): Scholars Press.

McKechnie, R. (2002), "Islands of Indifference," in W. H. Waldren and J. A. Ensenyat (eds.), *World Islands in Prehistory: International Insular Investigations*, 127–34, Oxford: Archaeopress.

McPhee, Ian and Arthur Dale Trendall (1987), *Greek Red-Figured Fish-Plates*, Basel: Vereinigung der Freunde antiker Kunst.

McPhee, Ian and A.D. Trendall (1990), "Addenda to Greek Red-Figured Fish-Plates," *Antike Kunst*, 33 (1): 31–51.

Meadows, Andrew (2013), "The Ptolemaic League of Islanders," in Kostas Buraselis, Mary Stefanou, and Dorothy J. Thompson (eds.), *The Ptolemies, the Sea and the Nile: Studies in Waterborne Power*, 19–38, Cambridge: Cambridge University Press.

Medas, Stefano (2004), *De rebus nauticis. L'arte della navigazione nel mondo antico*, Roma: "L'Erma" di Bretschneider.

Medas, Stefano (2010), "Gli occhi e l'anima propia delle barche: religiosità e credenze popolari tra antichità e tradizione," in Enrico Acquaro, Antonino Filippi, and Stefano Medas (eds), *La devozione dei naviganti. Il culto di Afrodite Ericina nel Mediterraneo*, 11–23, Lugano: Athenaion.

Mederos, Alfredo (2009), "La fundación de la ciudad de Gadir y su primer santuario urbano de Astarté-Afrodita," *ISIMU*, 13: 183–207.

Meiggs, R. (1980), "Sea-borne Timber Supply to Rome," in J.H. D'Arms and E.C. Kopff (eds),*The Seaborne Commerce of Ancient Rome: Studies in Archaeology and History*, 185–96, Rome: Memoirs of the American Academy in Rome XXXVI.

Mendels, Doron (1996), "Pagan or Jewish? The Presentation of Paul's Mission in the Book of Acts," in P. Schafer (ed), *Geschichte – Tradition – Reflexion, Band I Judentum*, 431–52, Tübingen: Mohr Siebeck.

Mendels, Doron (1997), *The Rise and Fall of Jewish Nationalism: Jewish and Christian Ethnicity in Ancient Palestine*, 2nd edn, Grand Rapids, MI and Cambridge: Eerdmans.

Mili, Maria (2015), *Religion and Society in Ancient Thessaly*, Oxford: Oxford University Press.

Mohler, S.L. (1944–1945), "Caesar and the Channel tides," *CW*, 38: 189–191.

Mondi, Robert (1990), "Greek Mythic Thought in the Light of the Near East," in Lowell Edmunds (ed.), *Approaches to Greek Myth*, 141–98, Baltimore and London: The Johns Hopkins University Press.

Moore, Mary B. (2000), "Ships on a 'Wine-Dark Sea' in the Age of Homer," *Metropolitan Museum Journal*, 35: 13–38.

Moreau, A. (1994), "Le voyage initiatique d'Ulysse," *Uranie*, 4: 25–66.

Moreno, Alfonso (2008), "HIERON. The Ancient Sanctuary at the Mouth of the Black Sea," *Hesperia*, 77: 655–709.

Moret, Pierre (1997), "*Planesiai*, îles erratiques de l'Occident grec," *Revue des Études Grecques*, 110: 25–56.

Morris, Ian (2009), "The Eighth-Century Revolution," in Kurt A. Raaflaub and Hans van Wees (eds), *A Companion to Archaic Greece*, 64–80, Malden, MA and Oxford: Wiley-Blackwell. Available online: https://onlinelibrary.wiley.com/doi/abs/10.1002/9781444308761.ch4 (accessed October 2020).

Morrison, John S., John F. Coates, and Boris Rankov (2000), *The Athenian Trireme*, 2nd edn, Cambridge: Cambridge University Press.

Motte, André (1973), *Prairies et jardins de la Grèce antique. De la religion à la philosophie*, Bruxelles, Académie Royale de Belgique.

Mountjoy, P.A. (1984), "The Marine Style Pottery of LMIB/LH IIA: Towards a Corpus," *The Annual of the British School at Athens*, vol. 79: 161–219.

Mountjoy, P.A. (1985), "Ritual Associations for Marine Style Vases," *L'iconographie Minoenne*, ed. Pascal Darcque and Jean-Claude Poursat, 231–42, Athens: École Française d'Athènes.

Mountjoy, P.A. (1993), *Mycenaean Pottery: An Introduction*, Oxford: Oxford University Committee for Archaeology, 36.

Mourelatos, Alexander P.D. (2008), "The cloud-astrophysics of Xenophanes and Ionian material monism," in Patricia Curd and Daniel W. Graham (eds.), *The Oxford Handbook of Presocratic Philosophy*, 134–168, Oxford: Oxford University Press.

Muckelroy, K. (1980), *Archaeology Under Water: An Atlas of the World's Submerged Sites*, New York and London: McGraw-Hill Book Company.

Müller, Dieter (1961), *Aegypten und die Griechischen Isis-Aretalogien*, ASAW, 53.1, Berlin: Akademie-Verlag.

Mund-Dopchie, Monique (1998), "'Heureux qui comme Ulysse a fait un beau voyage … ' Problèmes de géographie odysséenne à l'époque des Grandes Découvertes," in Acta collo-quia Namurcansis habitis diebus 7–9 mensis Septembris anni 1995, Louvain 1998: 213–29.

Muntz, Charles E. (2017), *Diodorus Siculus and the World of the Late Roman Republic*, Oxford: Oxford University Press.

Murray, Oswyn (2009), "The Culture of Symposion," in *A Companion to Archaic Greece*, ed. Kurt A. Raaflaub and Hans van Wees, 508–23, Malden, MA and Oxford: Wiley-Blackwell.

Naddaf, Gérard (1986), "Hésiode, précurseur des cosmogonies grecques de type « évolutionniste »," *Revue de l'histoire des religions*, 203–4: 339–64.

Nagy, Gregory (1973), "Phaethon, Sappho's Phaon, and the White Rock of Leukas," *HSPh*, 77: 137–77.

Nawotka, Krzysztof (2017), The Alexander Romance by Ps.-Callisthenes: A Historical Commentary, Leiden and Boston: Brill.

Nayak, Ganapati N. (2005), "Indian Ocean Coasts, Coastal Geomorphology," in Maurice L. Schwarz (ed.), *Encyclopedia of Coastal Science*, 554–7, Dordrecht: Springer.

Nenci, Giuseppe (1973), "Leucopetrai Tarentinorum (Cic., Att., 16, 6, 1) e l'itinerario di un progettato viaggio ciceroniano en Grecia," *ASNP*, s. III, 3 (2): 387–96.

Nesselrath, H.-G. (2005). "Where the Lord of the Sea Grants Passage to Sailors through the Deep-Blue Mere No More: The Greeks and the Western Seas," *G&R*, 52 (2): 154–71.

Nicoll, W.S.M. (1988), "The sacrifice of Palinurus," CQ, 38: 459–72.

Nigro, Lorenzo (2010), "L'orientamento astrale del Tempio del Kothon di Mozia," in Elio Antonello (ed.), *Il cielo e l'uomo: problema e metodi di astronomia culturale*.

Atti del VII Convegno Nazionale della Società Italiana di Archeoastronomia, Roma 2007, 15–24, Rome: Società Italiana di Archeoastronomia.

Nigro, Lorenzo and Federica Spagnoli (2012), *Alle sorgenti del Kothon. Il rito a Mozia nell'Area sacra di Baal 'Addir ‑ Poseidon. Lo scavo dei pozzi sacri nel Settore Sud ‑ Ovest (2006 ‑ 2011), Quaderni di archeologia fenicio ‑ punica/CM 02*, Rome: Università di Roma "La Sapienza".

Nigro, Lorenzo (2013), "Before the Greeks: The Earliest Phoenician Settlement in Motya. Recent Discoveries by Rome «La Sapienza» Expedition," *Vicino Oriente*, 17: 39–74.

Nigro, Lorenzo (2014), *The so-called "Kothon" at Motya. The sacred pool of Baal 'Addir/Poseidon in the light of recent archaeological investigations by Rome "La Sapienza" University – 2005–2013. Stratigraphy, architecture, and finds*, with the contribution of Federica Spagnoli, *Quaderni di archeologia fenicio-punica/CM 03*, Rome: Università di Roma "La Sapienza".

Nilsson, Martin Persson (1967[1921]), *Geschichte der griechischen Religion*, vol. 1, München: Beck.

Nishimura-Jensen, J. (2000), "Unstable Geographies: The Moving Landscape in Apollonius' *Argonautica* and Callimachus' *Hymn to Delos*," *Transactions of the American Philological Association*, 130: 287–317.

Ogden, Daniel (2001), "The Ancient Greek Oracle of the Dead," Acta Classica 44: 167–95.

Ogden, Daniel (2004), Greek and Roman Necromancy, 2nd edn, Princeton, NJ: Princeton University Press.

Okhotnikov, S.B. and A.S. Ostroverkhov (1991), "L'île de Leuke et le culte d'Achille," *Pontica*, 24: 53–74.

Ormond, Henry A. (1924), *Piracy in the Ancient World*, Liverpool: Liverpool University Press.

Orselli, Alba Maria (2010), "Santi che navigano, santi dei naviganti," in Enrico Acquaro, Antonino Filippi, Stefano Medas (eds.), *La devozione dei naviganti. Il culto di Afrodite Ericina nel Mediterraneo*, 173–85, Lugano: Athenaion.

Ovtcharov, Nikolaj (1995), "Legendes et rites maritimes refletés dans les dessins graffiti des églises de Nessebar (XIV-XVIII s.)," in Harry Tzalas (ed.), *Tropis III. 3rd International Symposium on Ship Construction in Antiquity, Athens 1989*, 327–33, Athens: Hellenic Institute for the Preservation of Nautical Tradition.

Oleson, J.P. (2008), "Testing the Waters: the role of Sounding Weights in Ancient Mediterranean Navigation," *Memoirs of the American Academy in Rome*, Supplementary Vols, vol. 6: The Maritime World of Ancient Rome, 119–176.

Palmisano, Emanuela (2010), "La Dea e la Vergine. La festa di Santa Maria di Ognina," in Enrico Acquaro, Antonino Filippi, Stefano Medas (eds.), *La devozione dei naviganti. Il culto di Afrodite Ericina nel Mediterraneo*, 187–202, Lugano: Athenaion.

Parker, R. (1983), *Miasma. Pollution and Purification in Early Greek Religion*, Oxford: Clarendon Press.

Pearson, L. (1960), *The Lost Histories of Alexander the Great*, New York: American Philological Association.

Perea Yébenes, Sabino (2010), "Magic at sea: Amulets for navigation," in Richard Gordon and Francisco Marco (eds), *Magical practice in the Latin* West, RGRW 168, 457–86, Leiden: Brill.

Péron, Jacques (1974), *Les images maritimes de Pindare*, Paris: Librairie C. Klincksieck.

Philostratus ([1912] 1989), *The Life of Apollonius of Tyana (Books 1–4), The Epistles of Apollonius and the Teatrise of Eusebius*, with an English trans. F.C. Conybeare, vol. I, Cambridge, MA: Harvard University Press, from the Loeb Classical Library.

Piccirillo, M. (1993), *The Mosaics of Jordan*, Amman: ACOR.

Picón, Carlos A. and Seán Hemingway (2016), *Pergamon and the Hellenistic Kingdoms of the Ancient World*, Metropolitan Museum of Art, New Haven and London: Yale University Press

Pinzone, Antonino (1999), "La fallita invasione alariciana della Sicilia tra visione provvidenzialistica cristiana e miracolistica pagana," in A. Pinzone, *Provincia Sicilia. Ricerche di storia della Sicilia romana da Gaio Flaminio a Gregorio Magno*, 271–9, Catania: Edizioni del Prisma.

Poccetti (1996), "Aspetti linguistici e toponomastici della storia maritima dell'Italia antica," in Francesco Prontera (ed.), *La Magna Grecia e il mare. Studi di storia maritima*, 35–73, Taranto: Istituto per la storia e l'archeologia della Magna Grecia.

Pocock, L. G. (1962), "The Nature of Ocean in the Early Epic," *PACA* 5: 1–17.

Pollitt, Jerome Jordan (1986), *Art in the Hellenistic Age*, Cambridge: Cambridge University Press.

Potter, Lawrence G. (2009), *The Persian Gulf in History*, Basingstoke: Palgrave MacMillan.

Potts, Daniel T. (2015), *The Archaeology of Elam: Formation and Transformation of an Ancient Iranian State*, Cambridge: Cambridge University Press.

Potts, Timothy F. (1989), "Foreign Stone Vessels of the Late Third Millennium BC from Southern Mesopotamia: Their Origins and Mechanisms of Exchange," Iraq 51: 123–64.

Potts, Timothy F. (1993), "Patterns of Trade in Third-Millennium BC Mesopotamia and Iran," *World Archaeology*, 24: 379–402.

Pritchard, James (1969), *Ancient Near Eastern Texts Relating to the Old Testament*, 3rd edn with Supplement, Princeton, NJ: Princeton University Press.

Prontera, Francesco, ed. (1996), *La Magna Grecia e il mare. Studi di storia maritima*, Taranto: Istituto per la storia e l'archeologia della Magna Grecia.

Purpura, Gianfranco (1979), "Raffigurazioni di navi in alcune grotte dei dintorni di Palermo," *SicArch*, 12: 58–70.

Quilici, Lorenzo (1992), "L'iscrizione del prumunturium Veneris al Circeo," in Lidio Gasperini, *Rupes loquentes: Atti Convegno Roma-Bomarzo 1989*, 407–29, Rome: Istituto italiano per la storia antica.

Quilici, Lorenzo and Stefania Quilici Gigli (2005), "La cosiddetta acropoli del Circeo. Per una lettura nel contesto topográfico," in Lorenzo Quilici and Stefania Quilici Gigli (eds), *La forma della città e del territorio*, 2, 91–146, Rome: "L'Erma" di Bretschneider.

Raaflaub, Kurt A. and Hans van Wees (2009), *A Companion to Archaic Greece*, Malden, MA and Oxford: Wiley-Blackwell.

Raaflaub, Kurt A. and Richard J.A. Talbert (2009), *Geography and Ethnography: Perceptions of the World in Pre-Modern Societies*, New York: Wiley-Blackwell.

Raban A. (1988), "The boat from Migdal Nunia and the anchorages of the Sea of Galilee from the time of Jesus," *IJNA*, 17.4: 311–29.

Raban, A. (1999), "The lead ingots from the wreck site (area K8)," in K.G. Holum, A. Raban and J. Patrich (eds), *Caesarea Papers 2: Herod's Temple, the Provincial Governor's Praetorium, and Granaries, the Later Harbor, and Other Studies*, 179–88, Portsmouth, JRA Supplementary Series Number 35.

Radner, Karin (2010), "The stele of Sargon II of Assyria at Kition. A focus for an emerging Cypriot identity?" in Robert Rollinger, Birgit Gufler and Martin Lang (eds), *Interkulturalität in der Alten Welt. Vorderasien, Hellas, Ägypten und die vielfältigen Ebenen des Kontakts*, 429–51, Wiesbaden: Harrassowitz.

Rankov, Boris (2007), "The Olympias trireme reconstruction: a 'floating hypothesis' and its successor projects," in *Historic Ships*, Royal Institution of Naval Architects International Conference February 21–22, 2007, 49–59, London: Royal Institution of Naval Architects Corporation.

Rankov, Boris (2010), "A War of Phases: Strategies and Stalemates 264–241," in Dexter Hoyos (ed.), *A Companion to the Punic Wars*, 149–166, Oxford/Chicago: Wiley-Blackwell.

Rankov, Boris (2013), "Ships and Shipsheds," in David Blackman and Boris Rankov (eds), *Shipsheds of the Ancient Mediterranean*, 76–101, Cambridge: Cambridge University Press.

Rankov, Boris (2017), "Ancient Naval Warfare, 700 BC – AD 600," in Michael Whitby and Harry Sidebottom (eds.), *The Encyclopedia of Ancient Battles*, Volume I, 3–41, Malden/Oxford: Wiley Blackwell.

Redford, Donald B. (2000), "Egypt and Western Asia in the Late New Kingdom: An Overview," in Eliezer D. Oren (ed.), *The Sea Peoples and Their World: A Reassessment*, 1–20, Philadelphia: University of Pennsylvania Press.

Reece, Richard (1983), "Art in Late Antiquity," in *A Handbook to Roman Art*, ed. Martin Henig, 234–48, Ithaca, NY: Cornell University Press.

Rehm, R. (1994), *Marriage to Death: The Conflation of Wedding and Funeral Rituals in Greek Tragedy*, Princeton, NJ: Princeton University Press.

Reinach, Adolphe (1921), *Textes grecs et latins relatifs à l'histoire de la peinture ancienne*, Klincksieck.

Rice E. E., ed. (1996), *The Sea and History*, Phoenix Mill: Sutton Publishing.

Rickman, G. (1996), "Mare Nostrum," in E.E. Rice (ed.), *The Sea and History*, 1–14, Phoenix Mill: Sutton Publishing.

Ridgway, David (1992), *The First Western Greeks*, Cambridge: Cambridge University Press.

Robertson, Noel (1984), "Poseidon's festival at the winter solstice," *CQ*, 34: 1–16.

Rochberg, F. (2012), "The Expression of Terrestrial and Celestial Order in Ancient Mesopotamia," in R.J.A. Talbert (ed.), *Ancient Perspectives: Maps and Their Place in Mesopotamia, Egypt, Greece, and Rome*, 9–46, Chicago: University of Chicago Press.

Rodgers, William L. (1937), *Greek and Roman Naval Warfare*, Annapolis: Naval Institute Press.

Roller, Duane W. (2003), *The World of Juba II and Kleopatra Selene: Royal Scholarship on Rome's African Frontier*, London: Routledge.

Roller, Duane W. (2005), "Seleukos of Seleukia," *Antiquite Classique*, 74: 111–18.

Roller, Duane W. (2006), *Through the Pillars of Herakles: Greco–Roman Exploration of the Atlantic*, New York and London: Routledge.

Roller, Duane W. (2010), *Eratosthenes' Geography: Fragments Collected and Translated with Additional Material*, Princeton: Princeton University Press.

Roller, Duane W. (2014), *The Geography of Strabo: An English Translation, with Introduction and Notes*, Cambridge: Cambridge University Press.

Roller, Duane W. (2018), A Historical and Topographical Guide to the Geography of Strabo, Cambridge: Cambridge University Press.

Romero Recio, Mirella (1998), "Conflictos entre la religiosidad familiar y la experiencia sacra de los navegantes griegos," *ARYS*, 1: 39–50.

Romero Recio, Mirella (1999), "El rito de las piedras volteadas (Str. 3.1.4)," *ARYS*, 2: 69–82.

Romero Recio, Mirella (2000), *Cultos marítimos y religiosidad de navegantes en el mundo griego antiguo*, BAR International Series 897, Oxford: John and Erica Hedges and Archaeopress.

Romero Recio, Mirella (2008), "Rituales y prácticas de navegación de fenicios y griegos en la Península Ibérica durante la Antigüedad," *Mainake*, 30: 75–89.

Romero Recio, Mirella (2010), "Extrañas ausencias. Las fiestas marítimas en el calendario litúrgico griego," *Dialogues d'Histoire Ancienne*, 36 (1): 51–117.

Romm, J.S. (1992), *The Edges of the Earth in Ancient Thought*, Princeton, NJ: Princeton University Press.

Romm, James S. (1989), "Herodotus and Mythic Geography: The Case of the Hyperboreans," *Transactions of the American Philological Association*, 119: 97–113.

Romm, James S. (1992), *The Edges of the Earth in Ancient Thought: Geography, Exploration, and Fiction*, Princeton, NJ: Princeton University Press.

Roseman, Christina Horst (1994), *Pytheas of Massilia: On the Ocean. Text, Translation and Commentary*, Chicago: Ares.

Rossignoli, Benedetta (2004), *L'Adriatico Greco. Culti e miti minori*, Rome: "L'Erma" di Bretschneider.

Rusten, Jeffrey S. (1982), *Dionysius Scytobrachion*, Opladen: Westdeutscher Verlag.

Rutter, N.K. (2012), "The Coinage of Italy," in *The Oxford Handbook of Greek and Roman Coinage*, ed. William E. Metcalf, 128–41, Oxford: Oxford University Press.

Sabin, Philip and De Souza, Philip (2007), "Battle," in Philip Sabin, Hans van Wees and Michael Whitby (eds.), *The Cambridge History of Greek and Roman Warfare*, 399–460, Cambridge: Cambridge University Press.

Sacks, Kenneth S. (1990), *Diodorus Siculus and the First Century*, Princeton, NJ: Princeton University Press.

Sacks, R. (1989), *The Traditional Phrase in Homer. Two Studies in Form, Meaning and Interpretation*, Leiden: Brill.

Saija, Marcello and Alberto Cervellera (1997), *Mercanti di mare. Salina 1800–1953*, Messina: Trisform.

Sater, William F. (2007), *Andean Tragedy: Fighting the War of the Pacific, 1879–1884*, Lincoln: University of Nebraska Press.

Savoldi, E. (1996), "Ieros Ichtus. Sacralita e proibizione nell' epica greca arcaica," *ASNP*, 1 ser. 4: 61–91.

Scarpi, P. (1988), "Il ritorno di Odysseus e la metafora del viaggio iniziatico," in M.-M. Mactoux and É. Geny (eds), *Mélanges Pierre Lévêque, I: Religion*: 245–59, Paris: Université de Besançon.

Schäfer, Christoph (2006), *Kleopatra*, Darmstadt: Wissenschaftliche Buchgesellschaft.

Schaps, David (2010), *Handbook for Classical Research*, London: Routledge.

Scheidel, W. (2011), "A comparative perspective on the determinants of scale and productivity of Roman maritime trade in the Mediterranean," in W.V. Harris and K. Iara (eds), *Maritime Technology in the Ancient Economy: Ship-design and Navigation*, 21–37, Portmouth: JRA Supplementary Series Number 84.

Schepens, Guido (2004), "Die Westgriechen in antiker und moderner Universalgeschichte. Kritische Überlegungen zum Sosylos-Papyrus," in Rüdiger

Kinsky (ed.), *Diorthoseis. Beiträge zur Geschichte des Hellenismus und zum Nachleben Alexander des Großen*, 73–107, Leipzig: K.G. Saur.

Schnapp-Gourbeillon, Annie (2002), *Aux Origines de la Grèce (XIIIe-VIIIe siècles avant notre ère). La genèse du politique*, Histoire, Paris: Les Belles Lettres.

Schulz, Raimund, ed. (2017), *Abenteurer der Ferne. Die großen Entdeckungsfahrten und das Weltwissen der Antike*, Stuttgart2: Klett-Cotta.

Schwarz, Franz F. (1982), "The Itinerary of Iambulus: Utopianism and History," in Günther Dietz Sontheimer and Parameswara Kota Aithal (eds), *Indology and Law: Studies in Honour of J. Duncan M. Derrett*, 18–55, Wiesbaden: Franz Steiner Verlag.

Segal, C. (1965), "The Tragedy of the Hippolytus: the Waters of Ocean and the Untouched Meadow," *HSCPh*, 70: 117–69.

Semple, Ellen Churchill (1927), "The templed promontories of the ancient Mediterranean," *The Geographical Review*, 17 (3): 353–86.

Semple, Ellen Churchill (1931), *The Geography of the Mediterranean region. Its relation to ancient history*, New York: Henry Holt and company.

Severin, T. (1978), *The Brendan Voyage*, New York: McGraw-Hill Book Company.

Shapiro, H. A. (1994), *Myth Into Art: Poet and Painter in Classical Greece*, Abingdon: Routledge.

Shelmerdine, Susan C. (1986), "Odyssean Allusions to the Fourth Homeric Hymn," *Transactions of the American Philological Association*, 116: 49–63.

Smith, D.J. (1983), "Mosaics," in *A Handbook of Roman Art*, ed. Martin Henig, 116–38, Ithaca, NY: Cornell University Press.

Snodgrass, Anthony M. (2000), *The Dark Age of Greece: An Archaeological Survey of the Eleventh to the Eighth Centuries BC*, Oxfordshire: Taylor & Francis.

Snodgrass, Anthony M. (1980), *Archaic Greece, the Age of Experiment*, London: J.M. Dent & Sons.

Snodgrass, Anthony M. (2011), *Homer and the Artists: Text and Picture in Early Greek Art*, Cambridge: Cambridge University Press.

Solmsen, Friedrich W. (1982), "Achilles on the Islands of the Blessed: Pindar *vs.* Homer and Hesiod," *American Journal of Philology*, 103: 19–24.

Solmsen, Friedrich (1989), "The two Near Eastern Sources of Hesiod," *Hermes*, 117: 413–22.

Sourvinou-Inwood, C. (2011), *Athenian Myths and Festivals. Aglauros, Erechtheus, Plynteria, Panathenaia, Dionysia*, Oxford: Oxford University Press.

Sourvinou–Inwood, Christiane (1995), *"Reading" Greek Death: To the End of the Classical Period*, Oxford and New York: Oxford University Press.

Spagnoli, Federica (2013), "Demetra a Mozia: Evidenze dall'area sacra del Kothon nel V secolo a.C.," *Vicino Oriente*, 17: 153–64.

Speidel, Michael (2007), "Außerhalb des Reiches? Zu neuen römischen Inschriften aus Saudi Arabien und zur Ausdehnung der römischen Herrschaft am Roten Meer," *Zeitschrift für Papyrologie und Epigraphik*, 163: 296–306.

Speller, Ian (2004), "In the Shadow of Gallipoli? Amphibious Warfare in the Inter-War Period," in Jenny Macleod (ed.), *Gallipoli. Making History*, 136–81, London: Frank Cass.

Stark, Francis R. (1897), *The Abolition of Privateering and the Declaration of Paris*, New York: Columbia University Press.

Starr, Chester G. (1955), "The Myth of the Minoan Thalassocracy," *Historia*, 3: 282–91.

Stephens, Susan A. (2003), *Seeing Double: Intercultural Poetics in Ptolemaic Alexandria*, Berkeley, LA and London: University of California Press..

Stephens, Susan (2008), "Ptolemaic Epic," in Theodore D. Papanghelis and Antonios Rengakos (eds), *Brill's Companion to Apollonius Rhodius*, 2nd edn, 95–114, Leiden and Boston: Brill.

Stephens, Susan (2011), "Remapping the Mediterranean: The Argo Adventure in Apollonius and Callimachus," in Dirk Obbink and Richard Rutherford (eds), *Culture in Pieces: Essays on Ancient Texts in Honour of Peter Parsons*, 188–207, Oxford: Oxford University Press.

Stewart, Andrew (2014), *Art in the Hellenistic World: An Introduction*, Cambridge: Cambridge University Press.

Stiglitz, Alfonso (2014), "'parva Cynosura. Hac fidunt duce nocturna Phoenices in alto'. Archeologia e astronomia, una navigazione oltre l'orizzonte," in *La misura del tempo. Atti del 3° Congresso Internazionale di Archeoastronomia in Sardegna. 13° Convegno Società Italiana di Archeoastronomia. Cronache di Archeologia*, 11: 35–45.

Suárez Otero, José (2017), "Dioses del Mar Exterior. Punta do Muíño y la religión púnica en el Atlántico," *X Coloquio Internacional del CEFYP. Mare sacrum. religión, cultos y rituales fenicios en el mediterráneo Homenaje al Profesor D. José María Blázquez Martínez*. Available online: https://www.academia.edu/35476018/Dioses_del_Mar_Exterior (accessed May 14, 2018).

Sulimani, Iris (2011), *Diodorus' Mythistory and the Pagan Mission: Historiography and Culture-Bringers in the First Pentad of the Bibliotheke*, Leiden and Boston: Brill.

Sulimani, Iris (2015), "Egyptian Heroes Travelling in Hellenistic Road Networks: The Representation of the Journeys of Osiris and Sesostris in Diodorus," *ARAM Periodical*, 27.1&2: 81–96.

Sulimani, Iris (2017), "Imaginary Islands in the Hellenistic Era: Utopia on the Geographical Map," in Greta Hawes (ed.), *Myths on the Map: The Storied Landscapes of Ancient Greece*, 221–42, Oxford: Oxford University Press.

Tallet, Pierre (2012), "Ayn Sukhna and Wadi el-Jarf: Two newly discovered pharaonic harbours on the Suez Gulf," *British Museum Studies in Ancient Egypt and Sudan*, 18: 147–68.

Taub, L. (2003), *Ancient Meteorology*, London: Routledge.

Taylor, Andrew (2012), "Battle Manoeuvers for Fast Triremes," in Boris Rankov (ed.), *Trireme Olympias. The Final Report*, 231–43, Oxford: Oxbow.

Tchernia, A., P. Pomey, A. Hesnard et al. (1978), *L'Épave Romaine de la Madrague de Giens* (Var); Campagnes 1972–1975, *XXXIV supplément à Gallia*, Paris: Éditions du Centre National de la Recherche Scientifique.

Topper, Kathryn (2012), *The Imagery of the Athenian Symposium*, Cambridge: Cambridge University Press.

Torr, C. (1964), *Ancient Ships*, Chicago: Argonaut Inc. Publishers.

Touchefeu-Meynier, Odette (1968), *Thèmes odysséens dans l'art antique*, Paris: de Boccard.

Tracy, R. (1996), "Sailing strange seas of thought: imrama, Máel Duin to Muldoon," in K. Klas, E. E. Sweetser and C. Thomas (eds), *A Celtic Florilegium: Studies in Memory of Brendan Ó Hehir*, 169–86, Lawrence (Mass).

Tran Tam Tinh, Vincent (1964), *Le culte d'Isis a Pompéi*, Paris: de Boccard.

Treuil, René, Pascal Darcque, Jean-Claude Poursat, and Gilles Touchais (2008), *Les Civilisations Égéennes Du Néolithique et de l'âge Du Bronze*, 2nd edn, Nouvelle Clio, L'histoire et Ses Problèmes, Paris: Presses Universitaires de France.

Tripputi, Anna Maria (1995), *Bibliografia degli ex voto*, Bari: Paolo Malagrinò.

Tsangari, Dimitra I. (2015), "Images of the Sea on the Coins of Ancient Greek Colonies," in *Greek Colonisation*, 183–91.

Twede, D. (2002), "The Packing Technology and Science of Ancient Transport Amphoras," *Packaging Technology and Science*, 15: 181–95.

Tzalas, Harry, ed. (1995), *Tropis III. 3rd International Symposium on Ship Construction in Antiquity, Athens 1989*, Athens: Hellenic Institute for the Preservation of Nautical Tradition.

Van Berchem, Denis (1985), "Le port de Séleucie Pièrie et l'infrastructure logistique des guerres parthiques," *Bonner Jahrbücher*, 185: 47–87.

Vermeule, Emily (1979), *Aspects of Death in Early Greek Art and Poetry*, Berkeley: University of California Press.

Vian, Francis (1952), "Génies des passes et des défilés," *RA*, 39: 129–55.

Viera y Clavijo, J. de (1991[1772]), *Historia de Canarias*, vol. 1, Madrid: Viceconsejeria de Cultura y Deportes Gobierno de Canarias.

Villate, Sylvie (1991), *L'insularité dans la pensée grecque*, Paris: Les Belles Lettres.

Vinson, S. (1994), *Egyptian Boats and Ships*, Oxford: Shire.

Völcker-Janssen, Wilhelm (1987), "Klassische Paradeigmata. Die Gemälde des Panainos im Zeus-Tempel zu Olympia," *Boreas: Münstersche Beiträge zur Archäologie* X: 11–31.

Wachsmann, Shelley (1998), *Seagoing Ships and Seamanship in the Bronze Age Levant*, College Station: Texas A&M University Press.

Wachsmann, Shelley (2000), "To the Sea of the Philistines," in Eliezer D. Oren (ed.), *The Sea Peoples and Their World: A Reassessment*, 103–44, Philadelphia: University of Pennsylvania Press.

Wachsmuth, Dietrich (1967), *Pompimos ho Daimon: Untersuchung zu den antiken Sakralhandlungen bei Seereisen*, diss., Berlin: Freien Universität Berlin.

Waddelove, E. and A.C. Waddelove (1990), "Archaeology and Research into Sea - level during the Roman Era: Towards a Methodology based on Highest Astronomical Tide," *Britannia*, 21: 253–66.

Wallinga, Herman T. (1956), *The Boarding Bridge of the Romans*, Groningen: J.B. Wolters.

Wallinga, Herman T., ed. (1993), *Ships and Sea-Power before the Great Persian War. The Ancestry of the Ancient Trireme*, Leiden, New York, and Cologne: Brill.

Watkins, C. (1985), *The American heritage dictionary of Indo-European roots*, Boston: Houghton Mifflin.

Warland, Daisy (1996), "La Tombe 'du Plongeur'," *Revue de l'histoire Des Religions*, 213 (2): 143–60.

Watson, Lindsay C. (2003), *A Commentary on Horace's Epodes*, Oxford: Oxford University Press.

Weerakkody, D.P.M. (1997), *Taprobane: Ancient Sri Lanka as Known to the Greeks and Romans*, Turnhout: Brepols.

West, M.L. (1966), *Hesiod: Theogony*, Oxford: Oxford University Press.

Westrem, S. (2001), *The Hereford Map: Transcription and Translation of the Legends*, Turnhout: Brepols.

White, K. D. (1984), *Greek and Roman Technology*, London: Thames & Hudson.

Whitewright, Julian (2016), "Sails, Sailing and Seamanship in the Ancient Mediterranean," in Christoph Schäfer (ed.), *Connecting the Ancient World. Mediterranean Shipping, Mari-time Networks and their Impact (Pharos 38)*, 1–26, Rahden/Westf.: Verlag Marie Leidorff GmbH.

Wilcken, Ulrich (1906), "Ein Sosylos-Fragment in der Würzburger Papyrussammlung," *Hermes*, 41: 103–41.

Wilson, A. and A. Bowman, eds. (2018), *Trade, Commerce and the State in the Roman World*, Oxford: Oxford University Press ...

Wilson, Malcolm (2013), *Structure and Method in Aristotle's Meteorologica*, Cambridge: Cambridge University Press.

Winiarczyk, Marcus (1991), *Euhemeri Messenii Reliquiae*, Stuttgart and Leipzig: Teubner.

Winiarczyk, Marcus (2000), "La mort et l'apothéose d'Héraclès," *Wiener Studien*, 113: 13–29.

Winiarczyk, Marcus (2013), *The "Sacred History" of Euhemerus of Messene*, Berlin and Boston: De Gruyter.

Winston, David (1976), "Iambulus' Islands of the Sun and Hellenistic Literary Utopias," *Science Fiction Studies*, 3: 219–27.

Wirth, Gerhard (1972), "Nearchos. Der Flottenchef," Acta Conventus XI "Eirene" diebus XXI-XXV mensis octobris anni MCMLXVIII: 615–39.

Wolfson, Stan (2008), *Tacitus, Thule and Caledonia. The achievements of Agricola's navy in their true perspective*, Oxford: Oxbow.

Yarrow, L. (2006), *Historiography at the End of the Republic: Provincial Perspectives on Roman Rule*, Oxford: Oxford University Press.

Young, Gary K., ed. (2001), *Rome's Eastern Trade. International Commerce and Imperial Policy 31 BC–AD 305*, London and New York: Routledge.

Younger, John G. (2010), "Mycenaeans Seals and Sealings," in *The Oxford Handbook of the Bronze Age Aegean (ca. 3000–1000 BC)*, ed. Erich. H Cline, 329–39, Oxford: Oxford University Press.

Zamora López, José Ángel et al. (2013), "Culto y culturas en la cueva de Gorham (Gibraltar): La historia del santuario y sus materiales inscritos," *Complutum*, 24 (1): 113–30.

Żyromski, Marek (2001), *Praefectus Classis: the Commanders of Roman Imperial Navy during the Principate*, Poznań: Adam Mickiewicz University Press.

撰稿人介绍

加布里埃拉·库萨鲁（Gabriela Cursaru）是蒙特利尔大学的副研究员。她的主要专业领域是希腊宗教、古希腊文学、哲学和一般文化史，研究重点是古希腊宗教思想中与空间感、神圣空间和时间表述相关的主题。她是《穿越无形：古希腊宗教思想中诸神运动的深不可测空间》（*Parcourir l'invisible: Les espaces insondables à travers les mouvements des dieux dans la pensée religieuse grecque de l'époque archaïque*）（比利时，2019）的作者，这本书探讨了古希腊思想如何象征性地把握人类永远无法彻底触及的物质现实的三个要素：以太、空气和海洋深渊。她的另一个研究主题是人类在以太或空气中身体或思想的爬升，她还对凡人的堕入冥界及其对远方 / 来世的迷恋感兴趣，并发表了许多关于这个主题的文章，包括《古希腊传统和宗教思想中的 "Katábasis"》（*Katábasis in Ancient Greek Tradition and Religious Thought*）（2 卷本，2015，与皮埃尔·博内谢尔［Pierre Bonnechère］合编）。她目前正参与一项关于希腊宗教思想中漩涡主题的广泛研究项目。

萨拉扎·弗里德曼（Zaraza Friedman）于 2005 年获得以色列海法大学海洋文明系博士学位。她是一位海洋考古学家和独立学者。她的主要专业领域是船舶图像学，研究重点为镶嵌画，她的硕士论文的主题就是描绘地中海东部（以色列和约旦）船舶的镶嵌画。这项研究很快发展为一篇关于整个地中海地区描绘船舶的镶嵌画的博士论文。此后，她发表了多篇文章。她的博士论文发表为一部巨著《镶嵌画中的船舶图像：帮助理解古代船舶及其构造》（*Ship Iconography in Mosaics—An Aid* *to Understanding Ancient Ships and Their Construction*)(《英国考古报告》国际丛书[BAR International Series]2202)(牛津，2011)。

乔治亚·L. 厄比（Georgia L. Irby） 是弗吉尼亚州威廉斯堡威廉玛丽学院古典研究系教授。她在雅典佐治亚大学攻读数学和拉丁语，并在科罗拉多大学博尔德分校获得古典语言学博士学位。她著有多篇关于古代制图学、科学与文化的间隙、希腊罗马医学、占星术和希腊教育学的文章。她的著作包括《古代自然科学家百科全书：希腊传统及其众多继承者》(*The Encyclopedia of Ancient Natural Scientists: The Greek Tradition and Its Many Heirs*)(伦敦，2008，与保罗·T. 凯瑟 [Paul T. Keyser] 合编)、《希腊化时代的希腊科学：资料集》(*Greek Science of the Hellenistic Era: A Sourcebook*)(伦敦，2002，与保罗·T. 凯瑟合编)、《新拉丁语入门》(*A New Latin Primer*)(牛津，2015，与玛丽·C. 英格利希 [Mary C. English] 合编)、《拉丁小读本》(*Little Latin Reader*)(牛津，2017；第二版，与玛丽·C. 英格利希合编)。她目前正在撰写一本关于古代世界水文学的专著。

米雷拉·罗梅罗·雷西奥（Mirella Romero Recio） 是马德里卡洛斯三世大学古代史教授。她拥有康普顿斯大学的地理学和历史学学士学位，并于 1999 年获得博士学位。她先后在英国、意大利和法国等多个国际研究中心进修。她的著作包括《发现的回声：庞贝古城的西班牙旅行者》(*Ecos de un descubrimiento. Viajeros españoles en Pompeya*)(马德里，2012)、《庞贝：被维苏威火山埋葬的城市的生、死和复活 》(*Pompeya. Vida, muerte y resurrección de la ciudad sepultada por el Vesubio*)(马德里，2010) 和《古希腊世界航海家的海事崇拜和宗教信仰》(*Cultos marítimos y religiosidad de navegantes en el mundo griego antiguo*)(牛津，2000)，并在著名科学期刊和出版社发表了多篇论文。她是西班牙皇家历史学院（ Real Academia de la Historia ）的学术通讯记者和《史学杂志》(*Revista de Historiografía*) 的联合主编。

雷蒙德·J. 舒尔茨（Raimund J. Schulz） 是德国比勒费尔德大学历史系古代史教授。他在哥廷根大学学习历史学、拉丁语和教育学。他在柏林工业大学获得了古代史博士学位，并取得特许任教资格，担任助教，随后被比勒费尔德大学任命为正教授。他的主要研究领域是航海史、帝国建设、探险和世界古代史。他的著作包括《远方的冒险者：伟大的发现之旅和古代世界的知识》(*Abenteurer der Ferne. Die großen Entdeckungsfahrten und das Weltwissen der Antike*)（斯图加特，2016，第二版；意大利语和波兰语译本即将推出）、《将军、战士和战略家：从阿喀琉斯到阿提拉的古代战争》(*Feldherren, Krieger und Strategen. Krieg in der Antike von Achill bis Attila*)（斯图加特，2018，第三版）、《古希腊小史》(*Kleine Geschichte des antiken Griechenland*)（斯图加特，2010，第二版），以及《古代世界与海洋》(*Die Antike und das Meer*)（达姆施塔特，2005）。目前他正在撰写一部新的世界古代史。

艾瑞斯·苏利马尼（Iris Sulimani）是以色列开放大学的高级讲师。她的著作包括《狄奥多罗斯的神话史与异教使命：〈历史丛书〉最初五卷中的史学与文化英雄》(*Diodorus' Mythistory and the Pagan Mission: Historiography and Culture-heroes in the First Pentad of the Bibliotheke*)（2011），并出版了其他关于希腊化时期的史学、神话学和地理学的著作。她目前正在研究狄奥多罗斯的神话学和普鲁塔克的神话人物传记。

瓦莱丽·托永（Valérie Toillon）目前是加拿大蒙特利尔大学艺术史和电影艺术研究系的访问研究员。她于 2014 年获得艺术史博士学位。她的研究领域为古希腊（尤其是古风时代和古典时代）艺术的图示法和图像学。自 2015 年以来，她一直致力于与古希腊和古罗马绘画相关的希腊语和拉丁语文本的数字化工作，即"数字米利特项目"（Digital Milliet Project）。该项目基于最初由 A. 莱纳赫（A. Reinach）于 1921 年出版的关于希腊和罗马绘画的文本资料书《米利特集》(*Recueil Milliet*)，由塔夫茨大学主办。

约里特·温杰斯（Jorit Wintjes）是德国维尔茨堡大学（Julius-Maximilians-Universität）古代历史和数字人文学科的终身高级讲师。他的研究领域包括古吕底亚、古代晚期希腊语修辞学和古代军事史。他还研究 19 世纪军事技术和战争游戏的历史。他就这些主题著有多篇科学文章。他的最新著作是《威廉·冯·奇施维茨的战争游戏》(*Das Kriegsspiel des Wilhelm von Tschischwitz*)（汉堡，2019）。他还著有《小亚细亚之王：吕底亚人介绍》(*Lords of Asia Minor: An Introduction to the Lydians*)（威斯巴登，2016，与 A. 佩恩［A. Payne］合编）、《狄奥多罗斯的牧歌》(*Die ecloga des Theodulus*)（巴登–巴登，2012，与 K. 戈尔［K. Goehl］合编），以及《利巴尼乌斯传》(*Das Leben des Libanius*)（拉登/韦斯特夫，2005）。

索引

2001: A Space Odyssey (film) 18

图书在版编目(CIP)数据

古代海洋文化史 / (美)玛格丽特·科恩
(Margaret Cohen) 主编 ; (美)玛丽-克莱尔·波琉
(Marie-Claire Beaulieu) 编 ; 金海译. -- 上海 : 上
海人民出版社, 2025. -- (海洋文化史). -- ISBN 978
- 7-208-19416-8

Ⅰ. P7-091

中国国家版本馆 CIP 数据核字第 20252495BX 号

责任编辑　张晓婷
封面设计　苗庆东

海洋文化史

古代海洋文化史

[美]玛格丽特·科恩　主编

[美]玛丽-克莱尔·波琉　编

金　海　译

出　　版　上海人民出版社
　　　　　(201101　上海市闵行区号景路 159 弄 C 座)
发　　行　上海人民出版社发行中心
印　　刷　江阴市机关印刷服务有限公司
开　　本　720×1000　1/16
印　　张　18.25
插　　页　2
字　　数　274,000
版　　次　2025 年 6 月第 1 版
印　　次　2025 年 6 月第 1 次印刷
ISBN 978 - 7 - 208 - 19416 - 8/K · 3471
定　　价　92.00 元

A CULTURAL HISTORY OF THE SEA IN ANTIQUITY

Edited by Marie-Claire Beaulieu

Copyright © Bloomsbury Publishing, 2021

Volume 1 in the *Cultural History of the Sea* set.

General Editor: Margaret Cohen

上海人民出版社·独角兽

"独角兽·历史文化"书目

阅读,不止于法律。更多精彩书讯,敬请关注:

微信公众号　　　　微博号　　　　视频号